U0173223

计算流体力学耦合离散元方法及其在岩土工程中的应用

孙宏磊　徐山琳　胡　正　著

北京理工大学出版社
BEIJING INSTITUTE OF TECHNOLOGY PRESS

内 容 简 介

本书介绍了多相颗粒物质的数值模拟方法，深入探讨了耦合计算流体力学-离散元方法（CFD-DEM）的原理、计算模型和耦合思路，重点论述了耦合 CFD-DEM 模型在岩土工程中的应用实例，包括砂土渗蚀演化、颗粒堵塞、颗粒沉积与颗粒启动等，涵盖了大多数已发表的耦合 CFD-DEM 文献的精髓。本书的编写旨在帮助读者认识多相颗粒流模拟技术的相关理论，并深入理解颗粒微观力学对其宏观行为的影响。

本书可为涉及颗粒流研究的专业人士，如岩土、化工、环境、农业等多个专业的研究生和从业人员提供专业的基础理论和应用实例参考。

图书在版编目(CIP)数据

计算流体力学耦合离散元方法及其在岩土工程中的应用 / 孙宏磊，徐山琳，胡正著. --北京：北京理工大学出版社，2024.1

ISBN 978-7-5763-3536-1

Ⅰ. ①计…　Ⅱ. ①孙… ②徐… ③胡…　Ⅲ. ①计算流体力学-离散模拟-模拟方法-应用-岩土工程-研究
Ⅳ. ①TU4

中国国家版本馆 CIP 数据核字(2024)第 042449 号

责任编辑：江　立　　**文案编辑**：李　硕
责任校对：刘亚男　　**责任印制**：李志强

出版发行 / 北京理工大学出版社有限责任公司
社　　址 / 北京市丰台区四合庄路 6 号
邮　　编 / 100070
电　　话 / (010) 68914026（教材售后服务热线）
(010) 68944437（课件资源服务热线）
网　　址 / http://www.bitpress.com.cn

版 印 次 / 2024 年 1 月第 1 版第 1 次印刷
印　　刷 / 唐山富达印务有限公司
开　　本 / 787 mm×1092 mm　1/16
印　　张 / 12.25
字　　数 / 286 千字
定　　价 / 90.00 元

前 言

颗粒材料作为一种广泛存在于自然界，与人类活动息息相关的物质材料，其物理特性和力学行为一直是人们关注和研究的重点。在实际生活和工业生产中，颗粒材料特性还与流体(气体或液体)作用相互耦合，颗粒物质的宏观行为不仅由颗粒之间相互作用决定，也受周围流体作用力的巨大影响。对多相颗粒流的研究能够帮助我们从力学机理上理解一些特殊的宏观颗粒流现象，解决工业生产或工程中遇到的问题，提出设计优化方案。因此，相关研究近年来引起了包括化工、岩土、环境、农业等多个专业领域专家的极大关注。

在颗粒流研究方法中，数值模拟方法伴随着计算机技术和离散颗粒模拟技术的发展，被越来越多地应用到多相颗粒流的理论研究、工业生产和工程实践中。原则上，对于任何一种颗粒-流体系统，离散颗粒和流体的运动都可以被精确求解。颗粒运动可采用基于牛顿运动方程的离散元方法求解，连续流体的流动可通过考虑边界和初始条件的纳维-斯托克斯方程计算，其相互作用通过动量和能量耦合来考虑。然而，对颗粒和流体的全部求解将带来巨大的计算消耗。在遵循这两种基本理论方法时，根据颗粒流现象关注的重点问题进行必要的简化和平均是颗粒流模拟时需要重点关注的问题。在众多颗粒流模拟方法中，耦合 CFD-DEM 是一种简化平均颗粒流间相互作用的多相颗粒流模拟方法，使用它能够以相对低廉的计算成本准确地模拟多相颗粒流运动。在该方法框架中，CFD 部分基于局部平均纳维-斯托克斯方程求解流体运动；DEM 部分根据牛顿第二定律和颗粒接触模型来模拟颗粒的运动；CFD-DEM 耦合部分用于计算和交换流体与颗粒之间的流体-颗粒相互作用，如阻力、附加质量和升力等。CFD-DEM 模型能够以合理的计算成本，相对准确地模拟多相颗粒流运动，它也因此被越来越广泛地应用于多个领域，用来解决如化学工程中的颗粒流输送、干燥、造粒、涂层和混合、分离、流化、凝聚等问题，以及土木工程中的沉积物迁移、泥石流、渗蚀问题等。

由于土体由松散颗粒堆积而成，具有离散性、多相性等特性，高含水率土体，或者水压力作用下的岩(土)体，其力学行为和水的作用息息相关。采用颗粒流模拟方法从微观颗粒运动的角度解释一些宏观土体力学行为，已成为岩土工程领域数值模拟的热点。蒋明镜等人较早地将 CFD-DEM 模型应用到岩土工程中，通过单个颗粒在水中自由沉降以及一维单面排水固结试验的模拟，证实了 CFD-DEM 模型在岩土工程领域应用的可行性。在土颗粒的沉降以及迁移问题上，孙瑞等人使用耦合 CFD-DEM 软件实现了对沙土颗粒的迁移以及沙丘形成过程的模拟研究。赵吉东等人研究土颗粒在水下堆积和在空气中堆积的休止角度，并给出了堆积体中的力链，分析了堆积颗粒的接触力。越来越多的应用实例说明了该模拟方法在岩土工程领域的应用潜力。

尽管国内外已有一些关于 CFD 和 DEM 的优秀图书出版，但介绍 CFD-DEM 耦合基础知识的图书数量有限。本书内容侧重于讨论耦合 CFD-DEM 模型的理论及其在岩土工程中的应用实例，如砂土堆积、运输、堵塞、渗蚀等。本书包含这种耦合方法的最新理论发展以及相应的数值实现，引用和讨论了大量参考文献，涵盖了大多数已发表的 CFD-DEM 文献的精髓。希望这本书的问世能够深化广大读者对颗粒流现象的理解，同时为从事颗粒流模拟的专业人员提供坚实的理论基础和实际应用案例的参考。我们也期望通过无数专业人士的不懈努力，复杂颗粒流模拟仿真能够不断进步，逐渐满足实际工程应用的需求，并扩展到那些面临挑战的新领域！

作　者

2024 年 1 月

目 录

第1章

绪　论

1.1　颗粒物质简介

颗粒物质在自然界、日常生活及工业生产中普遍存在。例如，自然界中土壤、砾石、浮冰、大气中的悬浮颗粒物等；日常生活中的粮食、调味料、药品等；工业生产中的化工制品、建筑材料等。很多其他离散态物质体系，如散装货物输送、地球板块运动及公路上车辆的运动等也常作为颗粒体系来处理。可以说，颗粒物质是地球上存在最多、最为人们所熟悉的物质类型之一[1]。

颗粒物质的物理特性和力学行为一直是人们关注和研究的重点。颗粒物质的宏观行为不仅由颗粒之间的相互作用决定，而且在很大程度上还受到周围流体对颗粒作用力的巨大影响。颗粒材料特性还与流体(气体或液体)作用相互耦合，在不同颗粒浓度下，显示出流体、气体、固体的变形特性。例如，颗粒拱效应、巴西果效应、颗粒应力凹陷、泥石流等都和颗粒物质的性质关系很大，如图1.1.1所示。

关于颗粒物质的研究可以追溯到1773年，法国物理学家Coulomb在研究土力学时提出了固体摩擦定律。最初，颗粒物质被看成是连续体研究，人们主要从宏观角度研究其宏观变形行为。然而，由于连续介质力学假定无法考虑颗粒几何形状、物理特性、颗粒级配和填隙液体耦合作用等细节，导致很多特殊的颗粒现象并不能很好地进行描述和解释，因此，从唯象描述到机理分析、从野外原型实验到物理模型精细检测、从宏观尺度细化到颗粒运动尺度等，颗粒物质的研究发生了一定转折。现在，从微观颗粒角度研究颗粒体的宏观行为已成为物理学和力学的活跃领域之一。

由于土体由松散颗粒堆积而成，因此其具有离散性、多相性等特性。很多土力学问题和现象，如尘沙迁移、泥石流、滑坡、土石坝渗蚀、桩基冲刷、土拱效应等都与土颗粒性质与土-水相互作用直接联系。因为这些现象的成因和发展过程无法用传统宏观力学方法分析，所以从微观颗粒的运动和受力角度分析上述问题逐渐引起岩土工程领域学者们的关注[2-9]。在颗粒研究方法中，理论研究、实验研究和数值模拟方法都占据着无可替代的重要地位。其中，伴随着计算机技术和离散颗粒模拟技术的快速发展，岩土颗粒流的数值模拟方法发展十分迅速。该方法被越来越多地应用在分析复杂物理边界条件对颗粒流现象的影响、获得颗粒性质参数敏感性、揭示宏观土体行为的力学机理、预测岩土大变形和破坏的发生条件与发展规律等方面。可以说，颗粒流模拟方法已逐渐成为研究岩土问题的重要工具。

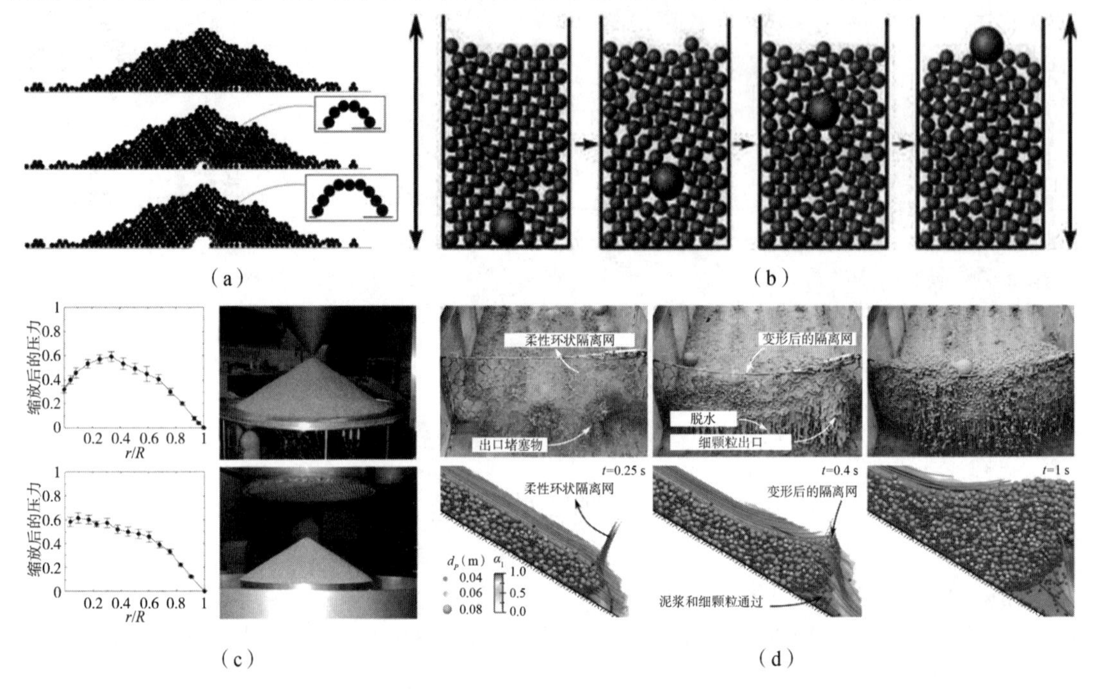

图 1.1.1　颗粒物质导致的现象

(a)颗粒拱效应[10]；(b)巴西果效应；(c)颗粒应力凹陷[11]；(d)泥石流[12]

1.2　颗粒流模拟方法简述

1.2.1　单相颗粒流模拟方法——离散元方法

离散元方法(Discrete Element Method，DEM)也被称为散体单元法，最早是在 1979 年由 Cundall 等人[13]提出的一种不连续数值方法。离散颗粒(单元)在外力作用下的运动和相互碰撞规律，可以基于牛顿第二定律建立力、加速度、速度及位移之间的关系式来求解。颗粒接触时的受力可通过离散颗粒接触的物理力学模型来计算。离散颗粒接触的物理模型，包括线性和非线性黏弹性、弹塑性和黏塑性模型，用于分析不同特性颗粒之间的接触力。除颗粒之间的接触力之外，还可以通过在运动方程中引入其他力，如流体拖曳力，来考虑流体-颗粒相互作用对颗粒运动的影响。与侧重工程应用和宏观经验的土力学研究方法有较大差别，DEM 从颗粒接触和力链变化等方面解释一些特殊的颗粒流现象，其已成为岩土工程问题研究的重要手段之一。

1.2.2　多相颗粒流模拟方法——离散元方法

在实际生活和工程应用中，颗粒运动和流体(气体或液体)是耦合的。颗粒物质的宏观行为不仅由颗粒之间的相互作用决定，而且在很大程度上还受到周围流体对颗粒作用力的影响，如水流作用下土石坝渗蚀、沙粒冲刷等。为了模拟研究这类多相颗粒流现象，固、液相求解及多相之间的质量、动量或能量耦合都是需要考虑的重点内容。

原则上，对于任何一种多相颗粒流系统，离散颗粒相的运动可用 DEM 求解，而连续流体流动可以通过考虑颗粒边界和初始条件的纳维-斯托克斯方程(Navier-Stokes Equation)进行直接数值模拟(Direct Numerical Simulation，DNS)。这种模型被称为直接数值模拟-离散元方法(Direct Numerical Simulation-Discrete Element Method，DNS-DEM[14])模型，是一种精确求解的微观模型。然而，在实际生活或工程中，颗粒流中往往存在大量颗粒。如果对每个颗粒的运动都进行求解，而且保证颗粒间隙流体求解的准确性(流体网格必须足够小)，那么将带来巨大的计算消耗。因此，根据所研究颗粒流的时间和长度尺度，学者们提出了不同的简化平均方法，以实现更大尺度的颗粒流模拟。图 1.2.1 列出了几种不同流体、颗粒研究尺度的流固耦合颗粒流模拟方法，研究尺度依次增大。

(1)对流体在小于颗粒的尺度进行解析，对颗粒相在颗粒尺度(追踪每一个颗粒运动信息)求解的耦合方法，例如 DNS-DEM，以及晶格玻尔兹曼-离散元方法(Lattice Boltzmann-Discrete Element Method，LB-DEM[15])。

(2)对流体在拟颗粒尺度求解，对颗粒相在颗粒尺度求解的光滑粒子流体动力学-离散元方法(Smoothed Particle Hydrodynamic-Discrete Element Method，SPH-DEM[16])。

(3)对流体在流体网格尺度求解(一般大于颗粒尺度)，对颗粒相在颗粒尺度求解的计算流体动力学离散元方法(Computational Fluid Dynamics-Discrete Element Method，CFD-DEM[17])。

(4)对流体在流体网格尺度求解，对颗粒相在流体网格尺度求解(不再捕捉每个颗粒详细运动，对颗粒相进行了平均处理)的耦合方法，典型代表为两流体模型(Two-Fluid Model，TFM[18])。

针对具体研究问题的长度和时间尺度，选择合适的多相流数值模型是非常有必要的。下面将详细介绍 3 种应用得非常广泛的模型：DNS-DEM、CFD-DEM 和 TFM，并分析它们的适用情况。

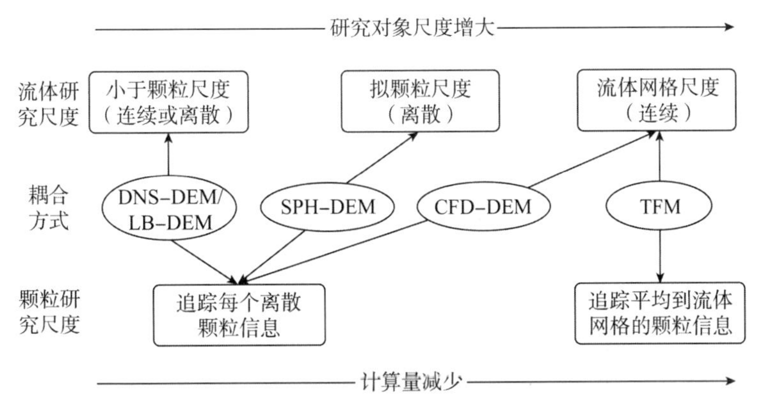

图 1.2.1 几种不同流体、颗粒研究尺度的流固耦合颗粒流模拟方法

在 DNS-DEM 模型中，流场的解析度与颗粒尺寸相当甚至更小，颗粒在流场中被视为离散的移动边界[19]，颗粒周围的流体采用纳维-斯托克斯方程求解。因为作用在颗粒表面的流体作用力是根据颗粒表面的流体局部压强积分得到的，所以并不需要拖曳力、升力之类的颗粒-流体作用力模型。Pan 等人[20]曾在研究中指出 DNS-DEM 模型在准确、详细地模拟流体与颗粒之间相互作用方面具有巨大潜力。但是，该模型的主要缺点是巨大的计算消耗以及在处理颗粒碰撞方面的能力欠缺。早期的 DNS-DEM 模型几乎无法模拟颗粒碰撞，若两个接近的颗粒之间的距离小于预设的值，则必须停止模拟[20]。因此，到目前为止，DNS-DEM 模型主要应用于流体动力作用占主导地位且颗粒与颗粒之间碰撞不剧烈的颗粒-流体体系，如稠密液体中的颗粒流。

3 种代表性多相流模型的模拟示意图如图 1.2.2 所示。在 TFM 模型中，颗粒被认为是和流体互相贯穿的连续体，固体颗粒会转化为流体网格上的固体相分数，被认为是第二种流体，从而基于流体网格求解守恒方程。这种方法对于流体而言，网格需要足够小，才可以捕获到流体的主要特征(如颗粒聚团)。然而，对于颗粒而言，流体网格又需要足够大(大于单个颗粒的尺寸)，才能允许颗粒性质在网格上平均分布，如固体的体积分数、流体-固相相互作用等。因此，该方法对颗粒流的颗粒-流体尺寸比有一定的限制。Anderson 和 Jackson[21]首次提出这种方法，将其应用于颗粒流系统的研究中。这种方法和 DNS-DEM 模型相比，对颗粒运动求解的计算量大大减少，也无须捕捉流体-颗粒界面，计算效率大大提高。也正是由于该方法的计算便利性，其在某些领域的工业设计建模和应用研究中是首选方法。不过，值得注意的是，这种方法无法给出详细的颗粒运动信息，模型的有效性在很大程度上取决于本构关系或闭合方程。当处理不同类型的颗粒时，该方法需要基于现象学的假设来获得本构关系和边界条件，对颗粒流模拟的通用程度不高。

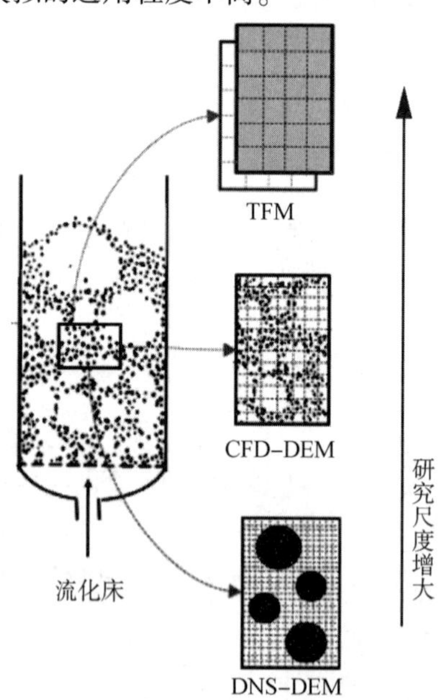

图 1.2.2　3 种代表性多相流模型的模拟示意图

在 CFD-DEM 模型中，液相的控制方程与 TFM 模型相同，基于局部平均纳维-斯托克斯方程求解流体运动[21]，DEM 部分则根据牛顿第二定律和颗粒接触模型来模拟颗粒的运动[13]。CFD-DEM 耦合部分用于计算和交换流体与颗粒之间的流体-颗粒相互作用，如阻力、附加质量和升力等。Zhu 等人[22]曾评价 CFD-DEM 模型之所以具有吸引力，是因为与 DNS-DEM、LB-DEM 等模型相比，它具有优越的计算便利性，而与 TFM 相比，它又具有准确捕获颗粒运动的能力，因此其在颗粒流模拟方法中发展较为迅速。CFD-DEM 模型凭借其计算能力和计算便利性，已经被大量且广泛地应用在化工领域，用于研究多相耦合和多场耦合的流化床[23,24]、颗粒混合[25]以及流化床埋管磨损[26]等问题，如图 1.2.3 所示。近年来，CFD-DEM 模型在岩土工程领域也逐渐显出其应用能力和广阔的应用前景。

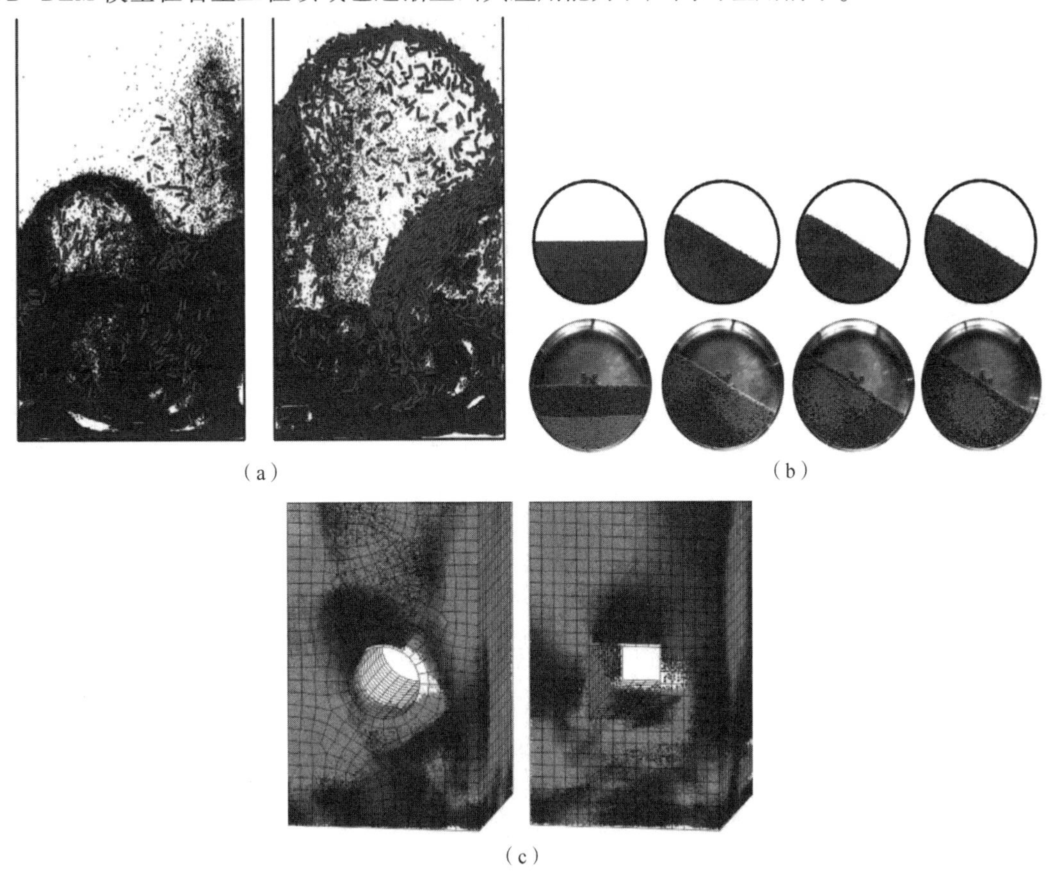

(a)　　(b)　　(c)

图 1.2.3　化工领域的 CFD-DEM 模型应用

(a)多相耦合和多场耦合的流化床；(b)颗粒混合；(c)流化床埋管磨损

1.3　耦合 CFD-DEM 模型在岩土工程领域中的发展和应用情况

应用实例

蒋明镜等人[27]较早地将 CFD-DEM 模型应用到岩土工程中，将 CFD-DEM 模型植入离散元软件 PFC2D 中，并使用改进后的软件对单个颗粒在水中自由沉降以及一维单面排水固结实验进行了模拟验证(见图 1.3.1)，证实了 CFD-DEM 模型在岩土工程领域应用的可行性。之后，蒋明镜等人[28]采用 CFD-DEM 模型对微生物处理砂土不排水循环三轴剪切单元体实验进行了模拟。Hu 等人[29]基于 CFD-DEM 模型，模拟了侵蚀土样的不排水三轴实验。张伏光等人[30]采用 CFD-DEM 模型在不同循环应力比条件下对胶结砂土进行循环三轴剪切实验，探究胶结砂土的抗液化能力与动力学特性。

在土颗粒沉降及迁移问题上，Xu 等人[31]研究了不同粒径分布砂土的沉降分离过程，建立了砂土颗粒接触应力与土力学中“有效应力”之间的联系。Sun 等人[32]使用耦合 CFD-DEM 软件实现了对砂土颗粒的迁移及沙丘形成过程的模拟，其结果示意图如图 1.3.2 所示。Sun 等人[33]还开发了能够考虑范德瓦耳斯力(范德华力)的 CFD-DEM 模型，对黏土颗粒在水中自由下落及团聚现象等进行了模拟研究。

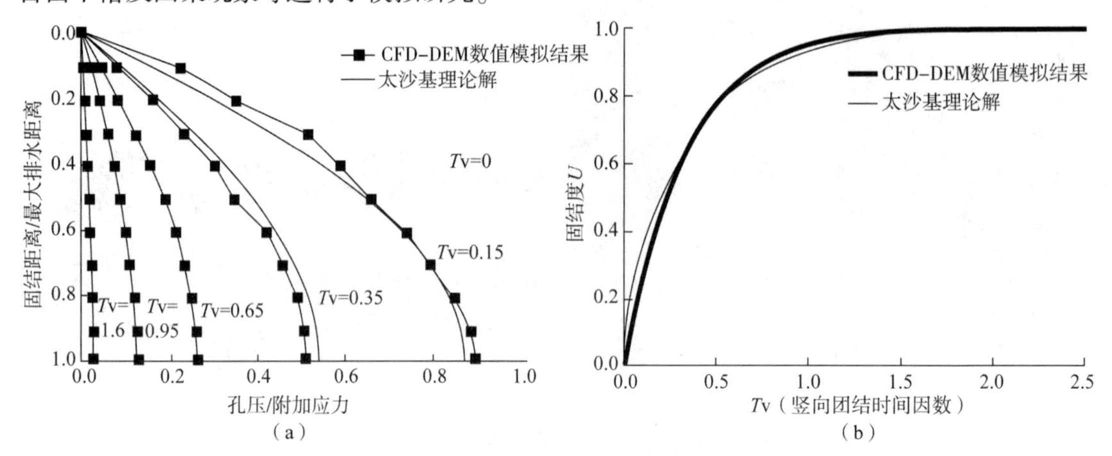

图 1.3.1 一维单面排水固结试验模拟验证[9]

(a)孔压对比；(b)固结度对比

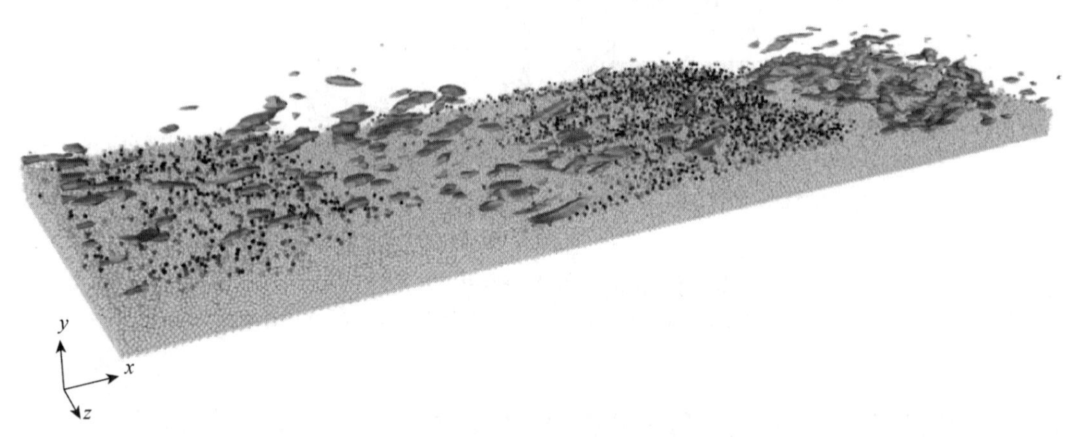

图 1.3.2 沙丘模拟结果示意图[32]

在岩土体水下堆积问题上，Zhao 等人[34]基于 CFD-DEM 模型，研究土颗粒在水下堆积(见图 1.3.3)和在空气中堆积的休止角度，并给出了堆积体中的力链，分析了堆积颗粒的接触力。景路等人[35]采用 CFD-DEM 模型模拟比较了不同初始高宽比的颗粒堆积体的水下坍塌过程，用以分析海底滑坡的动力学特性。他在模拟中观察到由海底堆积颗粒坍塌引起的水体涡旋，这些涡旋又反作用于颗粒堆积体，影响着颗粒堆积体的表面形态、移动距离及堆积厚度。刘卡等人[36]基于 CFD-DEM 模型，对水下抛石过程进行了模拟研究，分析了抛石的初始速度、抛石粒径和抛石密度等因素如何影响水下抛石运动。

针对管涌问题，Shamy 等人[2]基于 CFD-DEM 模型理论，采用 PFC3D 中的流固耦合模型研究了洪水诱发河堤失稳破坏的过程(见图 1.3.4)。张刚[37]采用 PFC3D 中的流固耦合模型对不同粒径的颗粒试样在不同水压力作用下的管涌现象进行了细观数值模拟。Tao 等人[38]则通过 CFD-DEM 模型模拟了管涌，并分析了颗粒级配、比重、颗粒之间以及颗粒与壁面之间摩擦的影响。夏霄和甘鹏路[39]利用 CFD-DEM 模型对砂土深基坑中由挡墙裂缝或薄弱处诱发的管涌灾害进行了模拟，复现了管涌过程中坑外地表沉降与坑内隆起等主要特征。

图 1.3.3 研究土颗粒在水下堆积的休止角度[34]

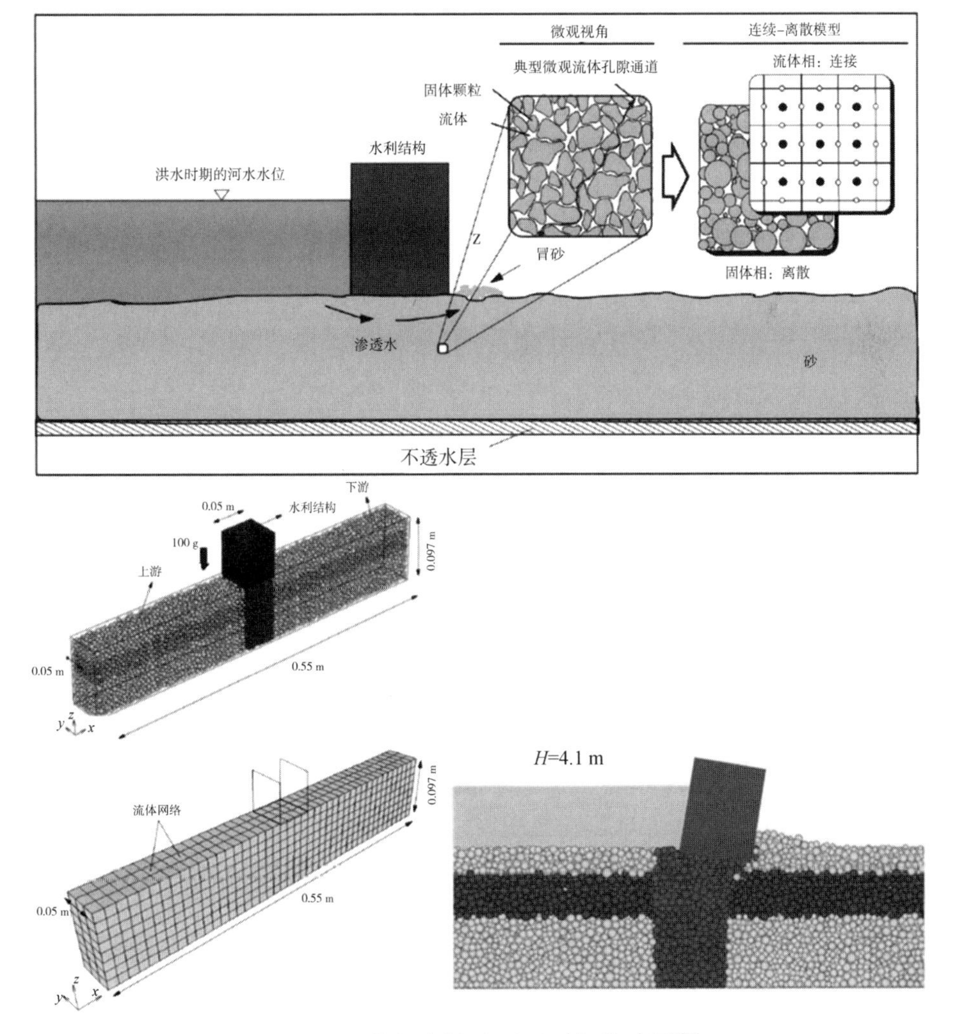

图 1.3.4 洪水诱发河堤失稳破坏的过程[48]

土体的渗蚀问题也常常采用 CFD-DEM 模型进行研究。Hu 等人[29,40]使用 CFD-DEM 模型研究了不同级配及水力梯度下砂土试样渗蚀演化过程。Liu 等人[41]通过 CFD-DEM 模型系统性地研究了围压和细粒含量对渗蚀的影响，并通过力链屈曲和应变能释放解释渗蚀的发生。Xiong 等人[42]采用 CFD-DEM 模型对不同渗流方向的土体开展渗蚀研究，结果表明渗流方向与重力方向偏差越大，渗蚀越难以发生。Wang 等人[43]通过 CFD-DEM 模型模拟了具有不同细粒含量的多层土壤的渗蚀情况。模拟结果表明，对于多层土壤，累积侵蚀细粒含量主要由底层土壤细粒含量决定，底层土壤细粒含量越高，累积侵蚀细粒含量越高。

此外，在岩土工程中，CFD-DEM 模型还被广泛应用于解决渗流[34,44,45]、液化[46-48]、泥石流[12,49-52]和滑坡[7,53-55]等问题。这些研究证明了 CFD-DEM 模型在模拟岩土体颗粒流方面的能力，丰富了 CFD-DEM 模型在岩土工程领域中的应用。Norouzi 等人[56]汇总了目前可用于 CFD-DEM 模型的开源和商业软件包，如表 1. 3. 1 所示。

表 1. 3. 1　可用于 CFD-DEM 模型的开源和商业软件包[56]

安装包	并行技术	类别	下载指南
LIGGGHTS ©	MPI and CUDA ©	开源	LAMMPS 平台上的 C++DEM 代码， www. cfdem. com/liggghts-open-source-discrete-element-method-particle-simulation-code
PFC™	多线程	通行证	DEM 包，内置液力耦合器包， www. itascacg. com/software/pfc
EDEM	共享内存	通行证	DEM 包，可以耦合到 Ansys Fluent ©， www. dem-solutions. com/software/edem-cfd-co-simulation/
SediFOAM	MPI	开源	使用 C++写的耦合包，用于 CFD 的 OpenFOAM © 和用于 DEM 的 LAMMPS https://github. com/xiaoh/sediFoam
CFDEM ©	MPI	开源	C++中的 CFD-DEM 代码、用于 CFD 的 OpenFOAM © 和用于 DEM 的 LIGHHHTS www. cfdem. com/cfd-dem
Yade	OpenMP ©	开源	在 C++中用于 DEM 模拟 https://yade-dem. org/doc/
SAMADII	CUDA ©	通行证	适用于单个和多个 GPU 的 DEM http://166. 104. 13. 30/metariver/Technology. htm
MFIX-DEM	MPI-OpenMP ©	开源	FORTRAN 中的 CFD-DEM 代码用于流化床等流固流 https://mfix. netl. doe. gov/mfix/

国内外已有关于 CFD 和 DEM 的优秀图书，孙其诚老师的《颗粒物质力学导论》更是高屋建瓴地介绍了颗粒力学研究方法的重要内容。本书着重补充一些关于 CFD-DEM 模型多相耦合计算方法的专业基础理论和应用实例，主要由 3 个相互关联的部分组成：第一部分介绍 DEM 原理；第二部分介绍耦合 CFD-DEM 模型计算原理；第三部分介绍 CFD-DEM 模型在岩土工程中的应用，侧重于讨论渗流、泥沙沉降和泥沙输送等问题。

希望本书能够拓宽大众对颗粒流现象和多相流耦合计算的认识，为岩土工程颗粒流模拟人员提供参考。未来，凭借众多从业人员的努力探索，复杂颗粒流模拟仿真将不断提高模拟的精度、准确性和模拟能力，帮助我们解决岩土工程中的挑战性问题，降低发生工程灾害的风险。

1.4 本章参考文献

[1]KANITZ M. Experimental and numerical investigation of particle-fluid systems in geotechnical engineering[D]. Hamburg: Technische Universität Hamburg, 2021.

[2]SHAMY U, AYDIN F. Multiscale modeling of flood-induced piping in river levees[J]. Journal of Geotechnical and Geoenvironmental Engineering, 2008, 134(9): 1385-1398.

[3]HANLEY K J, HUANG X, O'SULLIVAN C. Energy dissipation in soil samples during drained triaxial shearing[J]. Geotechnique, 2017, 68(5): 421-433.

[4]HU Z, ZHANG Y, YANG Z. Suffusion-Induced Evolution of Mechanical and Microstructural Properties of Gap-Graded Soils Using CFD-DEM[J]. Journal of Geotechnical and Geoenvironmental Engineering, 2020, 146(5): 04020024.

[5]SHIRE T, O'SULLIVAN C. Micromechanical assessment of an internal stability criterion[J]. Acta Geotechnica, 2013, 8(1): 81-90.

[6]THORNTON C, ZHANG L. Numerical simulations of the direct shear test[J]. Chemical Engineering & Technology, 2003, 26(2): 153-156.

[7]ZHAO T. Coupled DEM-CFD analyses of landslide-induced debris flows[M]. Singapore: Springer Singapore, 2017.

[8]周健，周凯敏，姚志雄，等．砂土管涌-滤层防治的离散元数值模拟[J]. 水利学报，2010(1)：17-24.

[9]蒋明镜，胡海军，MURAKAMI A，等．管涌现象的离散元数值模拟[J]. 第二届中国水利水电岩土力学与工程学术讨论会论文集(二)，2008：21-26.

[10]MAGALHAES C F M, MOREIRA J G, ATMAN A P F. Catastrophic regime in the discharge of a granular pile[J]. Physical Review E, 2010, 82(5): 051303.

[11]VANEL L, HOWELL D, CLARK D, et al. Memories in sand: experimental tests of construction history on stress distributions under sandpiles[J]. Physical Review E Statistical Physics Plasmas Fluids & Related Interdisciplinary Topics, 1999, 60(5 Pt A): R5040-5043.

[12]KONG Y, LI X, ZHAO J, et al. Load-deflection of flexible ring-net barrier in resisting debris flows[J]. Geotechnique, 2023: 1-13.

[13]CUNDALL P A, STRACK O D L. A discrete numerical model for granular assemblies[J]. Geotechnique, 1979, 29(1): 47-65.

[14]Paksereht P , Apte S , Finn J . DNS with Discrete Element Modeling of Suspended Sediment Particles in an Open Channel Flow[J]. APS Division of Fluid Dynamics Meeting Abstracts, 2015.

[15]AFRA B, NAZARI M, KAYHANI M H, et al. Direct numerical simulation of freely falling particles by hybrid immersed boundary-Lattice Boltzmann-discrete element method[J]. Par-

ticulate Science and Technology, 2020, 38(3): 286-298.
[16] ROBINSON M, RAMAIOLI M, LUDING S. Fluid-particle flow simulations using two-way-coupled mesoscale SPH-DEM and validation[J]. International Journal of Multiphase Flow, 2014, 59: 121-134.
[17] SUN R, XIAO H. SediFoam: A general-purpose, open-source CFD-DEMsolver for particle-laden flow with emphasis on sediment transport[J]. Computers & Geosciences, 2016, 89: 207-219.
[18] DE BERTODANO M L, FULLMER W, CLAUSSE A, et al. Two-fluid model stability, simulation and chaos[M]. Cham, Switzerland: Springer International Publishing, 2017.
[19] HU H H. Direct simulation of flows of solid-liquid mixtures[J]. International Journal of Multiphase Flow, 1996, 22(2): 335-352.
[20] PAN T W, JOSEPH D D, BAI R, et al. Fluidization of 1204 spheres: simulation and experiment[J]. Journal of Fluid Mechanics, 2002, 451: 169-191.
[21] ANDERSON T B, JACKSON R. Fluid mechanical description of fluidized beds. Equations of Motion[J]. Industrial & Engineering Chemistry Fundamentals, 1967, 6(4): 527-539.
[22] ZHU H, ZHOU Z, YANG R, et al. Discrete particle simulation of particulate systems: A review of major applications and findings[J]. Chemical Engineering Science-CHEM ENG SCI, 2008, 63: 5728-5770.
[23] MA H, ZHAO Y. CFD-DEMinvestigation of the fluidization of binary mixtures containing rod-like particles and spherical particles in a fluidized bed[J]. Powder Technology, 2018, 336: 533-545.
[24] 赵永志，江茂强，郑津洋. 埋管流化床内不同粒径颗粒传热行为的欧拉-拉格朗日模拟研究[J]. 高校化学工程学报，2009，23(4)：559-565.
[25] CAI R, HOU Z, ZHAO Y. Numerical study on particle mixing in a double-screw conical mixer[J]. Powder Technology, 2019, 352: 193-208.
[26] XU L, LUO K, ZHAO Y, et al. Multiscale investigation of tube erosion in fluidized bed based on CFD-DEMsimulation[J]. Chemical Engineering Science, 2018, 183: 60-74.
[27] 蒋明镜，张望城. 一种考虑流体状态方程的土体 CFD-DEM 耦合数值方法[J]. 岩土工程学报，2014，36(5)：793-801.
[28] 蒋明镜，孙若晗，李涛，等. 微生物处理砂土不排水循环三轴剪切 CFD-DEM 模拟[J]. 岩土工程学报，2020，42(1)：20-28.
[29] HU Z, ZHANG Y, YANG Z. Suffusion-induced deformation and microstructural change of granular soils: a coupled CFD-DEMstudy[J]. Acta Geotechnica, 2019, 14: 795-814.
[30] 张伏光，聂卓琛，陈孟飞，等. 不排水循环荷载条件下胶结砂土宏微观力学性质离散元模拟研究[J]. 岩土工程学报，2021，43(3)：456-464.
[31] XU S, SUN R, CAI Y, et al. Study of sedimentation of non-cohesive particles via CFD-DEMsimulations[J]. Granular Matter, 2018, 20(1): 4.
[32] SUN R, XIAO H. CFD-DEMsimulations of current-induced dune formation and morphological evolution[J]. Advances in Water Resources, 2016, 92: 228-239.

[33]SUN R, XIAO H, SUN H. Investigating the settling dynamics of cohesive silt particles with particle-resolving simulations[J]. Advances in Water Resources, 2018, 111: 406-422.
[34] ZHAO J, SHAN T. Coupled CFD - DEMsimulation of fluid - particle interaction in geomechanics[J]. Powder Technology, 2013, 239: 248-258.
[35]景路，郭颂怡，赵涛．基于流体动力学-离散单元耦合算法的海底滑坡动力学分析[J]. 岩土力学，2019，40(1)：388-394.
[36]刘卡，高辰龙，周玉．基于 CFD-DEM 模型的水下抛石运动模拟研究[J]. 中国水运·航道科技，2016(6)：1-9.
[37]张刚．管涌现象细观机理的模型试验与颗粒流数值模拟研究[D]. 上海：同济大学，2007.
[38]TAO H, TAO J. Numerical modeling and analysis of suffusion patterns for granular soils[A]. Geotechnical Frontiers 2017[C]. Orlando, Florida: American Society of Civil Engineers, 2017: 487-496.
[39]夏霄，甘鹏路．CFD-DEM 模型在砂土深基坑管涌中的应用[J]. 西部探矿工程，2022，34(6)：8-11+14.
[40]HU Z, YANG Z X, ZHANG Y D. CFD-DEMmodeling of suffusion effect on undrained behavior of internally unstable soils[J]. Computers and Geotechnics, 2020, 126: 103692.
[41]LIU Y, WANG L, HONG Y, et al. A coupled CFD-DEMinvestigation of suffusion of gap graded soil: Coupling effect of confining pressure and fines content[J]. International Journal for Numerical and Analytical Methods in Geomechanics, 2020, 44(18): 2473-2500.
[42]XIONG H, YIN Z Y, ZHAO J, et al. Investigating the effect of flow direction on suffusion and its impacts on gap-graded granular soils[J]. Acta Geotechnica, 2020, 16: 399-419.
[43]WANG P, GE Y, WANG T, et al. CFD-DEMmodelling of suffusion in multi-layer soils with different fines contents and impermeable zones[J]. Journal of Zhejiang University-SCIENCE A, 2023, 24(1): 6-19.
[44]SHI Z M, ZHENG H-C, YU S B, et al. Application of CFD-DEMto investigate seepage characteristics of landslide dam materials[J]. Computers and Geotechnics, 2018, 101: 23-33.
[45]XU S, ZHU Y, CAI Y, et al. Predicting the permeability coefficient of polydispersed sand via coupled CFD-DEMsimulations[J]. Computers and Geotechnics, 2022, 144: 104634.
[46]JIANG M J, LIU J, SUN C. An upgraded CFD-DEMinvestigation on the liquefaction mechanism of sand under cyclic loads[A]. L X, F Y, M G. Proceedings of the 7th International Conference on Discrete Element Methods[C]. Singapore: Springer, 2017: 609-617.
[47]KANITZ M, DENECKE E, GRABE J. Numerical investigations on the liquid-solid transition of a soil bed with coupled CFD-DEM[A]. Numerical Methods in Geotechnical Engineering IX, Volume 1[M]. Boca Raton: CRC Press, 2018.
[48]SHAMY U E, ZEGHAL M. A micro-mechanical investigation of the dynamic response and liquefaction of saturated granular soils[J]. Soil Dynamics and Earthquake Engineering, 2007, 27(8): 712-729.

[49] KONG Y, ZHAO J, LI X. Hydrodynamic dead zone in multiphase geophysical flows impacting a rigid obstacle[J]. Powder Technology, 2021, 386: 335-349.

[50] KONG Y, LI X, ZHAO J. Quantifying the transition of impact mechanisms of geophysical flows against flexible barrier[J]. Engineering Geology, 2021, 289: 106188.

[51] LI X, ZHAO J, SOGA K. A new physically based impact model for debris flow[J]. Geotechnique, 2021, 71(8): 674-685.

[52] LI X, ZHAO J, KWAN J S H. Assessing debris flow impact on flexible ring net barrier: A coupled CFD-DEMstudy[J]. Computers and Geotechnics, 2020, 128: 103850.

[53] JIANG M, SHEN Z, WU D. CFD-DEMsimulation of submarine landslide triggered by seismic loading in methane hydrate rich zone[J]. Landslides, 2018, 15(11): 2227-2241.

[54] NIAN T, LI D, LIANG Q, et al. Multi-phase flow simulation of landslide dam formation process based on extended coupled DEM-CFD method[J]. Computers and Geotechnics, 2021, 140: 104438.

[55] ZHAO T, DAI F, XU N. Coupled DEM-CFD investigation on the formation of landslide dams in narrow rivers[J]. Landslides, 2017, 14(1): 189-201.

[56] NOROUZI H R, ZARGHAMI R, SOTUDEH-GHAREBAGH R, et al. Coupled CFD-DEM-modeling: formulation, implementation and application to multiphase flows[M]. Chichester, West Sussex, United Kingdom: Wiley, 2016.

第 2 章

DEM 原理

DEM 是一种离散材料模拟方法，常用于研究由大量不同形状物体所组成系统的动态或瞬时行为。这些物体可以是刚性的，也可以是可变形的，在外力作用下不断地相互接触和反弹。每个物体的运动(包括平移和旋转)都可以在离散元模型中计算，计算结果高度依赖于不同物体之间的接触模型以及物体与周围介质的相互作用。这些作用可以是通过接触产生的，也可以是通过非接触的电场和磁场产生的，如范德华力、静电力和磁力。在多相流中，流体与颗粒间的相互作用(包括拖曳力、升力)也对物体的运动起着决定性作用。

在 DEM 模型中，物体可以看成是可变形的，或者是刚性的，这两者分别被称为软球模型和硬球模型(不只局限于球体)。一般来说，软球模型比硬球模型可以计算更多的颗粒多相流行为，对计算模型的选择取决于实际应用情况和可用的计算资源。对于稀疏颗粒流系统(低颗粒浓度系统)，使用硬球模型更加高效。这是因为对于稀疏颗粒流系统，每个物体的接触时间比连续碰撞的平均时间短得多，每次接触都可以认为是瞬时完成的。尽管软球模型也适用，但硬球模型在计算上更高效。对于密集颗粒流系统，则软球模型更加适用。这是因为颗粒之间存在较长的接触时间和较多的接触次数，用软球模型更加准确。

由于软球模型可以考虑随时间发展的颗粒间、多相间作用力，因此其在离散元计算中得到大量的应用。而且，计算资源的飞速发展，使得在合理时间内模拟数十万个颗粒系统的运动成为可能。本章介绍的离散元公式主要基于软球模型进行计算。

2.1 硬球模型

对于物体之间的碰撞不频繁、持续时间不长的情况，从而认为碰撞仅发生在瞬间，从而忽略颗粒碰撞时的表面变形和接触力大小，故碰撞后颗粒的速度可根据碰撞前的速度，基于动量守恒定律来计算，碰撞过程中能量的耗散采用恢复系数来表达[1]。这种简化处理颗粒接触的模型就是硬球模型[2-4]。

在硬球模型中，有以下 3 个重要假设：碰撞持续时间极短($t_{col}=0$)，因此任何外力作用，如吸引力、斥力等，在碰撞期间都为 0；碰撞是二元的，每个颗粒只有 1 个碰撞接触点；颗粒碰撞时，没有表面变形，不存在颗粒重叠。与软球模型相比，硬球模型不考虑颗粒的重叠变形，不需要计算颗粒受力，因此计算量大大降低。只要是符合上述假设的稀疏颗粒流系统，都可以采用硬球模型进行计算。本书限于篇幅不再赘述，更多关于硬球模型理论与数值实现细节，读者可参考相关文献[2-4]。

2.1.1 碰撞模型

假设有两个半径分别为 R_i 和 R_j 的颗粒，位置分别为 $\boldsymbol{x}_i$ 和 $\boldsymbol{x}_j$，质量分别为 m_i 和 m_j。两个颗粒分别以 $\boldsymbol{v}_i^0$ 和 $\boldsymbol{v}_j^0$ 的速度移动，分别以 $\boldsymbol{\omega}_i^0$ 与 $\boldsymbol{\omega}_j^0$ 的角速度旋转，碰撞时法线和切线方向的冲量分别为 J_n、J_t，如图 2.1.1 所示。由于颗粒碰撞是瞬间发生的，可以认为颗粒系统受到的外力，如吸引力、流体-颗粒阻力在碰撞过程中为 0，因此颗粒系统的碰撞满足动量守恒定律。两个颗粒碰撞前与碰撞后速度和角速度之间的关系可由动量定理计算：

$$m_i\boldsymbol{v}_i^1 = m_i\boldsymbol{v}_i^0 + \boldsymbol{J} \tag{2.1}$$

$$m_j\boldsymbol{v}_j^1 = m_j\boldsymbol{v}_j^0 - \boldsymbol{J} \tag{2.2}$$

$$I_i\boldsymbol{\omega}_i^1 = I_i\boldsymbol{\omega}_i^0 + R_i\boldsymbol{n}_{ij} \times \boldsymbol{J} \tag{2.3}$$

$$I_j\boldsymbol{\omega}_j^1 = I_j\boldsymbol{\omega}_j^0 - R_j\boldsymbol{n}_{ij} \times \boldsymbol{J} \tag{2.4}$$

$$\boldsymbol{J} = J_\text{n}\boldsymbol{n}_{ij} + J_\text{t}\boldsymbol{t}_{ij} \tag{2.5}$$

在上述公式中，上标的 0 和 1 分别表示颗粒碰撞前和碰撞后的性质；$\boldsymbol{n}_{ij}$ 表示从颗粒指向颗粒且垂直于接触面的单位向量，$\boldsymbol{n}_{ij} = \dfrac{\boldsymbol{x}_j - \boldsymbol{x}_i}{|\boldsymbol{x}_j - \boldsymbol{x}_i|}$；$\boldsymbol{t}_{ij}$ 指接触面上接触点的正切单位向量，$\boldsymbol{t}_{ij} = \dfrac{\boldsymbol{v}_{ij}^t}{|\boldsymbol{v}_{ij}^t|}$；$I_i$ 指颗粒的惯性矩，$I_i = \dfrac{2}{5}m_iR_i^2$。

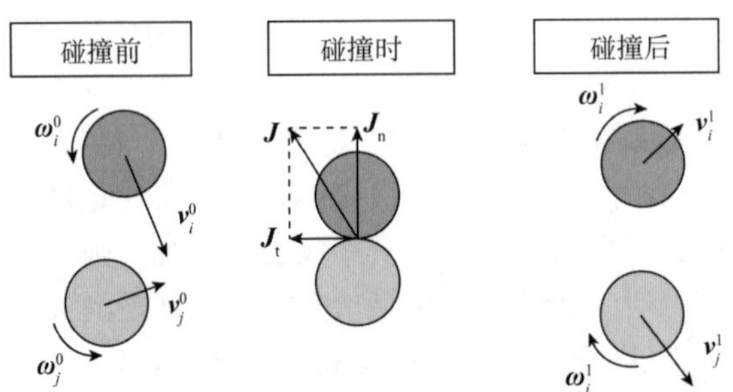

图 2.1.1 硬球模型中两个球形颗粒之间瞬时碰撞的连续步骤示意图

碰撞颗粒在接触点的相对速度计算如下：

$$\boldsymbol{v}_{ij} = \boldsymbol{v}_i - \boldsymbol{v}_j + (R_i\boldsymbol{\omega}_i + R_j\boldsymbol{\omega}_j) \times \boldsymbol{n}_{ij} \tag{2.6}$$

$$\boldsymbol{v}_{ij}^\text{n} = (\boldsymbol{v}_{ij} \cdot \boldsymbol{n}_{ij})\boldsymbol{n}_{ij} \tag{2.7}$$

$$\boldsymbol{v}_{ij}^\text{t} = \boldsymbol{v}_{ij} - \boldsymbol{v}_{ij}^n = -\boldsymbol{n}_{ij} \times (\boldsymbol{n}_{ij} \times \boldsymbol{v}_{ij}) \tag{2.8}$$

若颗粒发生完全弹性碰撞，则颗粒系统的碰撞还满足动量守恒定律。颗粒碰撞前后的相对速度大小一致，方向相反：

$$\boldsymbol{v}_{ij}^1 = -\boldsymbol{v}_{ij}^0 \tag{2.9}$$

若颗粒发生非弹性碰撞，部分动能被耗散，颗粒相对速度减小。这部分耗散的动能(相对速度减小量)可用恢复系数来表述。它可以简单地定义为碰撞后和碰撞前速度的比率：

$$\boldsymbol{n}_{ij} \cdot \boldsymbol{v}_{ij}^1 = -e_\text{n}(\boldsymbol{n}_{ij} \cdot \boldsymbol{v}_{ij}^0),\ 0 \leqslant e_\text{n} \leqslant 1 \tag{2.10}$$

$$\boldsymbol{t}_{ij} \cdot \boldsymbol{v}_{ij}^{1} = -e_{\mathrm{t}}(\boldsymbol{t}_{ij} \cdot \boldsymbol{v}_{ij}^{0}), \quad -1 \leqslant e_{\mathrm{t}} \leqslant 1 \tag{2.11}$$

恢复系数在0和1之间变化，据实验观察，它还会随着碰撞速度的增加而减小[5,6]。我们可以假设以下两种极端情况：当碰撞速度接近0时，恢复系数变为1，意味着接触过程中没有动能损失；当碰撞速度接近无穷大时，恢复系数接近0，意味着所有的动能在接触过程中都会损失。此外，颗粒材料变形类型(弹性或塑性)、接触面特性和接触条件都会影响恢复系数的大小。恢复系数可以看成是碰撞速度、材料特性和接触条件的函数。

结合式(2.2)、式(2.3)，则冲量的法向分量有：

$$J_{\mathrm{n}} = -m_{\mathrm{eff}}(1 + e_{\mathrm{n}})(\boldsymbol{n}_{ij}\boldsymbol{v}_{ij}^{0}) \tag{2.12}$$

$$m_{\mathrm{eff}} = \frac{m_i m_j}{m_i + m_j} \tag{2.13}$$

计算冲量的切向分量时需多加注意，因为有一些情况会导致滑动或粘连的碰撞。Norouzi等人[5]提到当相对速度的切向分量比法向分量高时，在整个碰撞过程中都会发生滑动。在这种情况下，冲量的切向分量可以通过库仑摩擦定律得到：

$$J_{\mathrm{t}} = -\mu J_{\mathrm{n}}, \ \mu J_{\mathrm{n}} < \frac{2}{7}(1 + e_{\mathrm{t}}) m_{\mathrm{eff}}(\boldsymbol{t}_{ij} \cdot \boldsymbol{v}_{ij}^{0}) \tag{2.14}$$

其中，μ为动摩擦系数。在其他情况下，当法向相对速度相比于切向相对速度较高时，就会发生粘连碰撞。因此，冲量的切向分量可通过以下方式获得：

$$J_{\mathrm{t}} = -\frac{2}{7}(1 + e_{\mathrm{t}}) m_{\mathrm{eff}}(\boldsymbol{t}_{ij} \cdot \boldsymbol{v}_{ij}^{0}), \ \mu J_{\mathrm{n}} \geqslant \frac{2}{7}(1 + e_{\mathrm{t}}) m_{\mathrm{eff}}(\boldsymbol{t}_{ij} \cdot \boldsymbol{v}_{ij}^{0}) \tag{2.15}$$

通过式(2.12)和式(2.15)可知，冲量由颗粒有效质量：法线和切线方向上的恢复系数，以及动摩擦系数共同决定，反映的是碰撞颗粒由于弹性产生的相互排斥力。求得冲量后，颗粒碰撞后的平移速度和角速度也可以结合式(2.1)~式(2.5)求得。

2.1.2　运动方程

通过牛顿第二运动定律的积分，可对系统中每个质量为m_i的颗粒在其自由运动期间的速度变化进行单独跟踪，硬球模型的运动方程为：

$$m_i \frac{\mathrm{d}v_i}{\mathrm{d}t} = m_i g + \boldsymbol{f}_i^{\mathrm{fp}} + \boldsymbol{f}_i^{\mathrm{pp}} \tag{2.16}$$

对式(2.16)第一次积分可得出颗粒的新速度，第二次积分可得出其新的位置。颗粒的速度会由于外力的作用而改变，如引力($m_i g$)和流体与颗粒的总相互作用力$\boldsymbol{f}_i^{\mathrm{fp}}$。在多相流中，流体与颗粒的相互作用十分重要，且存在多种不同类型的流体颗粒相互作用，如浮力、阻力和升力。我们将在第3章中对此进行详细讨论。$\boldsymbol{f}_i^{\mathrm{pp}}$代表颗粒间作用力，主要是指相隔距离为$d$的物体间的非接触相互作用，它可以是吸引力、排斥力等。

需要注意的是，这个方程给出了颗粒i在自由运动期间的速度变化。在颗粒自由运动期间，硬球模型和软球模型在运动方程上无异。在颗粒碰撞时，由于硬球模型假定碰撞持续时间无限短，所以式(2.16)对硬球模型无效。颗粒碰撞后的速度(包括平移速度和旋转速度)，需要依据碰撞前的速度使用硬球碰撞模型计算。碰撞后的平移速度可成为式(2.16)的初始条件，直到颗粒i与另一个颗粒接触为止。

2.2 软球模型

与适用于物体间瞬时碰撞和二元碰撞的硬球模型相反，在离散元软球模型中，颗粒间的接触是渐进的，且允许一个颗粒和多个颗粒接触。颗粒间的碰撞被视为一个动态过程，颗粒间的碰撞力根据接触颗粒间的重叠量来计算。软球模型的假设如下。

(1)物体是可变形的，但变形是可逆的，在接触释放后，它们会保持原来的形状。

(2)接触体之间的相互作用是通过接触区进行的，与物体的大小相比，物体之间的重叠非常小。

(3)在接触过程中，这种重叠随时间逐渐变化，其最大值是物体的物理特性和冲击速度的函数。

(4)碰撞颗粒间的接触力大小可由力-位移模型求得。力-位移模型是重叠、相对速度、接触历史以及物体的形状和属性的函数。

颗粒之间的重叠量以及碰撞力在接触过程中会发生变化，颗粒在接触和碰撞过程中的运动求解也基于牛顿运动定律。我们假设速度和加速度在每个时间步中是恒定的，那么可以通过积分计算出颗粒新的位置和速度，以及它们的重叠量。基于新的颗粒重叠和碰撞历史，可计算出新的碰撞力，得到颗粒的线性加速度和角加速度，然后从颗粒运动方程的积分开始，继续下一步迭代计算。值得注意的是，DEM 的时间步(数值积分和跟踪物体的时间步)应该非常小，以至于每个接触都控制在几个离散元时间步间隔内。关于离散元时间步的确定方法，将在 2.7.1 小节详细介绍。

运动方程

颗粒或多相流由大量的固体颗粒组成，颗粒的动力学受每个颗粒质心的牛顿第二运动定律，以及角动量变化的欧拉第二运动定律共同制约。系统中 N 个球形颗粒的主要控制方程如下[3]：

$$m_i \frac{\mathrm{d}\boldsymbol{v}_i}{\mathrm{d}t} = m_i \frac{\mathrm{d}^2\boldsymbol{x}_i}{\mathrm{d}t^2} = \sum_{j \in CL_i} \boldsymbol{f}_{ij}^{\mathrm{pp}} + \boldsymbol{f}_i^{\mathrm{f-p}} + \boldsymbol{f}_i^{\mathrm{ext}} \tag{2.17a}$$

$$I_i \frac{\mathrm{d}\boldsymbol{\omega}_i}{\mathrm{d}t} = I_i \frac{\mathrm{d}^2\boldsymbol{\varphi}_i}{\mathrm{d}t^2} = \sum_{j \in CL_i} (\boldsymbol{M}_{ij}^{\mathrm{t}} + \boldsymbol{M}_{ij}^{\mathrm{r}}) \tag{2.17b}$$

在上述方程中，$\boldsymbol{f}_i$ 和 $\boldsymbol{M}_{ij}$ 分别是作用于颗粒 i 上的各种力和扭矩的总和，是颗粒的位置向量 $\boldsymbol{x}_j$、角度位置向量 $\boldsymbol{\varphi}_j$、质心平移速度 $\boldsymbol{v}_j$ 和围绕质心的旋转速度 $\boldsymbol{\omega}_j$ 的函数。式(2.17a)右侧的第一项代表作用在颗粒 i 上的颗粒间 ($j \in CL_i$) 相互作用力的总和，这些力可能是有物理接触的碰撞力，也可以是非接触的颗粒间力，如静电力或范德华力；第二项代表所有流体-颗粒相互作用力，这主要适用于多相流，在没有连续流体或流体作用可忽略的情况下该项为零；第三项代表因均匀或不均匀的外场而作用于颗粒 i 上的外力，如由于地球引力场存在而产生的引力，或者在电磁场中作用于磁球的力。

在式(2.17b)中，等式右边求和的第一项代表由颗粒间碰撞产生的切向扭矩 $\boldsymbol{M}_{ij}^{\mathrm{t}}$。颗粒间的碰撞力作用于接触点(颗粒的表面)，从而产生了扭矩，引起了颗粒旋转(见图 2.3.1)。$\boldsymbol{M}_{ij}^{\mathrm{r}}$ 代表滚动摩擦，是作用于颗粒 i 的另一个扭矩。由于它总是阻碍颗粒旋转，因此也被称为滚动阻力扭矩。从式(2.17b)可以得出，只要颗粒不与其他颗粒发生物理接触，颗粒的角速度就不会改变。

颗粒运动控制方程表明，要想获得 n 个颗粒的运动信息，需要求解 $2n$ 个非线性微分方程。这些方程的解析解无法得到，故可用数值解来代替。在每个时间步中，首先用当前时间步的颗粒运动信息，计算每个颗粒上的相互作用力，然后使用积分运动方程来获得颗粒新的运动信息。由式(2.17a)和式(2.17b)可知，颗粒间相互作用与颗粒流体相互作用共同决定着多相颗粒流运动。本章将重点介绍颗粒间相互作用，包括碰撞过程中颗粒之间接触力与接触力矩，以及多种非接触作用力的计算。颗粒流体相互作用力将在第 3 章内容中具体介绍。

2.3　颗粒间相互作用——力与位移计算模型

当任意两个颗粒间有物理接触时，颗粒间的碰撞力是碰撞颗粒的法向和切向重叠、物理特性和碰撞历史的函数。如果考虑上述全部因素计算碰撞力，则涉及复杂的接触力学，实现起来十分困难，也很耗时[7]。常见的颗粒或多相流系统由成千上万的颗粒组成，其中有许多碰撞过程，若在每个时间步中都精确求解碰撞力，计算量将十分惊人。因此，可使用力-位移模型来简化计算颗粒碰撞作用。力-位移模型作为一种简化模型，可以大大减少计算量，并将精度保持在可接受的范围。有多种力-位移模型被开发并应用于 DEM 当中，本节将介绍较为流行的几种。

有两个颗粒 i 与 j，它们的位置向量分别是 $\boldsymbol{x}_i$ 和 $\boldsymbol{x}_j$，半径分别为 R_i 和 R_j，两个颗粒间存在物理接触，如图 2.3.1 所示。

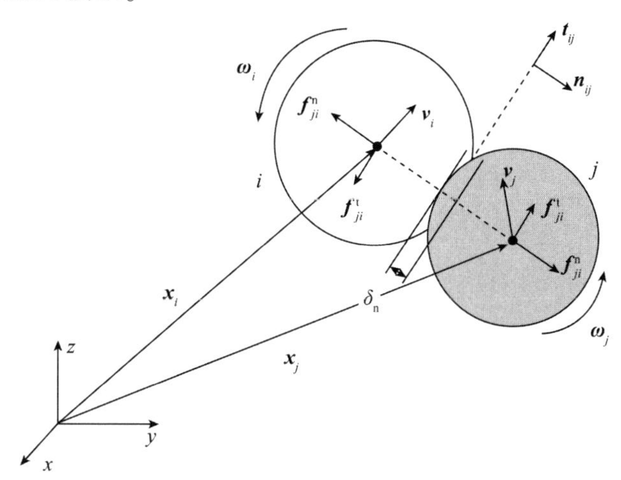

图 2.3.1　颗粒 i 和 j 的碰撞示意图

两个颗粒的法向重叠如下列方程所示：

$$\delta_n = R_i + R_j - |\boldsymbol{x}_j - \boldsymbol{x}_i| \tag{2.18}$$

若 $\delta_n > 0$，则颗粒间存在物理接触。两个颗粒间的碰撞力由法向和切向碰撞力构成，分别用 $\boldsymbol{f}^n_{ij}$ 和 $\boldsymbol{f}^t_{ij}$ 表示。

$$\boldsymbol{f}^c_{ij} = \boldsymbol{f}^n_{ij} + \boldsymbol{f}^t_{ij} \tag{2.19}$$

法向量是从颗粒 i 中心指向颗粒 j 中心的矢量点，由下列方程可得：

$$\boldsymbol{n}_{ij} = \frac{\boldsymbol{x}_j - \boldsymbol{x}_i}{|\boldsymbol{x}_j - \boldsymbol{x}_i|} \tag{2.20}$$

接触点碰撞颗粒与其法向和切向分量之间的相对速度如下：

$$\boldsymbol{v}_{ij} = \boldsymbol{v}_i - \boldsymbol{v}_j + (R_i\boldsymbol{\omega}_i + R_j\boldsymbol{\omega}_j) \times \boldsymbol{n}_{ij} \tag{2.21}$$

$$\boldsymbol{v}_{ij}^{\mathrm{n}} = (\boldsymbol{v}_{ij} \cdot \boldsymbol{n}_{ij})\boldsymbol{n}_{ij} \tag{2.22}$$

$$\boldsymbol{v}_{ij}^{\mathrm{t}} = \boldsymbol{v}_{ij} - \boldsymbol{v}_{ij}^{\mathrm{n}} \tag{2.23}$$

颗粒切向重叠的计算与法向重叠略有不同。切向重叠由颗粒在接触点的切向相对速度（$v_{\mathrm{rt}} = \boldsymbol{v}_{ij} \cdot \boldsymbol{t}_{ij}$，$\boldsymbol{t}_{ij} = \frac{\boldsymbol{v}_{ij}^{\mathrm{t}}}{|\boldsymbol{v}_{ij}^{\mathrm{t}}|}$，$\boldsymbol{t}_{ij}$ 为颗粒碰撞切向方向的单位向量）计算得出。当两个颗粒在一开始发生物理接触时，切向重叠为零，然后可以通过以下方式计算切向重叠：

$$\delta_{\mathrm{t}} = \int_{t_0}^{t} v_{\mathrm{rt}} \mathrm{d}t \tag{2.24}$$

由于每次接触要经历多个求解时间步，每个时间步的切向重叠量需要叠加。当前时间步的切向重叠，可通过当前时间步切向重叠增量与前一个时间步的切向重叠相加求得：

$$\delta_{\mathrm{t}} \cong \delta_{\mathrm{t},0} + v_{\mathrm{rt}}\Delta t_{\mathrm{p}} \tag{2.25}$$

因此，碰撞过程中每个时间步的切向重叠都应当保存，用来计算下一时间步的切向重叠量。

2.3.1 线性黏弹性模型

常用的线性黏弹性力-位移模型之一，是由 Cundall 和 Strack[8] 提出的线性弹簧阻尼（Linear Spring Damping，LSD）模型。这个模型易于在数值方法中实现，且适用于多次碰撞和非球形颗粒的情况。在 LSD 模型中，法线方向上的碰撞力由两个力组成：弹性力和黏性力（见图 2.3.2）。弹性力由胡克定律计算得出，通过弹簧刚度可将弹性力与法向重叠联系起来，并保存碰撞的动能。与之相反，黏性力 $\boldsymbol{f}_{\mathrm{diss}}^{n}$ 与颗粒的相对速度成正比，并损耗碰撞的动能。

法线方向上的碰撞力公式如下所示：

$$\boldsymbol{f}_{ij}^{\mathrm{n}} = \boldsymbol{f}_{\mathrm{el}}^{\mathrm{n}} + \boldsymbol{f}_{\mathrm{diss}}^{\mathrm{n}} = -(k_{\mathrm{n}}\delta_{\mathrm{n}})\boldsymbol{n}_{ij} - (\eta_{\mathrm{n}} v_{\mathrm{rn}})\boldsymbol{n}_{ij} \tag{2.26}$$

$$v_{\mathrm{rn}} = \boldsymbol{v}_{ij} \cdot \boldsymbol{n}_{ij} \tag{2.27}$$

其中，k_{n} 是线性弹簧的法向弹簧刚度；η_{n} 是线性法向阻尼系数；v_{rn} 是法向相对速度。

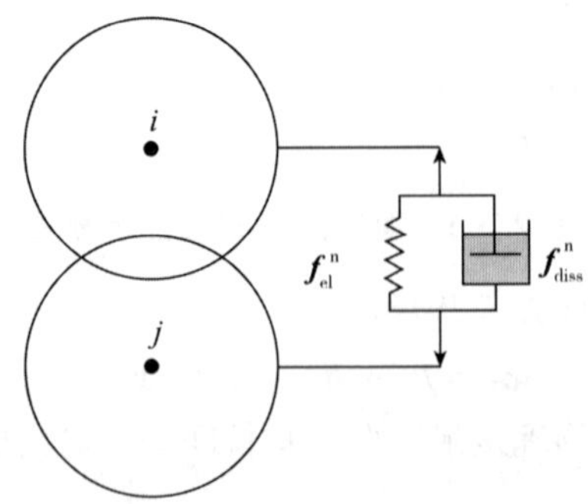

图 2.3.2 法线方向上的黏弹性碰撞模型示意图

弹性力保存了碰撞的动能；而黏性力抵消运动，损耗了碰撞的动能。

在没有外部作用力和颗粒流体间相互作用的情况下，考虑到两个球体之间的线性黏弹碰撞，可由颗粒碰撞法向运动方程式(2.17a)得出以下的二阶常微分方程：

$$\frac{\mathrm{d}^2\delta_n}{\mathrm{d}t^2} + 2\psi\frac{\mathrm{d}\delta_n}{\mathrm{d}t} + \kappa_0^2\delta_n = 0 \tag{2.28}$$

$$\psi = \frac{\eta_n}{2m_{\mathrm{eff}}} \tag{2.29}$$

$$\kappa_0^2 = \frac{k_m}{m_{\mathrm{eff}}} \tag{2.30}$$

其中，κ_0 是无阻尼谐波振荡器的频率，ψ 是减阻系数。式(2.27)可以用初始条件 $\delta_n(0) = 0$ 和 $\frac{\mathrm{d}\delta_n}{\mathrm{d}t(0)} = v^0$($v^0$ 表示颗粒碰撞前初速度)求解，可以得到以下结果：

$$\delta_n(t) = \frac{v^0}{w}\mathrm{e}^{-\psi t}\sin(wt) \tag{2.31}$$

$$\frac{\mathrm{d}\delta_n}{\mathrm{d}t} = \frac{v^0}{w}\mathrm{e}^{-\psi t}[w\cos(wt) - \psi\sin(wt)] \tag{2.32}$$

其中，$w = \sqrt{k_0^2 - \psi^2}$。碰撞持续时间 t_{col} 可通过解式(2.32)获得。若 $\delta_n = 0$，法向反弹速度 v^1(碰撞刚刚释放后)可通过将 t_{col} 代入式(2.31)中获得。

$$t_{\mathrm{col}} = \frac{\pi}{\sqrt{\kappa_0^2 - \psi^2}} \tag{2.33}$$

$$v^1 = -v^0\mathrm{e}^{-\psi t_{\mathrm{col}}} \tag{2.34}$$

法向恢复系数 e_n 是衡量碰撞过程中恢复动能的系数，即

$$e_n = -\frac{v^1}{v^0} = \exp\left(-\pi\frac{\psi}{\sqrt{\kappa_0^2 - \psi^2}}\right) \tag{2.35}$$

把 ψ 和 κ_0^2 的值代入式(2.36)并求解，就可以得到在 LSD 模型中，法向弹簧刚度和法向阻尼系数之间关系如下：

$$\eta_n = \frac{-2\ln e_n\sqrt{m_{\mathrm{eff}}k_n}}{\sqrt{(\ln e_n)^2 + \pi^2}} \tag{2.36}$$

其中，恢复系数 e_n 是碰撞颗粒的基本属性，可通过碰撞实验测量。颗粒与壁面的碰撞由高速数码相机记录，通过分析拍摄的图像，可以精确地确定撞击和反弹的速度[9-13]。在自由落体实验中，恢复系数可通过下式确定：

$$e_n = \sqrt{\frac{h_1}{h_0}} \tag{2.37}$$

其中，h_0 是颗粒下落的初始高度；h_1 是反弹后的最大高度。

Norouzi 等人[5]采用 DEM，用 LSD 模型模拟了软球与不同恢复系数壁面碰撞过程，其结果的关系示意图如图 2.3.3 所示。图 2.3.3 中纵坐标是无量纲法向碰撞力，根据法向碰撞力除以弹性碰撞最大法向力得出；横坐标是无量纲法向重叠量，根据法向重叠量除以弹性碰撞的最大法向重叠量计算得出。从图中可以看出，每一次法向黏弹性碰撞都要经历两个阶段：在加载阶段，法向重叠和法向力增加，直到达到它们的最大值；在卸载阶段，颗粒反向移动

并从壁面反弹。在加载和卸载阶段时，法向力在同一重叠处是不相等的。这是由于模型中存在着黏性项，损耗了动能。图中两条曲线之间所包围的区域就是损耗能量的大小。此外，最大无量纲重叠随着法向阻尼系数的增加而减少。

从图中还可以看出，碰撞开始和结束时的无量纲弹性力不为零，并与碰撞开始和结束时非零的相对速度成正比，这种现象是由模型中的黏性项所引起的。e_n 越小，碰撞时非零力越大，这是 LSD 模型的一个重要缺点，在离散元模拟中应该避免。本章后面介绍的非线性力-位移模型在碰撞开始和结束时就不存在非零力的问题。

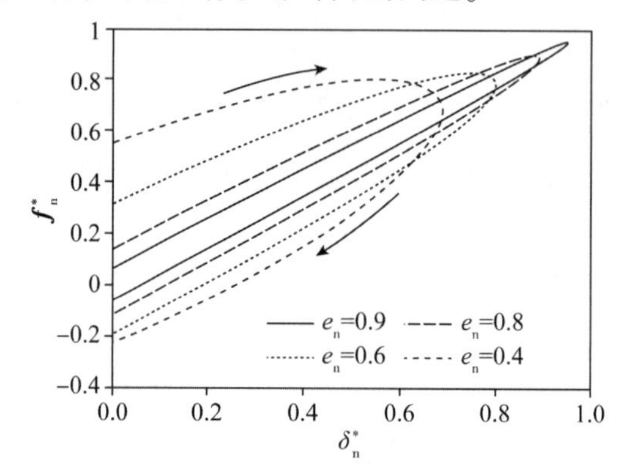

图 2.3.3　在 LSD 模型中不同法向恢复系数的无量纲法向力与无量纲法向重叠的关系示意图

与法线方向类似，假设在切向弹簧刚度不变，且碰撞颗粒的接触区域没有微滑的情况下，切向碰撞力可表示如下：

$$\boldsymbol{f}_{ij}^{t}=\boldsymbol{f}_{\mathrm{el}}^{t}+\boldsymbol{f}_{\mathrm{diss}}^{t}=-(k_{\mathrm{t}}\delta_{\mathrm{t}})\boldsymbol{t}_{ij}-(\boldsymbol{\eta}_{\mathrm{t}}v_{\mathrm{rt}})\boldsymbol{t}_{ij} \tag{2.38}$$

其中，k_{t} 和 $\boldsymbol{\eta}_{\mathrm{t}}$ 分别为切向弹簧刚度和阻尼系数。上述方程遵循库伦准则，若 $|\boldsymbol{f}_{ij}^{t}|\geqslant\mu|\boldsymbol{f}_{ij}^{n}|$，则发生滑动，切向力可由下式计算[14]：

$$\boldsymbol{f}_{ij}^{t}=-\mu\boldsymbol{f}_{ij}^{n}\mathrm{sgn}(\delta_{t})\boldsymbol{t}_{ij} \tag{2.39}$$

其中，μ 代表颗粒 i 和 j 之间的动摩擦系数。这种应用库仑定律的方法由 Cundall 和 Strack[14] 首次使用，是研究中最为常用的方法。摩擦系数取决于物体与接触面之间的材料和接触面的粗糙度，可通过实验测量法直接获得。

切向 LSD 模型也需要一个阻尼系数，这个系数只能通过模拟碰撞的结果与实验数据之间的比较来确定。Deen 等人[15] 提出了一个类似于式(2.37)的分析关系，但它需要引入切向恢复系数 e_{t}：

$$\boldsymbol{\eta}_{\mathrm{t}}=\begin{cases}\dfrac{-2\ln e_{\mathrm{t}}\sqrt{\dfrac{2}{7}m_{\mathrm{eff}}k_{\mathrm{t}}}}{\sqrt{\pi^{2}+\ln e_{\mathrm{t}}^{2}}}, & e_{\mathrm{t}}\neq 0\\[2ex] 2\sqrt{\dfrac{2}{7}m_{\mathrm{eff}}k_{\mathrm{t}}}, & e_{\mathrm{t}}=0\end{cases} \tag{2.40}$$

线性 LSD 模型较为简单，其解析解也是可用的，在计算碰撞参数时非常有用，是 DEM 中常用的模型之一。但线性黏弹性模型存在一些不现实的物理现象，如接触时间和恢复系数不随撞击速度而变化，在黏弹性模型中碰撞开始和结束时都存在一个非零力，以及切向碰撞几乎与法向力无关(除了应用库仑定律时)，切向刚度恒定，不受法线重叠和碰撞历史的影响等。

2.3.2　非线性黏弹性模型

在一些情况下，法向重叠和法向弹性碰撞力之间的线性关系并不能很好地代表两个球形颗粒之间接触的力-位移模型。若要提高碰撞力计算精度，可采用非线性黏弹性模型。两个弹性球状颗粒在法线方向上的碰撞模型由 Heinrich Hertz 在 1882 年首次提出[16]。后来，非线性接触力模型的理论被进一步改进，并扩展到有黏性的颗粒间的接触[17]。结合 Hertz 的理论，Mindlin-Deresiewicz(MD)理论[18]被用于颗粒间的弹性切向接触。基于 MD 理论，力-位移关系完全取决于全部加载历史以及法向和切向位移的瞬时变化率。后来，Maw 等人[19]提出了一个离散程序，认为接触区是圆形的，可分解成一组共心的环形区。针对每一个离散节点，可对法向力和切向力的演化进行数值求解。这不需要记忆完整的接触历史[20-22]，就能够计算切向力。尽管 Maw 等人[19]的方法给出了非常准确的切向碰撞力，涵盖了所有的碰撞机制，但由于将其应用到实际 DEM 模拟中会带来巨大的计算量，因此并没有被广泛应用。后续将介绍几种常用于离散元模拟的简化模型[23-27]，有兴趣的读者可以从文献中获取其他模型的更多信息[20,21,28,29,30-34]。

2.3.2.1　法线方向

与 LSD 模型一样，非线性黏弹性接触力模型由两部分组成：非线性弹性力和非线性黏性力。其中，非线性弹性法向接触力大多采用赫兹理论计算，这里首先介绍赫兹非线性弹性法向力模型，其次是非线性黏性法向力模型。

假设有一个弹性球体，它与一个无摩擦的刚性壁面接触。颗粒在法向力的作用下发生变形，并通过半径为 a 的圆形接触区与壁面相互作用，如图 2.3.4 所示。

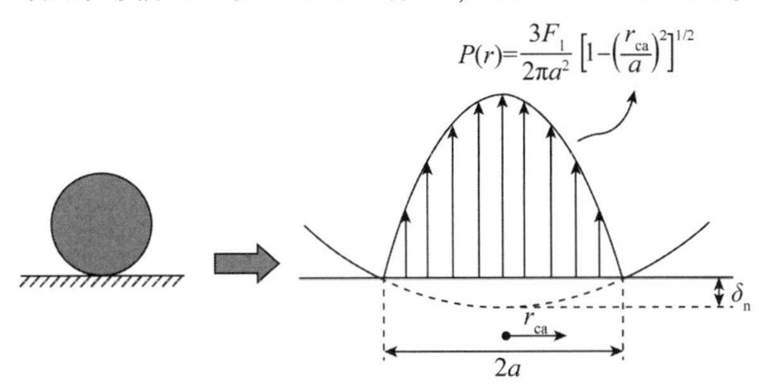

图 2.3.4　弹性球体接触区域内的法向压力分布示意图

在接触区，会产生一个轴对称的法向压力，该压力为接触区径向坐标 r_{ca} 的函数，如下式所示：

$$P(r)=P_{\max}\left[1-\left(\frac{r_{ca}}{a}\right)^2\right]^{1/2} \tag{2.41}$$

在该方程中，假设接触区的半径比颗粒的半径小得多。最大压力产生于接触区的中心，而接触区中心会产生最大程度的变形可由以下方程得出：

$$P_{\max}=\frac{3F_1}{2\pi a^2}=\left(\frac{6F_1E_{eff}^2}{\pi^3R_{eff}^2}\right)^{1/3} \tag{2.42}$$

接触区域的半径是法向力、有效半径和杨氏模量的函数，计算如下：

$$a = \left(\frac{3}{4}\frac{F_1 R_{\text{eff}}}{E_{\text{eff}}}\right)^{1/3} \tag{2.43}$$

法向变形可由以下方程得出：

$$\delta_{\text{n}} = \frac{a^2}{R_{\text{eff}}} = \left(\frac{9}{16}\frac{F_1^2}{R_{\text{eff}} E_{\text{eff}}^2}\right)^{1/3} \tag{2.44}$$

如果对接触区域的压力进行积分，可由以下方程计算出球体和刚性壁面间弹性碰撞时所产生的法向力：

$$f_{\text{Hertz}} = \frac{4}{3} E_{\text{eff}} \sqrt{R_{\text{eff}}}\,\delta_{\text{n}}^{3/2} \tag{2.45}$$

有效半径可由以下方程得出：

$$R_{\text{eff}} = \left(\frac{1}{R_i} + \frac{1}{R_j}\right)^{-1} \tag{2.46}$$

上述方程针对的是两个颗粒 i 和 j 之间的接触。也可以将这些方程应用于球体和刚性壁面间的接触。在式(2.45)和式(2.46)中，可将球体视为物体 i，壁面视为无限半径的球体 j（$R_j = \infty$），因此有效半径 R_{eff} 等于颗粒 i 的半径 R_i。

Zhang 和 Vu-Quoc[34,35] 对弹性球体和刚性壁面之间的碰撞动力学进行了非线性有限元分析，并将其结果与式(2.45)得到的数值进行了比较。他们发现，赫兹理论对弹性碰撞是有效的，对于颗粒流实际应用中所涉及的大多数材料(准静态方式)，弹性波在球体内部传播而引起的能量损耗可以忽略。

法向冲击速度为 $v_{\text{rn, imp}}$、密度为 ρ_i 的弹性球体，其与刚性壁面之间的碰撞时间可由以下方程得出[36]：

$$t_{\text{col}} = 2.94\left(\frac{5}{4}\frac{\pi\rho_i}{E_{\text{eff}}}\right)^{2/5} \frac{R_{\text{eff}}}{V_{\text{rn, imp}}/5} = 2.86\left(\frac{m_{\text{eff}}^2}{R_{\text{eff}} E_{\text{eff}}^2 v_{\text{rn, imp}}}\right)^{1/5} \tag{2.47}$$

这个公式也适用于两个球体间的碰撞。两个球体间的法线方向相对速度为冲击速度。根据式(2.47)，非线性赫兹模型的接触时间是冲击速度的反函数，而在 LSD 模型中，接触时间不是速度的函数。

目前大多非线性黏弹性模型均采用赫兹弹性力模型，即式(2.45)，它们的不同之处在于对黏性(损耗)力的处理[23,37-39]。在此重点介绍由 Kuwabara 和 Kono 提出[39]的非线性模型。为方便起见，将其命名为 KKn 模型(末尾的字母 n 指“法向”)。在 KKn 模型中，法向碰撞力的计算方程如下：

$$\boldsymbol{f}_{ij}^{\text{n}} = \boldsymbol{f}_{\text{el}}^{\text{n}} + \boldsymbol{f}_{\text{diss}}^{\text{n}} = \left(-\frac{4}{3} E_{\text{eff}} \sqrt{R_{\text{eff}}}\,\delta_{\text{n}}^{3/2}\right)\boldsymbol{n}_{ij} - \left(\bar{\eta}_{\text{n}} \delta_{\text{n}}^{1/2} v_{\text{rn}}\right)\boldsymbol{n}_{ij} \tag{2.48}$$

其中，$\bar{\eta}_{\text{n}}$ 是 KKn 模型的阻尼系数。考虑到相同的法向恢复系数，$\bar{\eta}_{\text{n}}$ 的值和尺寸与 LSD 模型中使用的阻尼系数值和尺寸不同。Kuwabara 和 Kono[39] 也预先给出了 $\bar{\eta}_{\text{n}}$ 的分析表达式，它是关于泊松比、杨氏模量、剪切系数和体积变形黏度(材料特性)的函数。后来，Brilliantov 等人[40]也得到了相同的法向碰撞力表达式，但 $\bar{\eta}_{\text{n}}$ 在其中的功能有所不同。使用颗粒的材料特性来计算 $\bar{\eta}_{\text{n}}$ 不是很常见，而在离散元模拟中，$\bar{\eta}_{\text{n}}$ 的值也被调整以适应法向恢复系数的实验结果。

Tsuji 等人[23]提出了一个类似于 KKn 模型的非线性力模型，黏性项略微不同，这里把这个模型命名为 TTIn 模型。TTIn 模型给出了法向碰撞力的方程：

$$\boldsymbol{f}_{ij}^{\mathrm{n}}=\boldsymbol{f}_{\mathrm{el}}^{\mathrm{n}}+\boldsymbol{f}_{\mathrm{diss}}^{\mathrm{n}}=\left(-\frac{4}{3}E_{\mathrm{eff}}\sqrt{R_{\mathrm{eff}}}\delta_{\mathrm{n}}^{3/2}\right)\boldsymbol{n}_{ij}-(\widetilde{\eta}_{\mathrm{n}}\delta_{\mathrm{n}}^{1/4}v_{\mathrm{rn}})\boldsymbol{n}_{ij} \tag{2.49}$$

其中，$\widetilde{\eta}_{\mathrm{n}}$ 是 TTIn 模型的阻尼系数。可以看出，两个模型中的黏性力都是颗粒的法向变形和法向相对速度的函数。然而，在 KKn 模型中，黏性力与 $\delta_{\mathrm{n}}^{1/2}$ 成正比，而在 TTIn 模型中则与 $\delta_{\mathrm{n}}^{1/4}$ 成正比。这导致了这两个模型的力-位移曲线和阻尼系数值有所不同。

Zheng 等人[37]扩展了 KKn 模型，下文将该模型称为 ZZYn 模型。ZZYn 模型对球体和板块之间的黏弹性碰撞进行了一组有限元法分析，并提出了一个法向碰撞力的“半分析”模型，具体如下：

$$\boldsymbol{f}_{ij}^{\mathrm{n}}=\boldsymbol{f}_{\mathrm{el}}^{\mathrm{n}}+\boldsymbol{f}_{\mathrm{diss}}^{\mathrm{n}}=\left(-\frac{4}{3}E_{\mathrm{eff}}\sqrt{R_{\mathrm{eff}}}\delta_{\mathrm{n}}^{3/2}\right)\boldsymbol{n}_{ij}-C_{\mathrm{n}}[\hat{\eta}_{\mathrm{n}}(R_{\mathrm{eff}}\delta_{\mathrm{n}})^{1/2}v_{\mathrm{rn}}]\boldsymbol{n}_{ij} \tag{2.50}$$

其中，C_{n} 是 ZZYn 模型中黏性力的修正系数，引入该系数是为了得到一个与有限元方法分析结果更相似的力-位移曲线。C_{n} 的表达式如下：

$$C_{\mathrm{n}}=(0.8+26v_i^3)\left(\frac{\eta_2}{\eta_1}\right)^{-0.5}\left(\frac{\delta_{\mathrm{n}}}{R}\right)^{0.04},\quad\begin{cases}0\leqslant\dfrac{\delta_{\mathrm{n}}}{R}\leqslant 0.01\\[2ex]0\leqslant\dfrac{\eta_2}{\eta_1}<4\\[2ex]0.1\leqslant v_i\leqslant 0.45\end{cases} \tag{2.51}$$

阻尼系数 $\hat{\eta}_{\mathrm{n}}$ 的表达式如下：

$$\hat{\eta}_n=2\frac{E_{\mathrm{eff}}}{E_i}(1-2v_i)(1+v_i)\left(2\eta_2+\frac{\eta_1}{3}\right) \tag{2.52}$$

在这些方程中，η_1 和 η_2 分别是剪切黏度和体积变形黏度的系数。可以看出，式(2.51)的有效范围较大，可以将其应用在许多实际情况中。

图 2.3.5 显示了 KKn 和 TTIn 模型的无量纲法向力-位移曲线。从图中可以发现，随着阻尼系数的增加，颗粒最大重叠度降低，加载和卸载曲线之间的距离变得更宽。这些模型的一个非常重要的现象，是在碰撞开始和结束时碰撞力为零，这是对 LSD 模型的一个重要改进。图 2.3.6 显示了 KKn、TTIn 和 ZZYn 模型预测的碰撞持续时间、法向恢复系数与法向撞击速度的关系。图 2.3.6(a)显示了在所有模型中，碰撞持续时间随着撞击速度的增加而减少。在法向颗粒壁面间碰撞实验中，也体现了同样的现象。

图 2.3.6(b)显示了法向恢复系数与撞击速度的关系。TTIn 模型的法向恢复系数 $e_{\mathrm{n}}=0.56$。ZZYn 模型的阻尼系数是根据颗粒物理特性，由式(2.51)和式(2.52)所计算得出的。同时，对 KKn 模型的法向阻尼系数 $\overline{\eta}_{\mathrm{n}}$ 进行调整，以获得最佳拟合，发现数值为 5300 $\mathrm{kg\cdot s^{-1}m^{1/2}}$。从该图中可以看出，TTIn 模型预测不同撞击速度下的法向恢复系数是恒定的，而 KKn 和 ZZYn 模型预测的较高撞击速度下的 e_{n} 较小。KKn 和 ZZYn 模型的预测结果都产生了非常接近的法向恢复系数值。当 ZZYn 模型所需的材料特性已知时，就不需要根据 e_{n} 的实验数据调整法向阻尼系数，使用 ZZYn 模型是较好的选择。

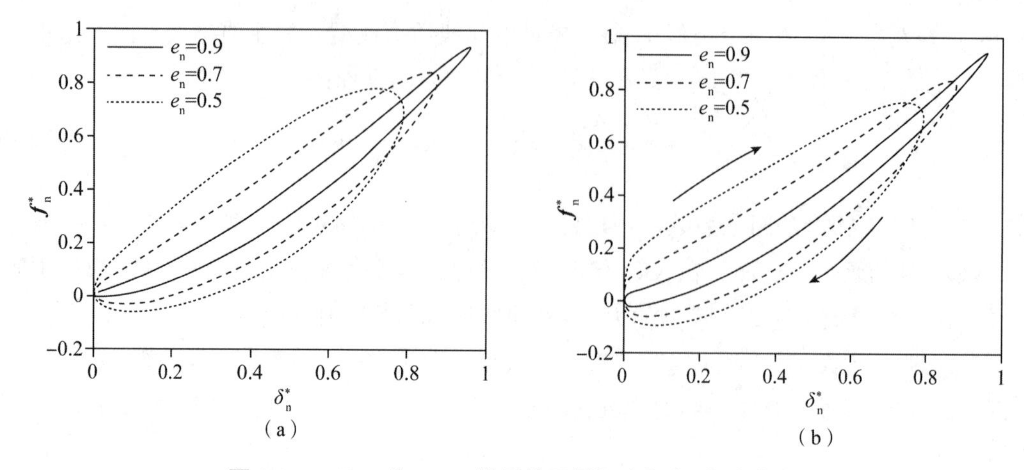

图 2.3.5 KKn 和 TTIn 模型的无量纲法向力–位移曲线

(a) KKn 模型；(b) TTIn 模型

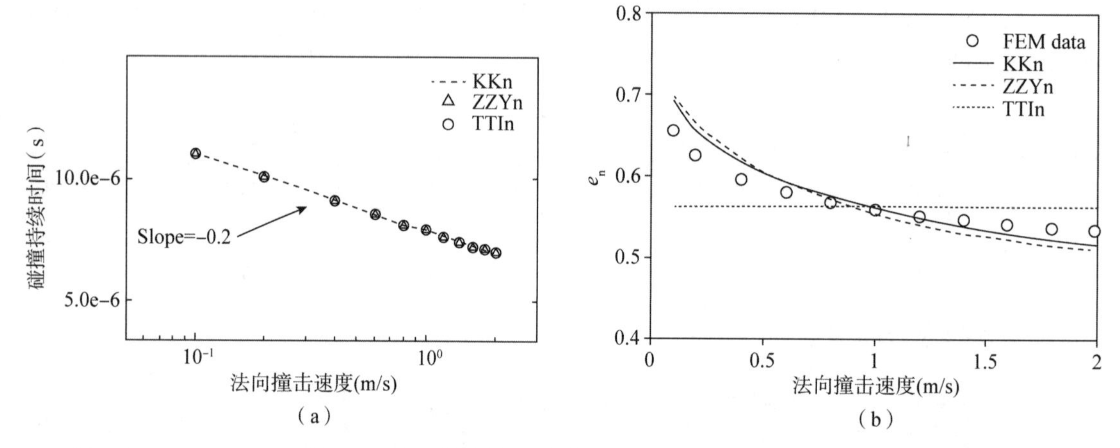

图 2.3.6 KKn、TTIn 和 ZZYn 模型预测的碰撞持续时间、法向恢复系数与法向撞击速度的关系

(a) 碰撞持续时间；(b) 法向恢复系数

注：FEM 数据收集自文献[39]。

2.3.2.2 切线方向

Mindlin-Deresiewicz(MD)理论[18]描述了两个颗粒之间的切线位移与切向力的关系，但是计算非常烦琐。Tsuji 等人[23]在无滑移和接触面上法向力恒定的情况下，得出了一个简化的 MD 模型来描述切线方向的非线性弹性力，模型如下：

$$\boldsymbol{f}_{\mathrm{el}}^{\mathrm{t}} = -8G_{\mathrm{eff}}\sqrt{R_{\mathrm{eff}}}\delta_{\mathrm{n}}^{1/2}\delta_{\mathrm{t}}\boldsymbol{t}_{ij} \tag{2.53}$$

其中，G_{eff} 是有效剪切模量，可定义为：

$$G_{\mathrm{eff}} = \left(\frac{2-v_i}{G_i} + \frac{2-v_j}{G_j}\right)^{-1} \tag{2.54}$$

与线性模型不同，非线性弹簧刚度（$\widetilde{k}_{\mathrm{t}} = 8G_{\mathrm{eff}}\sqrt{R_{\mathrm{eff}}}\delta_{\mathrm{n}}^{1/2}$）在碰撞过程中是不断变化的，因为法向位移并不恒定。在实际模拟中，涉及微滑条件和接触面上变化的法向力，使用这样的模型来计算切向力并不能得到准确的结果。Renzo 和 Maio[21]建议考虑可变法向力和碰撞区微滑的影响，把 Tsuji 等人[23]的模型所得到的切向力方程式(2.53)乘以一个修正系数。使用 MD 理论的积分形式，在较大和较小的撞击角下，计算出的切向力是 Tsuji 等人[23]模型预期值的 2/3。因此，提出了以下弹性切向力的关系式：

$$\boldsymbol{f}_{\mathrm{el}}^{\mathrm{t}}=-\frac{16}{3}G_{\mathrm{eff}}\sqrt{R_{\mathrm{eff}}}\delta_{\mathrm{n}}^{1/2}\delta_{\mathrm{t}}\boldsymbol{t}_{ij} \tag{2.55}$$

下面称式(2.55)为 DDt 模型(后面的字母“t”指切向)。这个模型不考虑切线方向的动能耗散，但这个耗散项可以通过阻尼力纳入，阻尼力与速度成正比，类似于切向线性模型中使用的阻尼力。库仑摩擦定律可用于提供总的滑动条件，并通过应用式(2.39)来限制切向力。

Langston 等人[25,41]也提出了一个基于 MD 理论的简化模型，用于恒定法向力的碰撞。下面称这个模型为 LTH(Longston、Tüzün 和 Heyes)模型，具体如下：

$$\boldsymbol{f}_{\mathrm{el}}^{\mathrm{t}}=-\operatorname{sgn}(\delta_{\mathrm{t}})\mu\left|\boldsymbol{f}_{\mathrm{ij}}^{\mathrm{n}}\right|\left[1-\left(1-\frac{\min(\left|\delta_{\mathrm{t}}\right|,\ \delta_{\mathrm{t,\ max}})}{\delta_{\mathrm{t,\ max}}}\right)^{3/2}\right]\boldsymbol{t}_{ij} \tag{2.56}$$

$$\boldsymbol{f}_{\mathrm{diss}}^{\mathrm{t}}=-\tilde{\eta}_{\mathrm{t}}\left[6m_{\mathrm{eff}}\mu\left|\boldsymbol{f}_{ij}^{\mathrm{n}}\right|\frac{\sqrt{1-\min(\left|\delta_{\mathrm{t}}\right|,\ \delta_{\mathrm{t,\ max}})/\delta_{\mathrm{t,\ max}}}}{\delta_{\mathrm{t,\ max}}}\right]^{1/2}v_{\mathrm{rt}}\boldsymbol{t}_{ij} \tag{2.57}$$

其中，$\tilde{\eta}_{\mathrm{t}}$ 是切向阻尼系数；$\delta_{\mathrm{t,max}}$是滑动开始时的位移，具体表示如下：

$$\delta_{\mathrm{t,\ max}}=\mu\frac{2-v}{2(1-v)}\delta_{\mathrm{n}} \tag{2.58}$$

要注意的是，应取($|\delta_{\mathrm{t}}|$，$\delta_{\mathrm{t,max}}$)中的最小值，以确保在切向位移大于 $\delta_{\mathrm{t,max}}$ 时会发生粗滑动。

2.3.3　理想弹塑性模型

在加载和卸载阶段具有不同弹簧刚度的力-位移模型的示意图与 Walton 和 Braun[42]提出的模型相对应。除了上述弹性模型，在某些情况下，颗粒碰撞也会发生塑性变形。一些研究提出了理想弹塑性碰撞的力-位移模型[35,32,43,44,42]。例如，Walton 和 Braun[42]提出的半闭合弹簧力-位移模型(以下简称 WB 模型)，如图 2.3.7 所示。

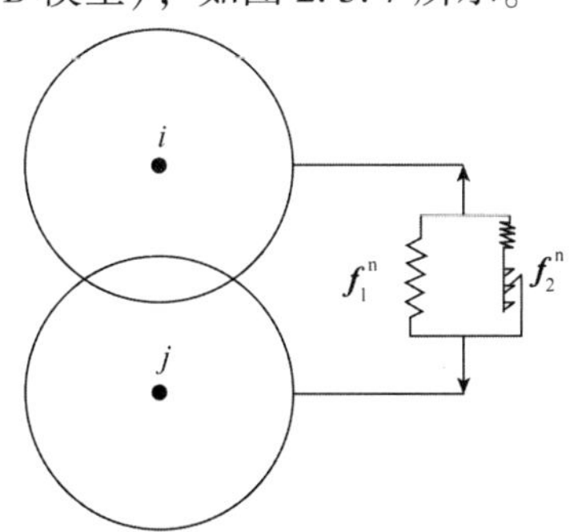

图 2.3.7　半闭合弹簧力-位移模型

在加载阶段，低刚度的弹簧较为活跃；在卸载阶段，高刚度的弹簧控制着碰撞颗粒间的相互作用力。在 WB 模型中，不同线性弹簧的加载和卸载阶段均需考虑线性力-位移行为。法向碰撞力表示如下：

$$\boldsymbol{f}_{ij}^{\mathrm{n}}=\begin{cases}-(k_1\delta_{\mathrm{n}})\boldsymbol{n}_{ij}, & v_{\mathrm{n}}\geqslant 0\\ -k_{\mathrm{ul}}(\delta_{\mathrm{n}}-\delta_{\mathrm{n,\ 0}})\boldsymbol{n}_{ij}, & v_{\mathrm{n}}<0\end{cases} \tag{2.59}$$

其中，k_1 和 k_{ul} 分别是加载和卸载阶段的弹簧刚度；$\delta_{n,0}$ 是完成卸载阶段后的剩余重叠量。由于在加载和卸载阶段考虑了不同的弹簧刚度值，因此在每次碰撞中都有一部分动能耗散。法向恢复系数定义如下：

$$e_n = \sqrt{\frac{k_1}{k_{ul}}} \tag{2.60}$$

此外，引入了一个可调参数，将卸载弹簧刚度 k_{ul} 与 k_1 和 $\boldsymbol{f}_{max}$ 联系了起来：

$$k_{ul} = k_1 + s\boldsymbol{f}_{max} \tag{2.61}$$

其中，s 为可调参数；$\boldsymbol{f}_{max}$ 为最大法向力，可在卸载阶段前由以下方程得出：

$$\boldsymbol{f}_{max} = k_1\delta_{n,\ max} = k_1\sqrt{\frac{m_{eff}}{k_1}}v_{rn,\ imp} \tag{2.62}$$

最大法向力与 $v_{rn,imp}$ 直接相关，而式(2.61)表明了卸载弹簧刚度与 $v_{rn,imp}$ 的线性关系。将式(2.61)和式(2.62)代入式(2.60)，便可得出 WB 模型的法向恢复系数关系式：

$$e_n = \sqrt{\frac{1}{1 + sv_{rn,\ imp}\sqrt{m_{eff}/k_1}}} \tag{2.63}$$

这个方程表明，恢复系数是撞击速度的一个减函数。用同样的数学方法，可以得到碰撞时间的方程式：

$$t_{col} = \frac{\pi}{2}\frac{\sqrt{m_{eff}}\left(\sqrt{k_1} + \sqrt{k_1 + s\sqrt{k_1 m_{eff}}v_{rn,\ imp}}\right)}{k_1\sqrt{1 + s\sqrt{m_{eff}/k_1}v_{rn,\ imp}}} \tag{2.64}$$

应该注意的是，s 作为一个可调参数，是通过将实验结果与法向恢复系数或碰撞时间方程式相拟合而得到的。

Thornton[44]通过假设压缩的两个阶段(弹性形变和塑性形变)，提出了一个非线性理想弹塑性力-位移模型。在该模型中，理想弹塑性球体接触区域的法向压力分布如图 2.3.8 所示。在弹性阶段，假设接触区的法向压力分布与赫兹理论[式(2.41)]的分布相同，最大压力在接触区的中心；而当接触区中心的法向压力达到极限接触压力 P_Y 时，接触区的弹性相互作用就变成了塑性，极限压力是材料屈服应力的函数。塑性形变从接触区中心开始，向周边扩散。在塑性区域($0 \leqslant r_{ca} \leqslant r_p$，$r_{ca}$ 是弹性接触区径向坐标)，压力分布是恒定的，等于 P_Y；而在塑性区域外($r_p \leqslant r_{ca} \leqslant a$)，它仍然遵循赫兹压力分布。

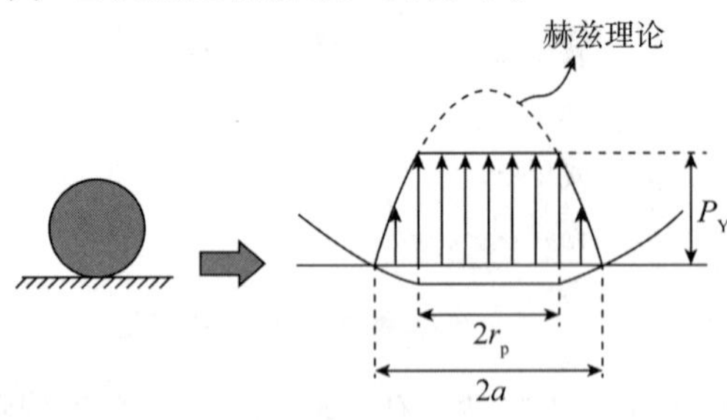

图 2.3.8　理想弹塑性球体接触区域的法向压力分布

弹性压缩的法向力可表示如下：

$$\boldsymbol{f}_{ij}^{n} = \left(-\frac{4}{3}E_{eff}\sqrt{R_{eff}}\delta_n^{3/2}\right)\boldsymbol{n}_{ij},\ \delta_n \leqslant \delta_Y \tag{2.65}$$

其中，δ_Y 是塑性形变开始时的法向重叠，可计算如下：

$$\delta_Y = \left(\frac{\pi P_Y}{2E_{\text{eff}}}\right)^2 R_{\text{eff}} \tag{2.66}$$

当接触区中间区域的压力达到 P_Y 时，就会发生塑性形变。法向力可由下列方程得出：

$$\boldsymbol{f}_{ij}^{n} = -\left[f_Y + \pi P_Y R_{\text{eff}}(\delta_n - \delta_Y)\right]\boldsymbol{n}_{ij},\ \delta_n > \delta_Y \tag{2.67}$$

在式(2.67)中，f_Y 为塑性形变开始时的法向力大小。同时，接触区半径可由下列方程得出：

$$a = \left(\frac{3R_{\text{eff}} f_n^{\text{Hertz}}}{4E_{\text{eff}}}\right)^{1/3} \tag{2.68}$$

其中，f_n^{Hertz} 为产生相同接触区域的等效弹力大小。

在重置开始前(卸载阶段)，法向重叠和法向力会被记录为最大法向重叠 $\delta_{n,\max}$ 和最大法向力大小 $f_{n,\max}$，以用于计算卸载阶段的法向碰撞力。整个卸载阶段的法向碰撞力表示如下：

$$\boldsymbol{f}_{ij}^{n} = \left[-\frac{4}{3}E_{\text{eff}}\sqrt{R_p}\,(\delta_n - \delta_p)^{3/2}\right]\boldsymbol{n}_{ij} \tag{2.69}$$

其中，R_p 可由下列方程计算：

$$R_p = \frac{4}{3}\frac{E_{\text{eff}}}{f_{n,\max}}\left(\frac{2f_{n,\max} + f_Y}{2\pi P_Y}\right)^{3/2} \tag{2.70}$$

在式(2.69)中，δ_p 为法向力变为 0 时的相对重叠，可由以下方程得出：

$$\delta_p = \delta_{n,\max} - \left(\frac{3f_{n,\max}}{4E_{\text{eff}}\sqrt{R_p}}\right)^{2/3} \tag{2.71}$$

加载阶段的接触区半径可由下列方程计算：

$$a = \left(\frac{3R_{\text{eff}}\left|\boldsymbol{f}_{ij}^{n}\right|}{4E_{\text{eff}}}\right)^{1/3} \tag{2.72}$$

下面的方程则用来计算理想弹塑性碰撞的法向恢复系数[44,45]：

$$e_n = \left(\frac{6\sqrt{3}}{5}\right)^{1/2}\left[1 - \frac{1}{6}\left(\frac{\bar{V}_Y}{v_{rn,\text{imp}}}\right)^2\right]^{1/2}\left[\frac{\bar{V}_Y/v_{rn,\text{imp}}}{\bar{V}_Y/v_{rn,\text{imp}} + 2\sqrt{\frac{6}{5} - \frac{1}{5}\left(\bar{V}_Y/v_{rn,\text{imp}}\right)^2}}\right]^{1/4} \tag{2.73}$$

其中，$\bar{V}_Y$ 为法向屈服速度，表达式如下：

$$\bar{V}_Y = \left(\frac{\pi}{2E_{\text{eff}}}\right)^2\left(\frac{8\pi R_{\text{eff}}^3 P_Y^5}{15m_{\text{eff}}}\right)^{1/2} \tag{2.74}$$

当法向撞击速度低于屈服速度时，不会发生塑性变形，仅发生弹性变形；当法向撞击速度超过屈服速度时，则会发生塑性变形。

对于切线方向，Thornton 等人[31]在弹性 Mindlin-Deresiewicz(MD)模型[46]的基础上提出一个切线力-位移模型。由于在法向力下，理想弹塑性碰撞的接触面积比塑性碰撞要大，因此可以通过在法线方向上纳入碰撞过程真实接触区半径，来考虑这种影响，如方程式(2.44)、式(2.68)和式(2.72)的描述。对于切向力的计算，则需使用增量法，由旧的切向力 $\boldsymbol{f}_{ij,\text{old}}^{t}$、切向增量 $\Delta\delta_t$ 和切向刚度 k_t 得出新的切向力。

$$\boldsymbol{f}^{\mathrm{t}}_{ij,\ \mathrm{new}} = \boldsymbol{f}^{\mathrm{t}}_{ij,\ \mathrm{old}} + (k_{\mathrm{t}}\Delta\delta_{\mathrm{t}})\boldsymbol{t}_{ij} \tag{2.75}$$

在切向力-位移曲线中最多有3个阶段。在加载阶段($\Delta\delta_{\mathrm{t}}>0$)，切向刚度可由以下方程计算：

$$k_{\mathrm{t}} = 8G_{\mathrm{eff}}a\varphi_1 + \mu(1-\varphi_1)\frac{\Delta f_{\mathrm{n}}}{\Delta\delta_{\mathrm{t}}} \tag{2.76}$$

$$\varphi_1 = \left(1 - \frac{f_{\mathrm{t}} + \mu\Delta f_{\mathrm{n}}}{\mu f_{\mathrm{n}}}\right)^{1/3} \tag{2.77}$$

其中，$f_{\mathrm{n}} = |\boldsymbol{f}^{\mathrm{n}}_{ij}|$，且$f_{\mathrm{t}} = \boldsymbol{f}^{\mathrm{t}}_{ij}\cdot\boldsymbol{t}_{ij}$。在加载阶段($\Delta\delta_{\mathrm{t}} < 0$)，切向力计算如下：

$$k_{\mathrm{t}} = 8G_{\mathrm{eff}}a\varphi_2 - \mu(1-\varphi_2)\frac{\Delta f_{\mathrm{n}}}{\Delta\delta_{\mathrm{t}}} \tag{2.78}$$

$$\varphi_2 = \left(1 - \frac{f_{\mathrm{t}}^{*} - f_{\mathrm{t}} + 2\mu\Delta f_{n}}{2\mu f_{\mathrm{n}}}\right)^{1/3} \tag{2.79}$$

上述方程中，f_{t}^{*}为加载反转点(从加载到卸载)的切向力大小，在卸载阶段需要保持更新：

$$f_{\mathrm{t}}^{*} = f_{\mathrm{t}}^{*} + \mu\Delta f_{\mathrm{n}} \tag{2.80}$$

在卸载阶段后，可能会存在一个新的加载阶段，其中$\Delta\delta_{\mathrm{t}} < 0$，切向弹簧刚度可由下列方程计算：

$$k_{\mathrm{t}} = 8G_{\mathrm{eff}}a\varphi_3 + \mu(1-\varphi_3)\frac{\Delta f_{\mathrm{n}}}{\Delta\delta_{\mathrm{t}}} \tag{2.81}$$

$$\varphi_3 = \left(1 - \frac{f_{\mathrm{t}} - f_{\mathrm{t}}^{**} + 2\mu\Delta f_{\mathrm{n}}}{2\mu f_{\mathrm{n}}}\right)^{1/3} \tag{2.82}$$

其中，f_{t}^{**}为卸载反转点(从卸载到重新加载)的切向力大小，也同样需要在重新加载阶段保持更新：

$$f_{\mathrm{t}}^{**} = f_{\mathrm{t}}^{**} - \mu\Delta f_{\mathrm{n}} \tag{2.83}$$

库仑摩擦定律同样适用于粗糙面滑动情况，见式(2.39)。如Thornton等人[31]所述，在法线方向的加载阶段($\Delta f_{\mathrm{n}} > 0$)，如果$|\Delta f_{\mathrm{t}}| < \mu\Delta f_{\mathrm{n}}$，新的切向力不在力-位移曲线上，就会出现问题。为了解决这个问题，可在切线方向上使用以下公式：

$$k_{\mathrm{t}} = 8G_{\mathrm{eff}}a \tag{2.84}$$

2.4 颗粒间相互作用——接触力矩计算模型

作用于接触颗粒的扭矩由两部分构成：由颗粒间切向接触引起的旋转扭矩和由接触区接触压力分布不均而引起的滚动阻力扭矩。前者导致颗粒旋转，而后者则阻碍颗粒旋转。滚动扭矩定义如下：

$$\boldsymbol{M}^{\mathrm{t}}_{ij} = R_i\boldsymbol{n}_{ij} \times \boldsymbol{f}^{\mathrm{c}}_{ij} \tag{2.85}$$

接触力从接触点转移到颗粒质心，导致颗粒存在旋转扭矩。滚动阻力有几个来源，其中最重要的是塑性形变和黏性滞后[17,47,26]。假设有一个在水平面上滚动的颗粒，颗粒在平面上旋转所引起的滚动阻力扭矩，使颗粒的旋转速度减慢，直到最后停止。如果模型中不考虑这种滚动阻力，那么颗粒的滚动将持续很长时间[26]。Ai 等人[48]回顾了不同的滚动阻力扭矩模型[26,49,50]，并评估了它们在模拟不同颗粒流方面的准确率。

2.5　颗粒间相互作用——非接触力

除颗粒间的接触力以外，颗粒间的非接触力也是颗粒间相互作用的重要组成部分。本节将重点介绍典型非接触力作用模型，包括范德华力、液桥力与静电力。

2.5.1　范德华力

范德华力是一种分子间或原子间的吸引力，来源于颗粒表面自发存在的电场和磁场。由于粒子表面分子的热运动和量子力学不确定性，因此其表面上的电荷会发生波动。范德华力是粒子表面的运动电荷之间相互作用的时间平均和，其大小与颗粒粒径呈负相关关系。随着颗粒粒径的增加，其作用显著减弱。因此，在处理大颗粒时，其通常被忽略。计算范德华力所需的两个颗粒表面的相对距离以及颗粒表面与壁面间的相对距离示意图如图 2.5.1 所示。

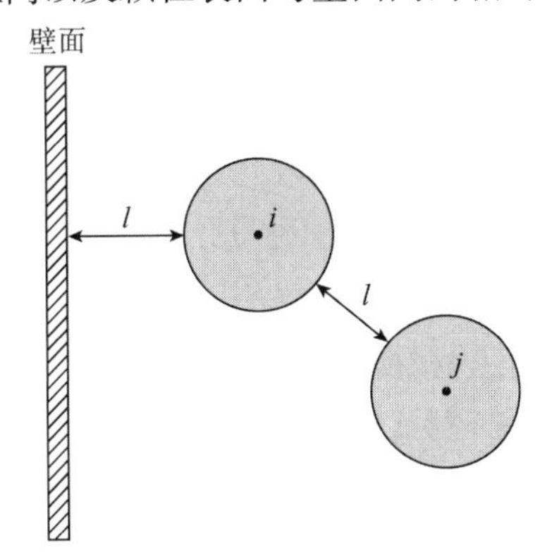

图 2.5.1　计算范德华力所需的两个颗粒表面的相对距离以及颗粒表面与壁面间的相对距离示意图

两个球形颗粒间的范德华力可采用下式进行计算：

$$\boldsymbol{f}_{ij}^{\mathrm{vdW}}=-\frac{A_{\mathrm{H}}}{12d_i}(2x+y+1)\times\left[\frac{-y}{(x^2+xy+x)^2}-\frac{y}{(x^2+xy+x+y)^2}+\frac{2}{x^2+xy+x}-\frac{2}{x^2+xy+x+y}\right]\boldsymbol{n}_{ij} \tag{2.86}$$

其中，$x=l/d_i$；$y=d_j/d_i$；$\boldsymbol{n}_{ij}$ 是从颗粒 i 的中心指向颗粒 j 中心的单位向量；A_{H} 是 Hamaker 常数，取决于材料的特性和颗粒的表面状况，该常数的范围为 $1.0\times10^{-21}\sim1.0\times10^{-18}$ J，大多数情况下为 $1.0\times10^{-20}\sim1.0\times10^{-19}$ J。在这个方程中，两个相同大小的球体($y=1$)间的吸引力可简写如下：

$$\boldsymbol{f}_{ij}^{\mathrm{vdW}}=-\frac{A_{\mathrm{H}}}{6d_i}\left[\frac{2(x+1)}{x^2+2x}-\frac{x+1}{(x^2+2x)^2}-\frac{2}{x+1}-\frac{1}{(x+1)^3}\right]\boldsymbol{n}_{ij} \tag{2.87}$$

在 $x\ll1$ 的极端情况下，方程(2.87)可表达如下：

$$\boldsymbol{f}_{ij}^{\mathrm{vdW}}=\frac{A_{\mathrm{H}}}{24d_i}\frac{1}{x^2}\boldsymbol{n}_{ij} \tag{2.88}$$

作用于球体和平面壁($y=\infty$)之间的范德华力，可由以下方程得出：

$$\boldsymbol{f}_{iw}^{\mathrm{vdW}}=-\frac{A_{\mathrm{H}}}{12d_i}\left[\frac{2}{x}-\frac{1}{x^2}-\frac{2}{x+1}-\frac{1}{(x+1)^2}\right]\boldsymbol{n}_{iw} \tag{2.89}$$

其中，$\boldsymbol{n}_{iw}$ 是从颗粒中心指向壁面的单位向量。同样，当 $x\ll1$ 时，平面壁和球体间的范德华力近似为：

$$\boldsymbol{f}_{iw}^{\mathrm{vdW}}=\frac{A_{\mathrm{H}}}{12d_i}\frac{1}{x^2}\boldsymbol{n}_{iw} \tag{2.90}$$

当 $x<0.05$ 时，可以使用式(2.90)和式(2.91)近似代替精确方程，其误差小于5%。当两个颗粒相互靠近时，范德华力显著增加；当相隔距离 l 接近0时，范德华力会变为无穷大。为了解决这个问题，这里为相隔距离定义了一个截止值 $h_{\mathrm{cut-off}}$，此时范德华力达到最大。文献中出现了不同的 $h_{\mathrm{cut-off}}$值，其范围为0.2~0.4 nm[51-59]。

当颗粒表面凹凸不平时，不应该用颗粒的半径计算范德华力，而应该通过表面接触的曲率半径进行计算。因此，与相邻颗粒黏附有关的范德华力可以表述为[60]：

$$\boldsymbol{f}_{ij}^{\mathrm{vdW}}=\frac{A_{\mathrm{H}}}{6l^2}R_{\mathrm{asp}}\left(1+\frac{A_{\mathrm{H}}}{6\pi l^3H_{\mathrm{r}}}\right)\boldsymbol{n}_{ij} \tag{2.91}$$

表面微凸体的平均半径 R_{asp}取决于黏附表面的自然几何形状，对于球形颗粒，可近似取其半径的一半。此外，H_{r} 是不可变形固体的硬度。在式(2.91)成立的情况下，无论颗粒的大小(或颗粒的粗糙度)如何，接触点处的范德华力的大小都是一个有限值。在这种情况下，可以考虑使用0.1 μm的典型值作为粗糙度[61]。

Hamaker常数取决于颗粒的物理特性和相互作用的介质。在两个相同的材料1与中间介质2的相互作用中，Hamaker常数可以由以下方程得到[62]：

$$A_{\mathrm{H}}=\frac{3}{4}k_{\mathrm{B}}T\left(\frac{\varepsilon_1-\varepsilon_2}{\varepsilon_1+\varepsilon_2}\right)^2+\frac{3\hbar v_e}{16\sqrt{2}}\frac{(n_1^2-n_2^2)^2}{(n_1^2+n_2^2)^{3/2}} \tag{2.92}$$

其中，ε 和 n 分别是材料和介质的介电常数和折射率；T 是绝对温度；$\hbar$ 是简化的普朗克常数(1.0545718×10^{-34} J·s)；v_{e} 是介质的紫外线吸收频率；k_{B} 是玻尔兹曼常数(1.3806488×10^{-23} J/K)。表2.5.1给出了20 ℃时一些材料物理量的取值范围。

表2.5.1　20 ℃时各类固体、液体和聚合物的介电常数 ε、折射率 n 和主要紫外线吸收频率 v_{e}[63]

各类固体、液体和聚合物	ε	n	v_{e}($\times10^{15}$ Hz)
氧化铝(Al_2O_3)	9.3~11.5	1.75	3.2
钻石	5.3	2.40	2.7
碳酸钙($CaCO_3$)	8.2	1.59	3.0
氟石(CaF_2)	6.7	1.43	3.8
云母[$KAl_2Si_3AlO_{10}(OH)_2$]	5.4	1.58	3.1
氯化钾(KCl)	4.4	1.48	2.5
氯化钠(NaCl)	5.9	1.53	2.5

续表

各类固体、液体和聚合物	ε	n	v_e（$\times10^{15}$ Hz）
硝酸硅，非晶质（Si_3N_4）	7.4	1.99	2.5
石英（SiO_2）	4.3~4.8	1.54	3.2
硅石，非晶质（SiO_2）	3.82	1.46	3.2
二氧化钛（TiO_2）	114	2.46	1.2
氧化锌（ZnO）	11.8	1.91	1.4
丙酮	20.7	1.359	2.9
氯仿	4.81	1.446	3.0
正己烷	1.89	1.38	4.1
正辛烷	1.97	1.41	3.0
正十六烷	2.05	1.43	2.9
乙醇	25.3	1.361	3.0
1-丙醇	20.8	1.385	3.1
1-丁醇	17.8	1.399	3.1
1-辛醇	10.3	1.43	3.1
甲苯	2.38	1.497	2.7
水	78.5	1.333	3.6
聚乙烯	2.26~2.32	1.48~1.51	2.6
聚苯乙烯	2.49~2.61	1.59	2.3
聚氯乙烯	4.55	1.52~1.55	2.9
聚四氟乙烯	2.1	1.35	4.1
聚甲基丙烯酸甲酯	3.12	1.5	2.7
聚二甲基环氧烷	2.6~2.8	1.4	2.8
尼龙-6	3.8	1.53	2.7

以上给出评估 Hamaker 常数的信息仅限于真空中的颗粒，如果在颗粒之间存在流体，则应根据以下方程来定义 Hamaker 常数[64]：

$$A_{\mathrm{H}} = (\sqrt{A_{\mathrm{H}i}} - \sqrt{A_{\mathrm{H}f}})(\sqrt{A_{\mathrm{H}j}} - \sqrt{A_{\mathrm{H}f}}) \tag{2.93}$$

其中，$A_{\mathrm{H}i}$、$A_{\mathrm{H}j}$和 $A_{\mathrm{H}f}$分别是颗粒 i 和 j 以及流体的 Hamaker 常数。

20 ℃时，空气中和水中的两个非晶态二氧化硅颗粒（$\rho_i = 2500$ kg/m^3，$d_i = 60$ μm）和两个多孔氧化铝颗粒（$\rho_i = 1900$ kg/m^3 和 $d_i = 60$ μm）之间的范德华力可通过式（2.89）计算，如图 2.5.2 所示。该图表明，当两个颗粒相互远离时，范德华力急剧下降，当这些颗粒的表面距离大于 1 μm 时，便可以忽略不计。该图还表明，水中的范德华力比空气中的要弱约 10 倍。

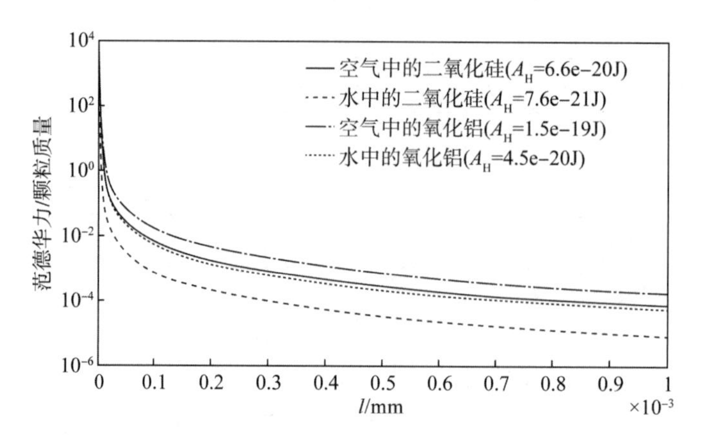

图 2.5.2　空气和水中两个相隔 60 μm 的颗粒间的无量纲范德华力

2.5.2　液桥力

非饱和土的持水特性是其区别于其他类型土最主要的性质，正确认识非饱和土的持水特性是岩土工程性能评价的基础和关键，也是科学研究的热点。作为一种典型的散体材料，当位于潮湿环境中时土体会从周围环境中吸收水分，在颗粒接触点处形成液桥。因此，有学者认为非饱和土持水特性的变化过程从本质上可以归结为土颗粒间液桥力的演化。在离散元中假设两个球形颗粒接触时，它们的液膜会在接触点结合，形成一个液桥，在大多数情况下，就会在颗粒间产生吸引力[64]。两个颗粒间形成的液桥示意图如图 2.5.3 所示。

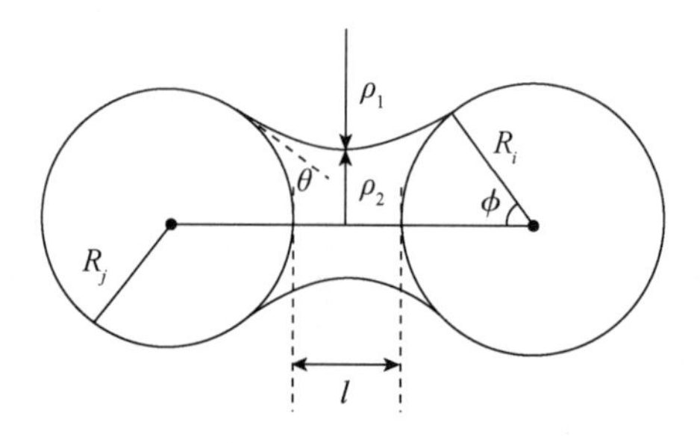

图 2.5.3　两个颗粒间形成的液桥示意图

两个碰撞颗粒间的总液桥力 $\boldsymbol{f}_{ij}^{\mathrm{lb}}$ 是毛细力和黏性力的总和：

$$\boldsymbol{f}_{ij}^{\mathrm{lb}}=\boldsymbol{f}_{ij}^{\mathrm{cap}}+\boldsymbol{f}_{ij}^{\mathrm{vis}} \tag{2.94}$$

其中，$\boldsymbol{f}_{ij}^{\mathrm{cap}}$ 和 $\boldsymbol{f}_{ij}^{\mathrm{vis}}$ 分别为液桥所引起的毛细力和黏性力。

2.5.2.1　毛细力

Mikami 等人[65]解决了杨-拉普拉斯方程，并得到了毛细力和临界分离距离的显式关系，即液体体积和分离距离的函数，具体如下。

颗粒间毛细力为：

$$\boldsymbol{f}_{ij}^{\mathrm{cap}}=\pi R\sigma\left[\exp(A\hat{l}+B)+C\right]\boldsymbol{n}_{ij} \tag{2.95}$$

其中：

$$A = -1.1\hat{V}^{-0.53} \tag{2.96}$$

$$B = (-0.34\ln\hat{V} - 0.96)\theta^2 - 0.019\ln\hat{V} + 0.48 \tag{2.97}$$

$$C = 0.0042\ln\hat{V} + 0.078 \tag{2.98}$$

颗粒与壁面间的毛细力为：

$$\boldsymbol{f}_{iw}^{\mathrm{cap}} = \pi R\sigma[\exp(A\hat{l} + B) + C]\boldsymbol{n}_{iw} \tag{2.99}$$

其中，$\boldsymbol{n}_{iw}$ 是从颗粒 i 中心垂直指向壁面的单位向量，并且：

$$A = -1.9\hat{V}^{-0.51} \tag{2.100}$$

$$B = (-0.016\ln\hat{V} - 0.76)\theta^2 - 0.12\ln\hat{V} + 1.2 \tag{2.101}$$

$$C = 0.013\ln\hat{V} + 0.18 \tag{2.102}$$

在上述方程中，$\hat{V}$ 是无量纲的液桥体积，定义如下：

$$\hat{V} = \frac{V_L}{R^3} \tag{2.103}$$

其中，V_L 是液桥体积，R 为谐波平均半径，是两个球体有效半径的两倍：

$$R = 2\left(\frac{1}{R_i} + \frac{1}{R_j}\right)^{-1} \tag{2.104}$$

此外，无量纲距离定义如下：

$$\hat{l} = \frac{l}{R} \tag{2.105}$$

在一次尝试中，Maugis[66]假设液桥为圆柱形，并通过以下方程来近似计算毛细力：

$$\boldsymbol{f}_{ij}^{\mathrm{cap}} = 2\pi R\sigma X_V\cos\theta \cdot \boldsymbol{n}_{ij} \tag{2.106}$$

其中，X_V 是体积因子，由以下方程给出：

$$X_V = 1 - \frac{1}{\sqrt{1 + 2V_L/\pi Rl^2}} \tag{2.107}$$

2.5.2.2　黏性力

颗粒的相对运动会在颗粒间的液桥中产生张力，从而产生黏性力[67]。根据雷诺润滑理论[66,68]，该力可通过以下方程计算得出：

$$\boldsymbol{f}_{ij}^{\mathrm{vis}} = \frac{3}{2}\pi\mu_L R^2\frac{X_V^2}{l}\boldsymbol{v}_{ij}^{\mathrm{n}} \tag{2.108}$$

其中，μ_L 和 $\boldsymbol{v}_{ij}^{\mathrm{n}}$ 分别为液体黏度和颗粒的相对法向速度。当分离距离接近 0 时，黏性力会变为无穷大。为避免这个问题，采用了与处理范德华力一样的方法，考虑一个截止（或最小）的表面间隔距离。Seville 等人[69]在有水的情况下，比较了两个颗粒（相隔 992 μm）间液桥的毛细力和黏性力。结果表明，与毛细力相比，黏性力在小的相隔距离上更为重要。

Pitois 等人[68]对照分析了各种分离速度下的实验数据，并将式（2.106）和式（2.108）的计算结果进行对比。结果表明，该模型可以准确地计算毛细力和黏性力的大小。当颗粒间相隔距离较近时，液桥力以黏性力为主；而相隔距离较远时，液桥力以毛细力为主。此结果也与 Seville 等人[69]的实验结果一致。Ennis 等人[67]发现，当毛细管数小于 10^{-3} 时，黏性效应可以忽略不计。毛细管数 Ca 是黏性力与表面张力的比率，由以下表达式给出：

$$Ca = \frac{\mu_L |\boldsymbol{v}_{ij}^{\mathrm{n}}|}{\sigma} \tag{2.109}$$

2.5.2.3 断裂距离

当两个颗粒之间分开一定距离时，液桥会发生断裂，这个距离叫作断裂距离或临界分离距离 l_{rup}。Lian 等人[70]提出了以下关系式来计算 l_{rup}：

$$\frac{l_{\mathrm{rup}}}{R} = \left(1 + \frac{\theta}{2}\right)\left(\frac{V_L}{R^3}\right)^{1/3} \tag{2.110}$$

Pitois 等人[71]的研究表明，对于黏稠液体来说，实验中的断裂距离比从式(2.110)中得到的距离要大。同时，断裂距离与相对速度的平方根成正比。因此，他们提出了如下关系式：

$$\frac{l_{\mathrm{rup}}}{R} = \left(1 + \frac{\theta}{2}\right)(1 + Ca^{1/2})\left(\frac{V_L}{R^3}\right)^{1/3} \tag{2.111}$$

当液体的黏度或相对速度较低时，毛细管数 Ca 接近 0，则式(2.111)可还原为式(2.110)。

Mikami 等人[65]也通过回归分析得到了以下的断裂距离关系式。

颗粒间的断裂距离为：

$$\hat{l}_{\mathrm{rup}} = (0.62\theta + 0.99)\,\hat{V}^{0.34} \tag{2.112}$$

颗粒与壁面间的断裂距离为：

$$\hat{l}_{\mathrm{rup}} = (0.22\theta + 0.95)\,\hat{V}^{0.32} \tag{2.113}$$

此处的 $\hat{l}_{\mathrm{rup}}$ 为无量纲断裂距离：

$$\hat{l}_{\mathrm{rup}} = \frac{l_{\mathrm{rup}}}{R} \tag{2.114}$$

值得注意的是，两个碰撞的颗粒间存在着液体转移，并且液体在它们分离后会在颗粒间重新分配。Shi 和 McCarthy[72]对这种再分配进行了数值研究，结果表明，液体转移率取决于颗粒的大小和接触角，具体细节本书不再赘述。

2.5.2.4 液桥体积

现在已有许多公式可用于估算液桥体积。Pietsch 和 Rumpf [73]提出了以下方程来计算两个颗粒之间的液桥体积：

$$\begin{aligned} V_L = 2\pi\Big\{&[\rho_1^2 + (\rho_1 + \rho_2)^2]\rho_1\cos(\varphi + \theta) - \frac{1}{3}\rho_1^3\cos^3(\varphi + \theta) - \\ &\rho_1^2(\rho_1 + \rho_2)\cos(\varphi + \theta)\sin(\varphi + \theta)\left(\frac{\pi}{2} - \varphi - \theta\right) - \\ &\frac{1}{24}(2 + \cos\varphi)(1 - \cos\varphi)^2\Big\} \end{aligned} \tag{2.115}$$

假设接触角为 0，界面的形状为圆形，那么液桥的体积可由 Kuwagi 等人[74]提出的方程估算：

$$V_L = 2\pi\left[(C^2 + r_0^2)a - C(a\sqrt{r_0^2 - a^2} + r_0^2\alpha) - \frac{a^3 - b^2(3 - b)}{3}\right] \tag{2.116}$$

其中：

$$\alpha = \frac{\pi}{2} - \varphi \tag{2.117}$$

$$C = \left(R_i + \frac{l}{2}\right)\tan\varphi \tag{2.118}$$

$$r_0 = \frac{2R_i + l}{2\cos\varphi} - R_i \tag{2.119}$$

$$a = R_i(1 - \cos\varphi) + \frac{l}{2} \tag{2.120}$$

$$b = R_i(1 - \cos\varphi) \tag{2.121}$$

有一个更简单的显式表达式，可将液体体积与半填充角联系起来，其误差小于 4%[75]：

$$V_L = 0.96R^3\sin^4\varphi(1 + 3\hat{l})(1 + 1.1\sin\theta) \tag{2.122}$$

Rabinovich 等人[76]还提出了以下方程来计算液桥体积：

$$V_L = \pi R^2\varphi^2 l + \frac{1}{2}\pi R^3\varphi^4 \tag{2.123}$$

2.5.3　静电力

由于双电层作用，土体之间存在静电力，该静电力的计算模型示意图如图 2.5.4 所示。

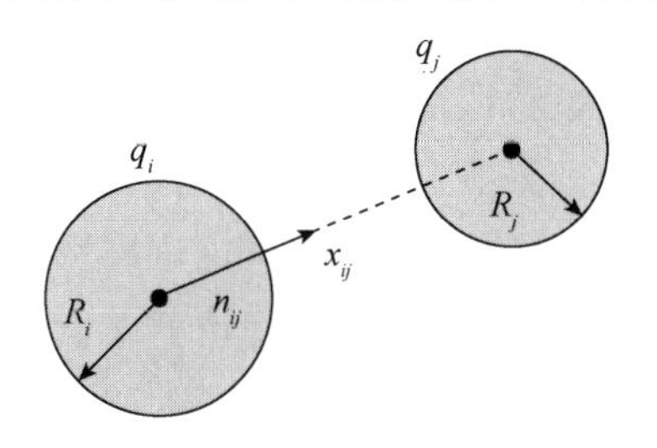

图 2.5.4　静电力的计算模型示意图

颗粒之间的静电斥力可采用下式进行计算：

$$\boldsymbol{f}_{ij}^{\text{elec}} = \frac{-q_i q_j}{4\pi\varepsilon_f x_{ij}^2}\boldsymbol{n}_{ij} \tag{2.124}$$

其中，q_i 和 q_j 是颗粒的电荷，$x_{ij} = |x_i - x_j|$，ε_f 是颗粒 i 和 j 之间流体的绝对电容率(真空的值是 8.854×10^{-12} F/m)。

图 2.5.5 显示了气体介质中，两个 1 mm 颗粒之间的无量纲静电力与距离的关系。颗粒为 1 mm 的玻璃珠($\rho = 2500$ kg/m^3)，每个颗粒的电荷为 20×10^{-12}、30×10^{-12} 和 40×10^{-12} C。该图表明，当颗粒相隔很近时(在这种情况下达到约 2 mm)，静电力较大；而当颗粒相互远

离时，静电力则迅速减小。

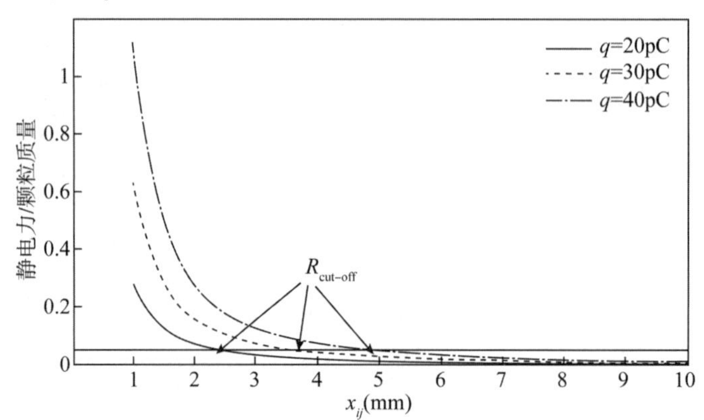

图 2.5.5 在不同的颗粒电荷下，两个 1 mm 颗粒之间的无量纲静电力与距离的关系

2.6 DEM 边界条件与初始条件

2.6.1 边界条件

壁面边界在颗粒流和多相流的动态行为和静态状态中起着非常重要的作用，固体物质因壁面的存在而被限制在系统边界内。在许多实际应用中，壁面会发生移动，如桨状混合器、颗粒输送机、旋转滚筒、螺旋混合器和 V 型搅拌器。在这样的情况下，整个系统的对流运动由壁面运动引起。因此，壁面与固体的相互作用在离散元模拟的输出中起着重要作用。在大多数多相流中，壁面是静止的，固体运动受其他力的支配，如阻力或浮力。然而，壁面与固体的相互作用仍然会影响模拟的输出。

在实际情况中，有时会遇到粗糙壁面与可变形颗粒碰撞的情况，其机制目前仍较难理解。通常，固体和壁面之间的摩擦系数和其他碰撞特性可通过实验测量，并直接纳入模型中，但这似乎并不能解决可变形体和粗糙壁面之间的碰撞机制问题。一般来说，在离散元模拟中，有两种表示壁面的方法：颗粒壁和真实壁。离散元模拟中的真实壁与颗粒壁示意图如图 2.6.1 所示。

在定义颗粒壁时，壁面由称为“壁颗粒”的颗粒构成，其运动只受壁面平移和旋转速度控制。每个壁颗粒有自己的尺寸和接触参数，壁颗粒与自由颗粒间的相互作用力可根据前面描述的力-位移模型来计算。对于颗粒壁的具体应用，应考虑的一个要点是壁颗粒与自由颗粒的相对尺寸[77]。固体可能被锁在相邻的壁颗粒之间，从而引起壁面与颗粒间的摩擦。因此，壁颗粒的大小和机械性能影响着壁面和颗粒间的动态相互作用。我们可以利用这一事实来生成摩擦系数可调的粗糙壁面。在离散元模拟中，实现颗粒壁模拟是相对简单的，且颗粒壁可设为平面、曲面及不规则形状等，其定义相对灵活。值得注意的是，在多相流求解中，这些构成颗粒壁的颗粒仅用于模拟墙壁对颗粒的作用，不能对流体运动产生任何影响。因此，在耦合计算时，无须考虑壁面颗粒的耦合作用。

在真实壁的定义中，壁面的真实形状或几何形状是由分析方程或平面子元素给出的。这样一来，自由颗粒和壁面就不会发生相互锁定。所有靠近壁面的颗粒都要检查是否发生碰撞。如果有一个颗粒和壁面有一个正的重叠(碰撞)，壁面和颗粒间就有接触作用力，可用颗粒与颗粒碰撞的力-位移模型计算。壁面可被认为是具有无限半径的颗粒 j，必要时，其物理特性可由颗粒 j 的物理特性来代替。

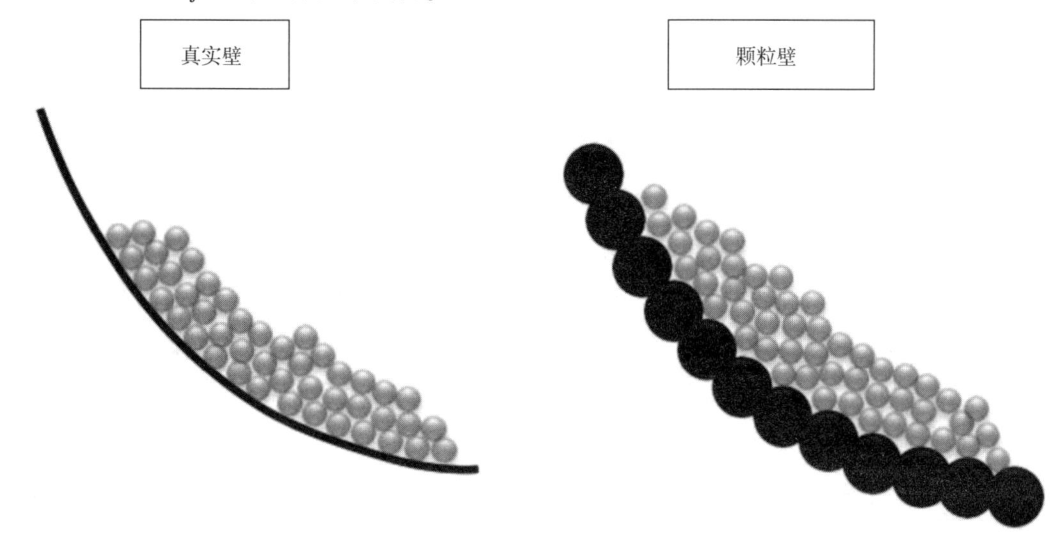

图 2.6.1　离散元模拟中的真实壁与颗粒壁示意图

除了壁面边界条件，在离散元模拟中还可以使用周期边界条件，即从周期边界一侧离开系统的颗粒，会保留相同的运动信息从周期边界的另一侧重新进入。当系统的尺寸(模拟域)在一个或多个方向上延伸到很长的距离时，可以通过应用周期边界条件，用较小的模拟域和较少的颗粒数量实现整个颗粒系统的模拟。

2.6.2　初始条件

在开始运动方程的积分前，有必要为这些方程中涉及的所有变量定义初始条件。初始条件包括所有颗粒的位置 $\boldsymbol{x}_i$、速度 $\boldsymbol{v}_i$、旋转速度 $\boldsymbol{\omega}_i$ 和角度位置 $\boldsymbol{\varphi}_j$。此外，颗粒样本的生成，也是离散元模拟中较为关键的一步。要保证给定粒径分布规律的颗粒随机、均匀地分散或堆积在模拟域中。当颗粒浓度较大时，颗粒生成效率降低，难度增大。因此，学者们给出了落点法、各向同性压缩法和分层压实法等[78]生成高颗粒浓度系统的方法。使用落点法时，可先扩大计算域高度 n 倍($n>1$)，在扩大的计算域中随机、均匀地生成颗粒浓度为目标颗粒浓度 $1/n$ 的颗粒。让这些颗粒在重力作用下下落(可提高重力加速度，以加快堆积速度)，然后取颗粒的堆积坐标，将其换算至正常计算域高度(换算比例可根据计算域高度与颗粒堆积体最大堆积高度确定)。

2.7 DEM 模拟参数确定

2.7.1 计算时间步设置

颗粒 DEM 的计算效率非常重要。在软球模拟中，每个颗粒的运动方程被迭代积分来模拟系统的动态特性。通常，模拟中涉及数千个甚至数百万个颗粒，这些颗粒通过物理和非物理的接触相互作用，而相互作用的量可能高于系统中颗粒数量好几个数量级。另外，本章还讨论了接触力相互作用的不同模型，需要在内存中保存所有接触对的接触历史数据①，以便于计算法向和切向接触力以及颗粒间的其他相互作用力。因此，为了精确描述颗粒接触过程，必须选取合适的计算时间步——如果时间步过大，会使数值计算过程不精确；如果时间步过小，计算量会急剧增大。目前有以下 3 种确定时间步的方法，分别对应不同的物理机制。

2.7.1.1 **简谐振动法**

将颗粒间的碰撞类比为质量为 m、弹簧刚度为 k 的单自由度的弹性质量-弹簧系统，该弹簧振子的简谐振动图如图 2.7.1 所示。

图 2.7.1 弹簧振子的简谐振动图

该弹簧振子的无阻尼固有频率如下[79]：

$$f_{\mathrm{nat}} = \frac{1}{2\pi}\sqrt{\frac{k}{m}} \tag{2.125}$$

在解析方程时，通常使用较为简单的角速度 ω_{nat} 代替固有频率。该角速度与固有频率的关系为 $\omega_{\mathrm{nat}} = 2\pi f_{\mathrm{nat}}$。显式积分的时间步应该是系统自然周期(与自然频率相反)的倒数，以确保每次接触都在几个时间步中处理，且干扰波不会传播到比互相接触的颗粒更远的距离。临界时间步与系统的自然周期成正比：

$$\Delta t_{\mathrm{crit}} \propto 2\pi\sqrt{\frac{m}{k}} \tag{2.126}$$

在软球模型中，通常取颗粒体系中的最小振动周期作为时间步：

$$\Delta t < \min\left(C\sqrt{\frac{m}{k}}\right) \tag{2.127}$$

2.7.1.2 **颗粒接触时间法**

根据赫兹接触理论，相对速度为 $v_{\mathrm{r},0}$ 的两颗粒持续接触时间为：

① 尽管对于每个接触对的接触参数来说，切向重叠参数可能最不需要保存，但某些接触力模型需要保存更多的参数作为接触历史。

$$t_{\text{Hertz}} = 2.94 \left(\frac{15m^*}{16E^* \sqrt{R^*} v_{r,0}} \right)^{\frac{2}{5}} \tag{2.128}$$

其中，m^* 为有效质量：

$$m^* = \frac{m_1 m_2}{m_1 + m_2} \tag{2.129}$$

则 Δt 为：

$$\Delta t < C t_{\text{Hertz}} \tag{2.130}$$

其中，C 一般取 1/20～1/40[80]。

2.7.1.3　瑞利波法

开发针对颗粒流的通用 DEM 代码，需要一个用于运动方程的显式时间积分框架。这个框架要求选择一个足够小的时间步，使干扰波传播的距离不超过接触颗粒中心相距的距离。对于具有密度 ρ、剪切模量 G、泊松比 ν 和半径 R_p 的颗粒，基于瑞利分析的临界时间步可从下列方程式中获得[1]：

$$\Delta t_{\text{crit}} = \frac{\pi R_p}{\chi} \sqrt{\frac{\rho}{G}} \tag{2.131}$$

其中，χ 大致为：

$$\chi = 0.1631\nu + 0.8766 \tag{2.132}$$

很明显，为了获得稳定的时间积分，应使用临界时间步的倒数来作为时间步。

根据瑞利波法，两颗粒间的接触作用应仅限于发生碰撞的两颗粒上，不应该通过瑞利波传递到其他颗粒上。因此，时间步应小于瑞利波传递半球面所需要的时间 Δt：

$$\Delta t < \pi \left[\frac{R}{0.163\nu + 0.877} \sqrt{\frac{\rho}{G}} \right]_{\min} \tag{2.133}$$

到目前为止，文献中提出了各种时间步的倒数，范围从 0.1 到 $1/\pi$[79,81-84]。在更精确的分析中，最小积分时间步也取决于积分精度和堆叠条件[79]。基于式(2.125)～式(2.133)和颗粒材料的特性，数值积分的时间步一般为 10^{-7}～10^{-4} s。选取一个合适的离散元模拟时间步，对保证模拟精度和计算效率都非常重要。

2.7.2　弹性刚度设置

在 DEM 模拟中，选择碰撞时间的分数(倒数)作为积分时间步。碰撞时间越长，离散元时间步就越大，相应的计算负荷就越小。在线性弹簧阻尼(LSD)模型中，弹性接触的碰撞时间与颗粒的质量和弹簧刚度之比的平方根成正比。增加碰撞时间的方法主要有以下两种：密度缩放法和选择较小的弹簧刚度值。密度缩放法主要适用于准静态问题，其中系统的动能与系统的总能量相比非常低，惯性力在物理系统中的作用很小，这在颗粒流和多相流中并不常见。因此，为了增大碰撞时间和离散元时间步，目前可以采用选择较小的弹簧刚度值或非线性接触力模型的杨氏模量。

弹簧刚度通常为 10^6～10^8 N/m。然而，在许多研究中都使用了非常小的弹簧刚度值(如 800 N/m)。在这些研究中，DEM 模拟较好地预测了宏观尺度的流动行为，如喷口–流化床的流体动力学[85]、气固流化床中的气泡直径[86,87]、偏析和混合[88-90]以及料斗中的流动模式[91,92]。然而，因为碰撞特性受弹簧刚度的影响，所以在此有两个问题：刚度的降低如何影响碰撞的微观和宏观特性？在什么情况下可以选择一个较小的弹簧刚度值？

颗粒与平壁的法向和斜向撞击的动力学特性取决于恢复系数、动摩擦系数和刚度。其中，颗粒的碰撞时间、最大重叠度和最大接触力取决于弹簧刚度。表 2.7.1 列出了线性和非线性接触模型中，两个球形颗粒的法向弹性接触的碰撞时间、最大法向重叠度和最大法向力的关系式。这些参数与弹簧刚度或杨氏模量呈现强相关。例如，当刚度减小为原来的 1/100 时(在 DEM 模拟中是非常有规律地减少)，碰撞时间和最大法向重叠度增加为原来的 10 倍，而最大法向接触力减少为原来的 10 倍(这里是指刚度减少 100 倍时，两个颗粒间最大法向接触力减少为原来的 10 倍，因为两个颗粒间最大法向接触力是根据弹簧刚度计算的)。

表 2.7.1　评价两个球形颗粒间弹性接触的碰撞时间、最大法向重叠度和最大法向力的关系式

(适用于线性和非线性接触模型)

参数	线性模型	非线性模型
t_{col}	$\pi\sqrt{\frac{m_{eff}}{k_n}}$ (2.134a)	$2.86\left(\frac{m_{eff}^2}{R_{eff}E_{eff}^2 v_{rn,imp}}\right)^{1/5}$ (2.135a)
$\delta_{n,max}$	$v_{rn,imp}\sqrt{\frac{m_{eff}}{k_n}}$ (2.134b)	$\left(\frac{225}{256}\frac{m_{eff}^2 v_{rn,imp}^4}{E_{eff}^2 R_{eff}}\right)^{1/5}$ (2.135b)
$f_{n,max}$	$v_{rn,imp}\sqrt{m_{eff}k_n}$ (2.134c)	$\left(\frac{500}{144}m_{eff}^3 E_{eff}^2 R_{eff} v_{r,imp}^6\right)^{1/5}$ (2.135c)

表 2.7.2 列出了这些参数在不同的弹簧刚度值和撞击速度下的变化情况。该表中的数值，来源于两个直径为 2 mm、密度为 2500 kg/m^3 的弹性球体的法向接触。对于最低的刚度，在撞击速度为 1 m/s 时，最大的重叠约为直径的 8%，而在撞击速度为 10 m/s 时，重叠增加到 54%。当 $k\approx$ 104 N/m，速度为 1 m/s 时，以及当 $k\approx$ 106 N/m，速度为 10 m/s 时，重叠的百分比下降到 1%以下。对于碰撞时间和最大接触力也可以观察到类似的变化。上面提到的第一个问题(弹簧刚度对撞击特征的影响)，颗粒流的微观特征(如碰撞时间、接触力和最大重叠)在降低弹簧刚度时受到了很大影响，而反弹速度和接触角则无影响。对于第二个问题(在什么情况下可以降低弹簧刚度)，对于最大重叠度影响结果的颗粒流动，可以通过控制最大重叠度来确定。

控制碰撞颗粒的最大重叠度对于模拟颗粒流和多相流至关重要。Wu 等人[93]研究了弹簧刚度在 400~8000 N/m 的球形颗粒的堆叠。在非常小的弹簧刚度下，由于低层颗粒之间的过度重叠，填充床的孔隙率会沿着床的深度大幅下降(从 0.55 降低到 0.35)。但在弹簧刚度为 8000 N/m 的模拟中则没有观察到这种趋势。这表明，选择一个非常小的刚度值会导致颗粒过度重叠，孔隙率分布发生明显变化。

局部孔隙率被低估或高估，会影响到流体的速度、压力场和相间动量传递，导致模拟输出存在巨大偏差。因此，此处提供一个经验法则，最大重叠度不应该超过颗粒直径的 2%。这个值是任意的，可能会因不同的应用而有所不同。因此，弹簧刚度值应该根据可接受的最大颗粒间重叠度来选择[94]。

为了选择弹簧刚度(杨氏模量)，首先应估算模拟中的最大相对速度(颗粒间或颗粒壁面间)，然后根据式(2.134b)或式(2.135b)，并考虑颗粒间的最大重叠和最大相对速度，便可估算出弹簧刚度(杨氏模量)的值。例如，考虑直径为 2 mm、密度为 2500 kg/m^3、最大相对速度为 1 m/s 的颗粒，考虑到最大的颗粒间重叠应该是颗粒直径的 2%，那么模拟中的弹簧刚度约为 10^3 N/m。

表 2.7.2　碰触时间、最大重叠度和最大接触力随弹簧刚度值和撞击速度的变化情况

撞击速度(m/s)	E_{eff}(Pa)	k_n(N/m)	线性			非线性		
			$\hat{\delta}_{n,max}$(%)^a	t_{col}(s)	$f_{n,max}$(N)	$\hat{\delta}_{n,max}$(%)^a	t_{col}(s)	$f_{n,max}$(N)
1	5.0×10^5	1.8×10^2	8.46	5.3×10^{-4}	0.03	9.04	5.3×10^{-4}	0.04
	5.0×10^6	1.8×10^3	3.37	5.3×10^{-4}	0.08	3.60	5.3×10^{-4}	0.09
	5.0×10^7	1.8×10^3	1.34	5.3×10^{-5}	0.20	1.43	5.3×10^{-5}	0.23
	5.0×10^8	1.8×10^4	0.53	5.3×10^{-5}	0.49	0.57	5.3×10^{-5}	0.57
	5.0×10^9	1.8×10^5	0.21	5.3×10^{-5}	1.23	0.23	5.3×10^{-5}	1.44
	5.0×10^{10}	1.8×10^6	0.08	5.3×10^{-6}	3.10	0.09	5.3×10^{-6}	3.62
	5.0×10^{11}	1.8×10^7	0.03	5.3×10^{-6}	7.78	0.04	5.3×10^{-6}	9.10
10	5.0×10^5	1.8×10^2	53.35	5.3×10^{-4}	0.49	57.01	5.3×10^{-4}	0.57
	5.0×10^6	1.8×10^3	21.24	5.3×10^{-4}	1.23	22.70	5.3×10^{-4}	1.44
	5.0×10^7	1.8×10^4	8.46	5.3×10^{-5}	3.10	9.04	5.3×10^{-5}	3.62
	5.0×10^8	1.8×10^5	3.37	5.3×10^{-5}	7.78	3.60	5.3×10^{-5}	9.10
	5.0×10^9	1.8×10^5	1.34	5.3×10^{-6}	19.53	1.43	5.3×10^{-6}	22.85
	5.0×10^{10}	1.8×10^6	0.53	5.3×10^{-6}	49.07	0.57	5.3×10^{-6}	57.40
	5.0×10^{11}	1.8×10^7	0.21	5.3×10^{-6}	123.26	0.23	5.3×10^{-6}	144.18

注：^{a} 表示两个颗粒发生碰撞时，重叠部分的量与颗粒直径的百分比。

2.8　本章参考文献

[1]孙其诚，王光谦．颗粒物质力学导论[M]．北京：科学出版社，2009.

[2]WU C，BERROUK A，NANDAKUMAR K. An efficient chained-hash-table strategy for collision handling in hard-sphere discrete particle modeling[J]. Powder Technology，2010，197(1-2)：58-67.

[3]PÖSCHEL T，SCHWAGER T. Computational granular dynamics：models and algorithms[M]. Berlin：Springer Science & Business Media，2005.

[4]DEEN N，ANNALAND M V S，VAN DER HOEF M A ，et al. Review of discrete particle modeling of fluidized beds[J]. Chemical Engineering Science，2007，62(1-2)：28-44.

[5]NOROUZI H R，ZARGHAMI R，SOTUDEH-GHAREBAGH R，et al. Coupled CFD-DEM-

modeling: formulation, implementation and application to multiphase flows[M]. Hoboken: John Wiley & Sons, 2016.
[6] GONDRET P, LANCE M, PETIT L. Bouncing motion of spherical particles in fluids[J]. Physics of Fluids, 2002, 14(2): 643-652.
[7] JOHNSON KL. Contact Mechanics[M]. Cambridge: Cambridge University Press, 1987.
[8] CUNDALL P, STRACK O. Discussion: a discrete numerical model for granular assemblies[J]. Geotechnique, 1980, 30(3): 331-336.
[9] GIBSON L M, GOPALAN B, PISUPATI S V, et al. Image analysis measurements of particle coefficient of restitution for coal gasification applications[J]. Powder Technology, 2013, 247: 30-43.
[10] KHARAZ A, GORHAM D, SALMAN A. An experimental study of the elastic rebound of spheres[J]. Powder Technology, 2001, 120(3): 281-291.
[11] VAN BEEK M, RINDT C, WIJERS J, et al. Rebound characteristics for 50-μm particles impacting a powdery deposit[J]. Powder Technology, 2006, 165(2): 53-64.
[12] DONG H, MOYS M. Experimental study of oblique impacts with initial spin[J]. Powder Technology, 2006, 161(1): 22-31.
[13] LORENZ A, TUOZZOLO C, LOUGE M. Measurements of impact properties of small, nearly spherical particles[J]. Experimental Mechanics, 1997, 37: 292-298.
[14] CUNDALL P, STRACK O. Discussion: a discrete numerical model for granular assemblies [J]. Geotechnique, 1980, 30(3): 331-336.
[15] DEEN N, ANNALAND M V S, VAN DER HOEF M A, et al. Review of discrete particle modeling of fluidized beds[J]. Chemical Engineering Science, 2007, 62(1-2): 28-44.
[16] HERTZ H. Ueber die Berührung fester elastischer Körper[J]. Journal für die reine und angewandte Mathematik, 1882, 92: 156-171.
[17] Bathe K J. Finite Element Procedures[M]. Klaus-Jurgen Bathe, 2006.
[18] MINDLIN R D, DERESIEWICZ H. Elastic Spheres in Contact Under Varying Oblique Forces [J]. Journal of Applied Mechanics, 1953, 20(3): 327-344.
[19] MAW N, BARBER J, FAWCETT J. The oblique impact of elastic spheres[J]. Wear, 1976, 38(1): 101-114.
[20] RENZO AD, MAIO F PD. Comparison of contact-force models for the simulation of collisions in DEM-based granular flow codes[J]. Chemical Engineering Science, 2004, 59(3): 525-541.
[21] RENZO AD, MAIO F PD. An improved integral non-linear model for the contact of particles in distinct element simulations[J]. Chemical Engineering Science, 2005, 60(5): 1303-1312.
[22] VU-QUOC L, ZHANG X. An accurate and efficient tangential force-displacement model for elastic frictional contact in particle-flow simulations[J]. Mechanics of Materials, 1999, 31(4): 235-269.
[23] TSUJI Y, TANAKA T, ISHIDA T. Lagrangian numerical simulation of plug flow of

cohesionless particles in a horizontal pipe [J]. Powder Technology, 1992, 71(3): 239-250.

[24] THORNTON C, YIN K. Impact of elastic spheres with and without adhesion[J]. Powder Technology, 1991, 65(1-3): 153-166.

[25] LANGSTON PA, TÜZÜN U, HEYES DM. Continuous potential discrete particle simulations of stress and velocity fields in hoppers: transition from fluid to granular flow[J]. Chemical Engineering Science, 1994, 49(8): 1259-1275.

[26] ZHOU Y, WRIGHT B, YANG R, et al. Rolling friction in the dynamic simulation of sandpile formation[J]. Physica A: Statistical Mechanics and its Applications, 1999, 269(2-4): 536-553.

[27] ZHU H, YU A. The effects of wall and rolling resistance on the couple stress of granular materials in vertical flow[J]. Physica A: Statistical Mechanics and its Applications, 2003, 325(3-4): 347-360.

[28] KRUGGEL-EMDEN H, SIMSEK E, RICKELT S, et al. Review and extension of normal force models for the discrete element method[J]. Powder Technology, 2007, 171(3): 157-173.

[29] KRUGGEL-EMDEN H, WIRTZ S, SCHERER V. A study on tangential force laws applicable to the discrete element method (DEM) for materials with viscoelastic or plastic behavior[J]. Chemical Engineering Science, 2008, 63(6): 1523-1541.

[30] STEVENS A, HRENYA C. Comparison of soft-sphere models to measurements of collision properties during normal impacts[J]. Powder Technology, 2005, 154(2-3): 99-109.

[31] THORNTON C, CUMMINS S J, CLEARY P W. An investigation of the comparative behaviour of alternative contact force models during inelastic collisions[J]. Powder Technology, 2013, 233: 30-46.

[32] TOMAS J. Mechanics of nanoparticle adhesion-a continuum approach[J]. Particles on Surfaces, 2003, 8: 183-229.

[33] DI MAIO F P, DI RENZO A. Analytical solution for the problem of frictional-elastic collisions of spherical particles using the linear model[J]. Chemical Engineering Science, 2004, 59(16): 3461-3475.

[34] VU-QUOC L, ZHANG X. An elastoplastic contact force-displacement model in the normal direction: displacement-driven version[J]. Proceedings of the Royal Society of London. Series A: Mathematical, Physical and Engineering Sciences, 1999, 455(1991): 4013-4044.

[35] ZHANG X, VU-QUOC L. Modeling the dependence of the coefficient of restitution on the impact velocity in elasto-plastic collisions[J]. International Journal of Impact Engineering, 2002, 27(3): 317-341.

[36] LURIE A I. Theory of elasticity[M]. Berlin: Springer Science & Business Media, 2010.

[37] ZHENG Q, ZHU H, YU A. Finite element analysis of the contact forces between a viscoelastic sphere and rigid plane[J]. Powder Technology, 2012, 226: 130-142.

[38] HUNT K H, CROSSLEY F R E. Coefficient of restitution interpreted as damping in

vibroimpact[J]. 1975: 440-445.
[39]KUWABARA G, KONO K. Restitution coefficient in a collision between two spheres[J]. Japanese Journal of Applied Physics, 1987, 26(8R): 1230.
[40]BRILLIANTOV N V, SPAHN F, HERTZSCH J M, et al. Model for collisions in granular gases[J]. Physical Review E, 1996, 53(5): 5382.
[41]LANGSTON P A, TÜZÜN U, HEYES D M. Discrete element simulation of granular flow in 2D and 3D hoppers: dependence of discharge rate and wall stress on particle interactions[J]. Chemical Engineering Science, 1995, 50(6): 967-987.
[42]WALTON O R, BRAUN R L. Viscosity, granular-temperature, and stress calculations for shearing assemblies of inelastic, frictional disks[J]. Journal of Rheology, 1986, 30(5): 949-980.
[43]SADD M H, TAI Q, SHUKLA A. Contact law effects on wave propagation in particulate materials using distinct element modeling[J]. International Journal of Non-linear Mechanics, 1993, 28(2): 251-265.
[44]THORNTON C. Coefficient of restitution for collinear collisions of elastic-perfectly plastic spheres[J]. Journal of Applied Mechanics, 1997, 64(2): 383-386.
[45]WU C Y, THORNTON C, LI L Y. Coefficients of restitution for elastoplastic oblique impacts [J]. Advanced Powder Technology, 2003, 14(4): 435-448.
[46]THORNTON C, RANDALL CW. Applications of theoretical contact mechanics to solid particle system simulation[J]. Studies in Applied Mechanics. Elsevier, 1988, 20: 133-142.
[47]BRILLIANTOV N V, PÖSCHEL T. Rolling as a "continuing collision"[J]. The European Physical Journal B-Condensed Matter and Complex Systems, 1999, 12(2): 299-301.
[48]AI J, CHEN J F, ROTTER J M, et al. Assessment of rolling resistance models in discrete element simulations[J]. Powder Technology, 2011, 206(3): 269-282.
[49]IWASHITA K, ODA M. Rolling resistance at contacts in simulation of shear band development by DEM[J]. Journal of Engineering Mechanics, 1998, 124(3): 285-292.
[50]JIANG M J, YU H S, HARRIS D. A novel discrete model for granular material incorporating rolling resistance[J]. Computers and Geotechnics, 2005, 32(5): 340-357.
[51]YANG R, ZOU R, YU A. Computer simulation of the packing of fine particles[J]. Physical Review E, 2000, 62(3): 3900.
[52]RHODES M J, WANG X, NGUYEN M, et al. Onset of cohesive behaviour in gas fluidized beds: a numerical study using DEM simulation[J]. Chemical Engineering Science, 2001, 56(14): 4433-4438.
[53]RHODES M J, WANG X, NGUYEN M, et al. Use of discrete element method simulation in studying fluidization characteristics: influence of interparticle force[J]. Chemical Engineering Science, 2001, 56(1): 69-76.
[54]WANG J, VAN DER HOEF M A, KUIPERS J. CFD study of the minimum bubbling velocity of Geldart A particles in gas-fluidized beds[J]. Chemical Engineering Science, 2010, 65(12): 3772-3785.

[55] YANG R, ZOU R, YU A. Effect of material properties on the packing of fine particles[J]. Journal of Applied Physics, 2003, 94(5): 3025-3034.
[56] PANDIT J K, WANG X S, RHODES M J. Study of Geldart's Group A behaviour using the discrete element method simulation[J]. Powder Technology, 2005, 160(1): 7-14.
[57] TATEMOTO Y, MAWATARI Y, NODA K. Numerical simulation of cohesive particle motion in vibrated fluidized bed[J]. Chemical Engineering Science, 2005, 60(18): 5010-5021.
[58] LIMTRAKUL S, ROTJANAVIJIT W, VATANATHAM T. Lagrangian modeling and simulation of effect of vibration on cohesive particle movement in a fluidized bed[J]. Chemical Engineering Science, 2007, 62(1-2): 232-245.
[59] SHUAI W, XIANG L, HUILIN L, et al. Simulation of cohesive particle motion in a sound-assisted fluidized bed[J]. Powder Technology, 2011, 207(1-3): 65-77.
[60] PARSEGIAN V A. Van der Waals forces: a handbook for biologists, chemists, engineers, and physicists[M]. Cambridge: Cambridge University Press, 2005.
[61] SHABANIAN J, JAFARI R, CHAOUKI J. Fluidization of ultrafine powders[J]. International Review of Chemical Engineering, 2012, 4(1): 16-50.
[62] HAMAKER H C. The London—van der Waals attraction between spherical particles[J]. physica, 1937, 4(10): 1058-1072.
[63] BUTT H J, GRAF K, KAPPL M. Physics and chemistry of interfaces[M]. Hoboken: John Wiley & Sons, 2023.
[64] LI S, MARSHALL J S, LIU G, et al. Adhesive particulate flow: The discrete-element method and its application in energy and environmental engineering[J]. Progress in Energy and Combustion Science, 2011, 37(6): 633-668.
[65] MIKAMI T, KAMIYA H, HORIO M. Numerical simulation of cohesive powder behavior in a fluidized bed[J]. Chemical Engineering Science, 1998, 53(10): 1927-1940.
[66] MAUGIS D. Adherence of elastomers: Fracture mechanics aspects[J]. Journal of Adhesion Science and Technology, 1987, 1(1): 105-134.
[67] ENNIS B J, LI J, ROBERT P, et al. The influence of viscosity on the strength of an axially strained pendular liquid bridge [J]. Chemical Engineering Science, 1990, 45 (10): 3071-3088.
[68] PITOIS O, MOUCHERONT P, CHATEAU X. Liquid bridge between two moving spheres: an experimental study of viscosity effects[J]. Journal of Colloid and Interface Science, 2000, 231(1): 26-31.
[69] SEVILLE J, WILLETT C, KNIGHT P. Interparticle forces in fluidisation: a review[J]. Powder Technology, 2000, 113(3): 261-268.
[70] LIAN G, THORNTON C, ADAMS M J. A theoretical study of the liquid bridge forces between two rigid spherical bodies[J]. Journal of Colloid and Interface Science, 1993, 161(1): 138-147.
[71] PITOIS O, MOUCHERONT P, CHATEAU X. Rupture energy of a pendular liquid bridge [J]. The European Physical Journal B-Condensed Matter and Complex Systems, 2001, 23:

79-86.
[72] SHI D, MCCARTHY J J. Numerical simulation of liquid transfer between particles [J]. Powder Technology, 2008, 184(1): 64-75.
[73] PIETSCH W, RUMPF H. Haftkraft, kapillardruck, flüssigkeitsvolumen und grenzwinkeleiner flüssigkeitsbrücke zwischen zwei kugeln [J]. Chemie Ingenieur Technik, 1967, 39 (15): 885-893.
[74] KUWAGI K, TAKANO K, HORIO M. The effect of tangential lubrication by bridge liquid on the behavior of agglomerating fluidized beds [J]. Powder Technology, 2000, 113 (3): 287-298.
[75] WEIGERT T, RIPPERGER S. Calculation of the liquid bridge volume and bulk saturation from the half-filling angle [J]. Particle & Particle Systems Characterization: Measurement and Description of Particle Properties and Behavior in Powders and Other Disperse Systems, 1999, 16(5): 238-242.
[76] RABINOVICH Y I, ESAYANUR M S, MOUDGIL B M. Capillary forces between two spheres with a fixed volume liquid bridge: theory and experiment [J]. Langmuir, 2005, 21 (24): 10992-10997.
[77] GUPTA P, SUN J, OOI J. DEM-CFD simulation of a dense fluidized bed: wall boundary and particle size effects [J]. Powder Technology, 2016, 293: 37-47.
[78] JIANG M J, KONRAD J M, LEROUEIL S. An efficient technique for generating homogeneous specimens for DEM studies [J/OL]. Computers and Geotechnics, 2003, 30 (7): 579-597. DOI: https://doi.org/10.1016/S0266-352X(03)00064-8.
[79] SHABANIAN J, CHAOUKI J. Hydrodynamics of a gas-solid fluidized bed with thermally induced interparticle forces [J]. Chemical Engineering Journal, 2015, 259: 135-152.
[80] 孙其诚，刘晓星，张国华，等．密集颗粒物质的介观结构[J]．力学进展，2017，47 (1): 263-308.
[81] SHABANIAN J, CHAOUKI J. Local characterization of a gas-solid fluidized bed in the presence of thermally induced interparticle forces [J]. Chemical Engineering Science, 2014, 119: 261-273.
[82] GUO Y, CURTIS J S. Discrete element method simulations for complex granular flows [J]. Annual Review of Fluid Mechanics, 2015, 47: 21-46.
[83] VERLET L. Computer "experiments" on classical fluids. I. Thermodynamical properties of Lennard-Jones molecules [J]. Physical Review, 1967, 159(1): 98.
[84] YAO Z, WANG J S, LIU G R, et al. Improved neighbor list algorithm in molecular simulations using cell decomposition and data sorting method [J]. Computer Physics Communications, 2004, 161(1-2): 27-35.
[85] SCHENCK J F. The role of magnetic susceptibility in magnetic resonance imaging: MRI magnetic compatibility of the first and second kinds [J]. Medical Physics, 1996, 23 (6): 815-850.
[86] ZHENGHUA H, XIANG L, HUILIN L, et al. Numerical simulation of particle motion in a

gradient magnetically assisted fluidized bed [J]. Powder Technology, 2010, 203(3): 555-564.

[87] DENG X, SCICOLONE J V, DAVE R N. Discrete element method simulation of cohesive particles mixing under magnetically assisted impaction [J]. Powder Technology, 2013, 243: 96-109.

[88] DE SARABIA E R F, ELVIRA-SEGURA L, GONZALEZ-GOMEZ I, et al. Investigation of the influence of humidity on the ultrasonic agglomeration of submicron particles in diesel exhausts [J]. Ultrasonics, 2003, 41(4): 277-281.

[89] DING P, PACEK A. De-agglomeration of goethite nano-particles using ultrasonic comminution device [J]. Powder Technology, 2008, 187(1): 1-10.

[90] BRERETON G J, BRUNO B A. Particle removal by focused ultrasound [J]. Journal of Sound and Vibration, 1994, 173(5): 683-698.

[91] GUO Q, LIU H, SHEN W, et al. Influence of sound wave characteristics on fluidization behaviors of ultrafine particles [J]. Chemical Engineering Journal, 2006, 119(1): 1-9.

[92] MORSE P M, INGARD K U. Theoretical acoustics [M]. Princeton: Princeton University Press, 1986.

[93] WU D, QIAN Z, SHAO D. Sound attenuation in a coarse granular medium [J]. Journal of Sound and Vibration, 1993, 162(3): 529-535.

[94] VALVERDE J M. Acoustic streaming in gas-fluidized beds of small particles [J]. Soft Matter, 2013, 9(37): 8792-8814.

第3章

耦合 CFD-DEM 模型计算原理

在实际生活和工业生产中，颗粒运动与流体(气体或液体)流动是耦合的。颗粒物质的宏观行为不仅由颗粒之间相互作用决定，很大程度上还受到周围气体或液体对颗粒作用力的巨大影响，例如流化床、气化反应、干燥、喷动床、气动输送和涂层等。对多相颗粒流的研究能够帮助我们从力学机理上理解一些特殊的宏观颗粒流现象，解决工业生产或工程中遇到的问题，提出设计优化方案。在众多颗粒流的研究方法中，随着计算机技术和离散颗粒模拟技术的飞速发展，多相流的数值模拟方法发展迅速。和实验相比，数值模拟方法能够以更低的成本、更快的速度再现不同的物理条件，进行参数敏感性分析。因此，数值模拟方法已经越来越多地被应用到多相颗粒流的理论研究与工业生产中。

在模拟颗粒-流体系统方法中，最常见的是 Euler-Euler 法和 Euler-Lagrange 法。在 Euler-Euler 法中，液相和固相都被视为连续相。这种方法成功地应用于多种反应流和非反应流的流动模式。但是，Euler-Euler 方法无法解析颗粒的离散碰撞，针对不同的固相，需要准确的固相运动和本构方程，因此其通用性不高。Euler-Lagrange 法是将计算流体力学(CFD)和离散单元法(DEM)耦合到一起，CFD 部分基于局部平均纳维-斯托克斯方程求解流体运动；DEM 部分根据牛顿第二定律和颗粒接触模型来模拟颗粒的运动；CFD-DEM 耦合部分用于计算和交换流体与颗粒之间的流体-颗粒相互作用，例如阻力、附加质量和升力等。因为耦合 CFD-DEM 模型以相对合理的成本较准确地求解颗粒体运动，所以该模型被广泛地应用于模拟分析多个领域的颗粒流问题。本章重点介绍非解析 CFD-DEM 模型框架中，液相和颗粒相(固相)的控制方程，以及固液相之间的动量、能量和质量耦合方法。

3.1 多相耦合

不同相之间的耦合是描述任何多相流动的基本概念，耦合可以通过各相之间的动量、能量和质量(如蒸发和冷凝)的交换而发生，如图 3.1.1 所示。原则上，液相通常通过定义流场中的压力、速度、温度和体积分数分布来描述，固相通过每个颗粒的大小、位置、线速度、角速度和温度来描述，如果是非球形颗粒，还需要颗粒朝向等参数来描述。

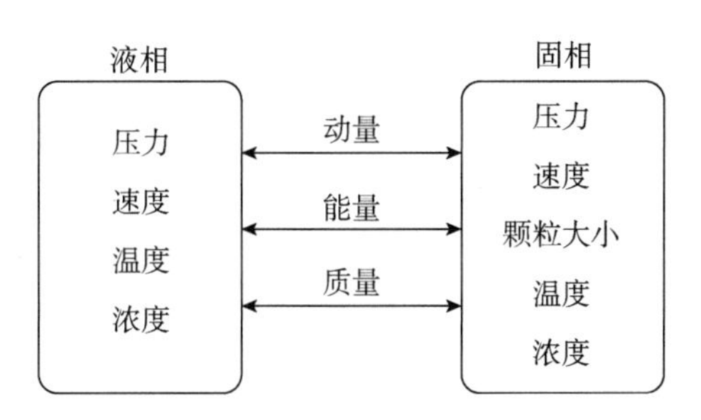

图 3.1.1　相间动量、能量和质量的交换

在选择或开发流体-颗粒模型之前，还应当思考以下问题。

(1)液相和固相之间会发生哪几种交换？

(2)液相和固相的相互作用是什么？模型中是否包含相内或相间作用力？

(3)固相体积分数对耦合，特别是动量耦合有什么影响？

(4)如果想捕捉系统中所有的预期现象，那么液相和固相合适的计算尺度各是多少？

本节将针对上述问题进行说明。

3.1.1　耦合程度分类

两相流可以根据耦合程度归纳为 4 类耦合[1]，即单向耦合、双向耦合、三向耦合和四向耦合，如图 3.1.2 所示。第四类耦合包括颗粒碰撞，而前三类耦合只包括颗粒和流体之间的相互作用。

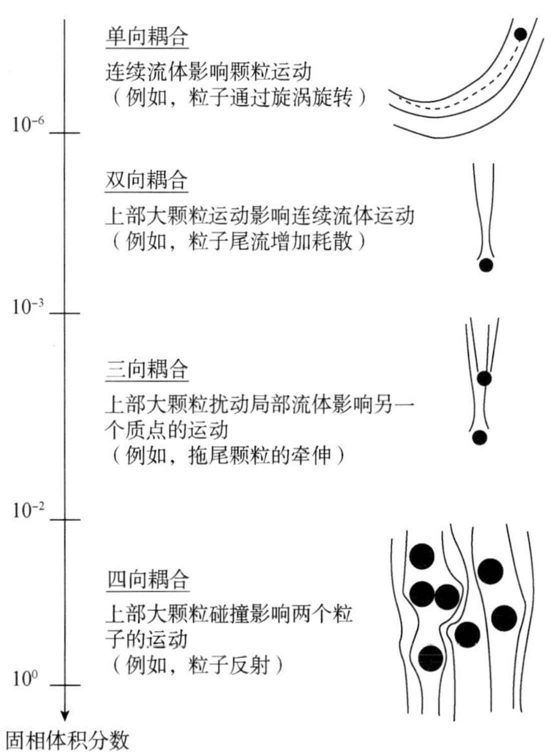

图 3.1.2　两相流的 4 类耦合方法

如果颗粒的运动主要是受到流体运动的影响，而颗粒的运动对流体的影响可以忽略不计，那么单向耦合即可满足要求。在单向耦合中，液相的方程可以独立于固相方程求解，而固相方程需要从液相方程中获得流体-颗粒相互作用力才能求解。流场中的稀疏颗粒流是一个可以用单向耦合求解的例子。若固液相的运动之间存在相互影响，则需要双向耦合。在这种情况下，流体的运动会影响颗粒，而颗粒的运动对流体的影响也不可忽略。在无颗粒碰撞的颗粒湍流中，颗粒运动引起的流体扰动(如运动颗粒引起的尾迹)是双向耦合的典型例子。

在图 3.1.2 中，颗粒的运动引起的流体扰动(如涡流和尾迹)影响其他颗粒的运动应选用三向耦合。例如，当一个颗粒在另一个颗粒后面运动时，三向耦合就变得尤为重要。除了流体和颗粒之间的相互作用，颗粒和颗粒之间的碰撞也会影响整体的运动时，模型就需要采用四向耦合。例如，在气力输送中发生颗粒碰撞的湍流就需要四向耦合去求解。在密集颗粒流中颗粒碰撞的频率很高，因此密集颗粒流通常用四向耦合进行求解。

稀疏颗粒流和密集颗粒流可以通过颗粒动量弛豫时间 τ_p 和颗粒平均碰撞时间 τ_c 之比来评估。若 $\tau_p/\tau_c < 1$，则为稀疏颗粒流；若 $\tau_p/\tau_c > 1$，则为密集颗粒流。在稀疏颗粒流中，颗粒的整体运动受到颗粒-流体相互作用的影响；而在密集颗粒流中，颗粒-颗粒相互作用占主导地位。上述相间相互作用的现象学描述可用于区分不同的耦合方法，同时也决定了其求解方法。例如，在单向耦合中，液相的控制方程可以独立于固相方程求解；而在四向耦合中，应当修改计算顺序，将两相之间的相互作用力包含在两相方程中。

3.1.2 耦合控制方程类型

耦合模型中并不是所有物理量的耦合都需要考虑，根据模型所需的耦合参数，可以决定具体采用哪种耦合控制方程。

3.1.2.1 动量耦合

两相之间是否考虑动量耦合，可以通过固相受到的总阻力(F_d)与液相的动量通量(Mom_f)之比来确定，这个比例被定义为动量耦合数($\prod_{mom}$)[1]。

$$\prod_{mom} = \frac{F_d}{Mom_f} \tag{3.1}$$

其中，当 $\prod_{mom} \ll 1$ 时，动量耦合可以作为单向耦合来考虑。固相受到的总阻力(F_d)为控制体内所有颗粒阻力的合力，液相的动量通量(Mom_f)为通过控制体内的流体动量通量。将球体阻力公式与流体通量计算式代入式(3.1)中，可得[1]：

$$\prod_{mom} = \frac{C}{1 + St_{mom}} \tag{3.2}$$

其中，C 代表控制体内固相与液相的质量比，St_{mom} 为动量斯托克斯数，被定义为：

$$St_{mom} = \frac{\tau_p}{\tau_f} \tag{3.3}$$

其中，τ_f 是流场的特征时间：

$$\tau_f = \frac{l}{|\boldsymbol{u}|} \tag{3.4}$$

l 和 $|\boldsymbol{u}|$ 分别表示流体的特征长度和速度。颗粒的弛豫时间 τ_p 是当流体速度发生变化时，颗粒响应流体速度变化所需的时间。当流体雷诺数较低时，颗粒的弛豫时间为[1]：

$$\tau_{\mathrm{p}} = \frac{\rho_i d_i^2}{18\mu_{\mathrm{f}}} \tag{3.5}$$

其中，μ_{f} 为流体的黏度，ρ_i 和 d_i 分别表示颗粒 i 的密度和直径。弛豫时间等于颗粒从静止状态开始运动达到流体 63%速度所需的时间[1]。根据式(3.2)可以得出，对于低浓度的颗粒流和大斯托克斯数的流动，动量耦合是不用考虑的。

3.1.2.2　能量耦合

能量耦合可以通过能量耦合数来评估，即通过比较进/出的固相总传热速率 $\dot{Q}_{\mathrm{p}}$ 和控制体内流体的能量传输速率 $\dot{E}_{\mathrm{f}}$：

$$\prod_{\mathrm{ener}} = \frac{\dot{Q}_{\mathrm{p}}}{\dot{E}_{\mathrm{f}}} \tag{3.6}$$

当 $\prod_{\mathrm{ener}} \ll 1$ 时，能量耦合可以采用单向耦合。能量耦合数也可以用能量斯托克斯数表示：

$$\prod_{\mathrm{ener}} = \frac{C}{1 + St_{\mathrm{ener}}} \tag{3.7}$$

能量斯托克斯数被定义为：

$$St_{\mathrm{ener}} = \frac{\tau_{\mathrm{T}}}{\tau_{\mathrm{f}}} \tag{3.8}$$

其中，颗粒热弛豫时间 τ_T 是颗粒达到液相温度 63%所需的时间。当取较低的流体雷诺数时，颗粒热弛豫时间为[1]：

$$\tau_{\mathrm{T}} = \frac{\rho_i c_{p,\,i} d_i^2}{12k_{\mathrm{f}}} \tag{3.9}$$

其中，k_{f} 是流体的导热系数，$c_{p,\,i}$ 是颗粒的比热。与动量耦合数类似，在低颗粒浓度和较大的能量斯托克斯数下，能量耦合也是可以忽略的。

3.1.2.3　质量耦合

控制体内两相之间的质量交换可以通过质量耦合数来评估：

$$\prod_{\mathrm{mass}} = \frac{\dot{M}_{\mathrm{p}}}{\dot{M}_{\mathrm{f}}} \tag{3.10}$$

其中，$\dot{M}_{\mathrm{p}}$ 是固相增加或减少的质量率，$\dot{M}_{\mathrm{f}}$ 是通过控制体的流体质量率。固相质量的产生或消耗是由颗粒表面的吸附或冷凝、颗粒内或颗粒上的化学反应、材料的解吸和颗粒表面的蒸发引起的。当 $\prod_{\mathrm{mass}} \ll 1$ 时，固相的质量变化对液相的影响不大，可以忽略不计。在这种情况下，质量耦合可以作为单向耦合进行。

质量耦合数与固相的质量交换率有关：

$$\prod_{\mathrm{mass}} = \frac{C}{St_{\mathrm{mass}}} \tag{3.11}$$

其中，C 是控制体内固相与液相的质量比，质量斯托克斯数 St_{mass} 的定义为：

$$St_{\mathrm{mass}} = \frac{\tau_{\mathrm{m}}}{\tau_{\mathrm{f}}} \tag{3.12}$$

其中，τ_{m} 是颗粒传质弛豫时间，可以定义为：

$$\tau_{\mathrm{m}}=\frac{m}{\dot{m}} \tag{3.13}$$

其中，$\dot{m}$ 是颗粒和流体之间的质量交换率(如蒸发率)，m 是每个颗粒的质量。在低固相溶度或低质量交换率(即大质量斯托克斯数)下，质量耦合的作用不显著，可以忽略。例如，在蒸发率较低的低温环境中稀疏颗粒流中颗粒的干燥。

下面将分别对上述3种耦合控制方程进行介绍。

3.2 动量耦合

3.2.1 流体的单相流模拟

对于单相流，流体中的连续性和动量方程表示如下[2]：

$$\frac{\partial\rho_{\mathrm{f}}}{\partial t}+\nabla\cdot(\rho_{\mathrm{f}}\boldsymbol{u})=0 \tag{3.14a}$$

$$\frac{\partial(\rho_{\mathrm{f}}\boldsymbol{u})}{\partial t}+\nabla\cdot(\rho_{\mathrm{f}}\boldsymbol{uu})=-\nabla\cdot\boldsymbol{\pi}_{\mathrm{f}}+\rho_{\mathrm{f}}\boldsymbol{g}=-\nabla p-\nabla\cdot\boldsymbol{\tau}_{\mathrm{f}}+\rho_{\mathrm{f}}\boldsymbol{g} \tag{3.14b}$$

其中，$\boldsymbol{u}$ 为速度；ρ_{f} 为流体密度；$\boldsymbol{g}$ 为重力加速度向量；$\boldsymbol{\pi}_{\mathrm{f}}$ 为流体应力张量，$\boldsymbol{\pi}_{\mathrm{f}}=p\boldsymbol{\delta}+\boldsymbol{\tau}_{\mathrm{f}}$；$p$ 为压力；$\boldsymbol{\tau}_{\mathrm{f}}$ 为黏性应力张量，可由广义牛顿黏性定律得出：

$$\boldsymbol{\tau}_{\mathrm{f}}=-\mu_{\mathrm{f}}[\nabla\boldsymbol{u}+(\nabla\boldsymbol{u})']+\left(\frac{2}{3}\mu_{\mathrm{f}}-k\right)(\nabla\cdot\boldsymbol{u})\boldsymbol{\delta} \tag{3.15}$$

其中，$\boldsymbol{\delta}$ 为克罗内克函数；μ_{f} 和 k 分别是流体的动力黏度和膨胀黏度。需要注意的是，对于理想的单原子气体(可扩展到理想气体)，k 为0；而对于不可压缩的流体，$\nabla\cdot\boldsymbol{u}=0$。将式(3.15)中 $\boldsymbol{\tau}_{\mathrm{f}}$ 的牛顿表达式代入式(3.14b)，并考虑不可压缩的牛顿流体(恒定的 ρ_{f} 和 μ_{f})，便可得到以下的纳维-斯托克斯(N-S)方程：

$$\rho_{\mathrm{f}}\frac{\partial\boldsymbol{u}}{\partial t}+\rho_{\mathrm{f}}\nabla\cdot(\boldsymbol{uu})=-\nabla p+\mu_{\mathrm{f}}\nabla^{2}\boldsymbol{u}+\rho_{\mathrm{f}}\boldsymbol{g} \tag{3.16}$$

随着雷诺数的增加，流态从爬流，到层流、过渡流，最后到湍流。如果流态改变，N-S方程的数值处理也会改变。宏观尺度的雷诺数定义如下：

$$Re_{\mathrm{l}}=\frac{\rho_{\mathrm{f}}|\boldsymbol{u}|l}{\mu_{\mathrm{f}}} \tag{3.17}$$

3.2.1.1 层流

在非常低的雷诺数($Re_{\mathrm{l}}\ll 1$)下，惯性(对流)力与黏性力相比很小，动量对流项可忽略。在这种情况下，流体是呈高度层状的，被称为爬流或斯托克斯流。因此，稳态下的N-S方程可简化如下[2]：

$$0=-\nabla p-\nabla\cdot\boldsymbol{\tau}_{\mathrm{f}}+\rho_{\mathrm{f}}\boldsymbol{g} \tag{3.18}$$

爬流态的控制方程具有椭圆偏微分方程(Partial Differential Equation of Elliptic Type, PDE)特征，可用隐式数值法求解。

在较高的雷诺数下，若流动仍然是层流，N-S方程中的对流项很重要，不能忽视。因此，该方程可以表示为：

$$\rho_f \nabla \cdot (\boldsymbol{uu}) = -\nabla p - \nabla \cdot \boldsymbol{\tau}_f + \rho_f \boldsymbol{g} \tag{3.19}$$

该PDE的椭圆特性仍然很强，需要用直接或迭代的数值方法来求解这个方程。这种流体一直持续到 $Re_1 < Re_{crit}$，其中 Re_{crit} 标志着过渡流的开始。

3.2.1.2　**过渡流**

对于过渡流来说，间歇性流动行为产生的流场难以模拟，流动的不稳定性变得十分重要[1]。这种流态存在于 $Re_{crit}<Re_1<Re_{turb}$ 范围内，其中 Re_{turb} 是湍流开始时的雷诺数。连续性方程和N-S方程对描述过渡流有效。

3.2.1.3　**湍流**

虽然层流是有序的，但在 $Re_1>Re_{turb}$ 的湍流中，流体明显是非线性且不稳定的。当速度波动的黏性阻尼时间尺度，远远大于对流的时间尺度时，湍流就会出现不稳定性。高雷诺数时，非线性对流项会变得比N-S方程中的扩散项更为重要[3]。尽管湍流行为不规则且具有随机性，但其波动具有连贯的规则结构(称为涡流)，且有着广泛的长度和时间尺度。此外，涡流可以伸展、旋转、分解成较小的涡流或凝聚成较大的涡流。湍流由三维涡流组成，其大小和形状范围很广。这些涡流含有湍流能量并随时间变化，它们被最大的长度尺度(约为流域尺度 l)和最小的Kolmogorov长度尺度(λ_K)所约束。λ_K 与湍流动能耗散率(ε)的关系为[3]：

$$\lambda_K = (v_f^3/\varepsilon)^{1/4} \tag{3.20}$$

其中，v_f 为流体运动黏度。这两个有界长度尺度之间的中间长度尺度，也被称为泰勒微尺度，可形成惯性子区。虽然小尺度湍流在足够大的雷诺数下，是具有各向同性且均匀的，但大多数流域尺度的结构(如足够大的涡流)则是具有各向异性的，且具有高度扭曲的尺寸。捕捉整个流体结构所需的空间分辨率范围基于这两个长度尺度的比率变化，且随着雷诺数的增加而增加[3]：

$$l/\lambda_K \propto Re_1^{3/4} \tag{3.21}$$

此外，在所有的湍流中，都存在着从最大的湍流尺度(涡流从主流体和涡流彼此之间获得能量)到最小的Kolmogorov长度尺度(形成黏性子层，湍流动能由于黏性应力而消散为热量)的能量流动(通常称为能量串级)。惯性子区尺度只将能量从最大涡流转移到最小的涡流，没有任何耗散。

由于最小的湍流涡旋比流体分子的平均自由路径大了成千上万倍，因此可以认为湍流是一种连续的现象，变化方程仍然可以适用于这种流态。尽管通过这些非线性方程的数值求解可以研究湍流结构的细节，但这种方法计算消耗过大。因此，研究人员开发了两类不同的湍流模拟方法雷诺平均(Reynolds Average Navier-Stokes，RANS)模拟和大涡模拟(Large Eddy Simulation，LES)。

3.2.1.4　**雷诺平均模拟**

RANS模拟侧重于平均流和湍流对流体平均特性的影响。因此，这种模拟只能估算平均湍流的长度和时间尺度，并不能预测涡流的结构和动态。在RANS中，所有的流体变量都被单独分解为平滑部分和波动部分，例如：

$$\boldsymbol{u} = \overline{\boldsymbol{u}} + \boldsymbol{u}' \tag{3.22a}$$

$$p = \overline{p} + p' \tag{3.22b}$$

其中，$(\overline{})$是时间平滑值，$(')$是波动部分。上述过程有时也被称为雷诺分解。通过将所有$\boldsymbol{u}$更改为$\overline{\boldsymbol{u}}$，$p$更改为$\overline{p}$，并将$\boldsymbol{\tau}_{\mathrm{f}}$更改为$\overline{\boldsymbol{\tau}}_{\mathrm{f}}$，就可以从N-S方程中导出具有恒定密度和黏度的流体的时间平滑运动方程：

$$\nabla \cdot (\rho_{\mathrm{f}} \overline{\boldsymbol{u}}) = 0 \tag{3.23a}$$

$$\rho_{\mathrm{f}} \nabla \cdot (\overline{\boldsymbol{u}\boldsymbol{u}}) = -\nabla \overline{p} - \nabla \cdot \overline{\boldsymbol{\tau}}_{\mathrm{f}} + \rho_{f} \boldsymbol{g} \tag{3.23b}$$

剪切应力张量由黏性和湍流动量通量组成：

$$\overline{\boldsymbol{\tau}}_{\mathrm{f}} = \overline{\boldsymbol{\tau}}_{\mathrm{f}}^{v} + \overline{\boldsymbol{\tau}}_{\mathrm{f}}^{t} \tag{3.24}$$

其中：

$$\overline{\boldsymbol{\tau}}_{\mathrm{f}}^{v} = -\mu_{\mathrm{f}} [\nabla \overline{\boldsymbol{u}} + (\nabla \overline{\boldsymbol{u}})'] \tag{3.25a}$$

$$\overline{\boldsymbol{\tau}}_{\mathrm{f}}^{t} = \rho_{\mathrm{f}} \overline{\boldsymbol{u}'} \overline{\boldsymbol{u}'} \tag{3.25b}$$

湍流动量通量的组成部分通常被称为雷诺应力。可以采用类似于牛顿黏性定律的方程来表达雷诺应力张量：

$$\overline{\boldsymbol{\tau}}_{\mathrm{f}}^{t} = -\mu_{\mathrm{f}}^{t} \nabla \overline{\boldsymbol{u}} \tag{3.26}$$

其中，μ_{f}^{t}是湍流黏度，也叫涡黏度。一般来说，雷诺应力可以通过实验数据、湍流黏度的经验关系式，或者求解雷诺应力的变化方程来估算。

湍流黏度模型通常根据偏微分传输方程的数量(为估算μ_{f}^{t}而求解)来分类，此外，还有RANS方程的数量。这些模型一般包括零方程模型(如普兰德尔的混合长度模型)、单方程模型[如斯帕拉特-阿尔玛拉斯(Spalart-Allmaras)]和双方程模型(如k-ε)。如前所述，雷诺应力模型采用了单独的变化方程，而包含像$\overline{\boldsymbol{u}'}$这样的量的雷诺应力变化方程则应根据实验信息再次进行估算[2]。

3.2.1.5 大涡模拟

LES是一种用涡流解析湍流的方式，可对大涡流的行为进行建模。该方法在非稳态N-S方程上应用低通空间滤波器，以特定的截止频率保留大涡，消除小涡。大涡团会引起振幅较大、频率较低的波动；而小涡团引起的波动则振幅小、频率高。通过这种滤波，所有的速度都可分解为已解析的(未过滤的)部分和非解析的(已过滤的)部分：

$$\boldsymbol{u} = \widetilde{\boldsymbol{u}} + \boldsymbol{u}' \tag{3.27}$$

其中，$(\sim)$是去除小涡流影响后的过滤量。通过将所有的$\boldsymbol{u}$更改为$\widetilde{\boldsymbol{u}}$，$p$更改为$\widetilde{p}$，$\boldsymbol{\tau}_{\mathrm{f}}$更改为$\widetilde{\boldsymbol{\tau}}_{\mathrm{f}}$，便可从N-S方程导出具有恒定密度和黏度的流体的空间过滤运动方程：

$$\frac{\partial \rho_{\mathrm{f}}}{\partial t} + \nabla \cdot (\rho_{\mathrm{f}} \widetilde{\boldsymbol{u}}) = 0 \tag{3.28a}$$

$$\rho_{\mathrm{f}} \frac{\partial \widetilde{\boldsymbol{u}}}{\partial t} + \rho_{\mathrm{f}} \nabla \cdot (\widetilde{\boldsymbol{u}} \widetilde{\boldsymbol{u}}) = -\nabla \widetilde{p} - \nabla \cdot \widetilde{\boldsymbol{\tau}}_{\mathrm{f}} + \rho_{\mathrm{f}} \boldsymbol{g} \tag{3.28b}$$

这里的剪切应力张量表示如下：

$$\widetilde{\boldsymbol{\tau}}_{\mathrm{f}} = \widetilde{\boldsymbol{\tau}}_{\mathrm{f}}^{v} + \widetilde{\boldsymbol{\tau}}_{\mathrm{f}}^{t} \tag{3.29}$$

其中：

$$\widetilde{\boldsymbol{\tau}}_{\mathrm{f}}^{v} = -\mu_{\mathrm{f}}(\nabla\widetilde{\boldsymbol{u}} + (\nabla\widetilde{\boldsymbol{u}})') \tag{3.30a}$$

$$\widetilde{\boldsymbol{\tau}}_{\mathrm{f}}^{t} = \rho_{\mathrm{f}}\widetilde{\boldsymbol{u}'}\widetilde{\boldsymbol{u}'} \tag{3.30b}$$

其中，$\widetilde{\boldsymbol{u}'}\widetilde{\boldsymbol{u}'}$ 表示非解析波动的速度张量。LES 的主要优点是可以直接模拟不易建模且具有各向异性的扭曲大涡流，并通过 $\widetilde{\boldsymbol{u}'}\widetilde{\boldsymbol{u}'}$ 项，把不可忽略的未分辨尺度的影响也包含在模型中。目前，也出现一类新的湍流模拟方法，即混合 RANS/LES 方法，通过在流场的不同区域分别采用 RANS 和 LES 进行模拟，可以有效地在计算代价和模拟精度上达到平衡。

此外，湍流也可采用直接数值模拟(DNS)求解。在这种方法中，三维非稳态 N-S 方程［式(3.16)］可在足够小的空间网格上求解以解析 Kolmogorov 长度尺度，且时间步应足够小以解析最快的波动。DNS 的计算成本很高，因此不适合工业应用。上述 3 种方法考虑的湍流尺度并不相同：在 RANS 中考虑的是整体长度尺度；在 LES 中的湍流尺度通常过滤到惯性子区来解析，考虑的是较大的涡团；而在 DNS 中考虑的则是所有涡团。

3.2.2　CFD-DEM 模型中的流体网格分辨率

在 CFD-DEM 模型中，固相被完全解析，每个颗粒在系统中都被追踪。但是，颗粒尺寸在几微米到几厘米的范围内变化，这为流固耦合模型中求解颗粒与流体间相互作用及其运动信息带来了挑战。颗粒(DEM)与流体(CFD)相互作用力的求解方式，在很大程度上取决于液相的分辨率，即流体网格尺寸与颗粒尺寸的比值。

颗粒处理的不同方法如图 3.2.1 所示。流体属性在尺寸为 Δx 的流体网格中定义，当流体网格的尺寸比颗粒尺寸小得多，被称为完全解析的 CFD-DEM 模型。在完全解析的 CFD-DEM 模型中，由于流体网格的尺寸比颗粒的尺寸小得多，流体流动在颗粒表面上得到完全解析。在知道了颗粒 i 周围的速度和压力场后，就可以通过对颗粒表面的流体应力张量(包括压力和剪切力)进行积分，来直接估算流体颗粒间的相互作用力[2]：

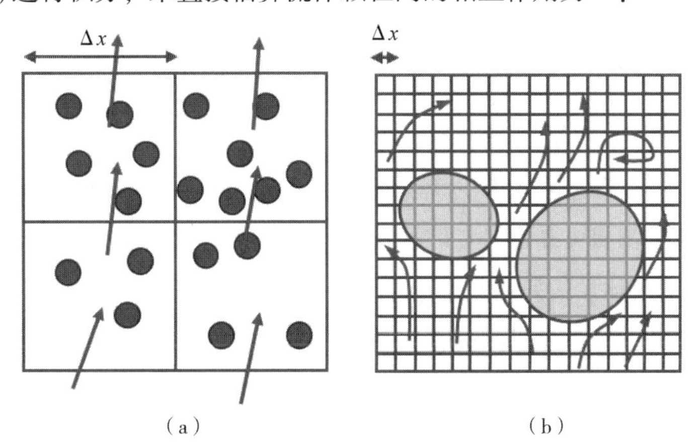

图 3.2.1　颗粒处理的不同方法

(a)非解析($\Delta x > d_i$)，图中的箭头表示局部流体的速度向量；(b)完全解析($\Delta x \ll d_i$)

$$\boldsymbol{f}_i^{\mathrm{f-p}} = \oint_{A_i} -\boldsymbol{\pi}_{\mathrm{f}}.\boldsymbol{n}\mathrm{d}s = \oint_{A_i} -(p\boldsymbol{\delta} + \boldsymbol{\tau}_{\mathrm{f}}).\boldsymbol{n}\mathrm{d}s \tag{3.31}$$

其中，A_i 是颗粒的表面积，$\boldsymbol{n}$ 是颗粒(ds)控制面上向外的单位法向量。由于这种方法的计算成本较高，因此只适用于颗粒数较少的系统。

在很多实际应用中，颗粒系统包含上百万个颗粒，其研究尺度远大于个别颗粒的尺度，可采用计算量较小的非解析 CFD-DEM 模型求解多相流运动。在非解析 CFD-DEM 模型中，流体网格尺寸大于颗粒尺寸，流体与颗粒的相互作用力不能在颗粒表面上积分，因此采用一种平均力来考虑流-固相互作用。下面将详细介绍非解析 CFD-DEM 模型方程。

3.2.3 非解析 CFD-DEM 模型

如前所述，非解析方法的 CFD-DEM 模型求解的流体网格尺寸大于颗粒尺寸。因此，体积平均的 N-S 方程可以通过对固相性质的局部平均，求解流固相互作用和运动信息。需要平均的固相性质包括流体颗粒的相互作用力和固相的体积分数，下面将详细介绍。

3.2.3.1 固相的运动方程

基于第 2 章中描述的软球模型，一个颗粒可能有两种类型的平移运动和旋转运动。因此，质量为 m_i、惯性矩为 I_i 的单个球形颗粒 i 的运动方程可以写成：

$$m_i \frac{\mathrm{d}\boldsymbol{v}_i}{\mathrm{d}t} = \boldsymbol{f}_i^{\mathrm{f-p}} + \sum_{j \in CL_i} (\boldsymbol{f}_{ij}^{\mathrm{c}} + \boldsymbol{f}_{ij}^{\mathrm{nc}}) + \boldsymbol{f}_i^{g} \tag{3.32}$$

$$I_i \frac{\mathrm{d}\boldsymbol{\omega}_i}{\mathrm{d}t} = \sum_{j \in CL_i} \boldsymbol{M}_{ij}^{\mathrm{c}} + \boldsymbol{M}_i^{\mathrm{f-p}} \tag{3.33}$$

其中，$\boldsymbol{v}_i$ 和 $\boldsymbol{\omega}_i$ 分别为颗粒 i 的平移速度和角速度，$\boldsymbol{f}_{ij}^{\mathrm{c}}$ 和 $\boldsymbol{M}_{ij}^{\mathrm{c}}$ 是颗粒 j 或壁面作用在颗粒 i 上的接触力和扭矩(切向扭矩和滚动扭矩)，$\boldsymbol{f}_{ij}^{\mathrm{nc}}$ 是由颗粒 j 或其他来源作用在颗粒 i 上的非接触力，$\boldsymbol{f}_i^{g} = m_i\boldsymbol{g}$ 为重力。流体和颗粒间的相互作用力为 $\boldsymbol{f}_i^{\mathrm{f-p}}$。流体和颗粒间还存在另一种阻碍颗粒在流体中旋转的相互作用力，也称为流体旋转阻力扭矩 $\boldsymbol{M}_i^{\mathrm{f-p}}$，它包括颗粒上的旋转阻力($\boldsymbol{M}_i^{d}$)和直线加速度中不稳定的巴塞特力。

在非解析 CFD-DEM 模型中，流体网格的尺寸大于颗粒尺寸，流体与颗粒的相互作用力不能在颗粒表面上积分获得，可采用一种平均力公式来计算流固相互作用。这种平均作用力是由颗粒附近的流体作用解析式或经验表达式获得的。这些力包含稳定阻力、非稳定阻力(巴塞特力)、压力梯度力、升力(萨夫曼力和马格纳斯力)、附加质量力等。

3.2.3.2 流体颗粒间相互作用力的分解

非解析方法中的流体颗粒间相互作用力表达如下[1]：

$$\boldsymbol{f}_i^{\mathrm{f-p}} = \boldsymbol{f}_i^{\mathrm{d}} + \boldsymbol{f}_i^{\mathrm{u}} + \boldsymbol{f}_i^{\nabla p} + \boldsymbol{f}_i^{\nabla \cdot \boldsymbol{\tau}} + \boldsymbol{f}_i^{\mathrm{l}} \tag{3.34}$$

其中，$\boldsymbol{f}_i^{d}$ 为稳定阻力。非稳定力包括非稳定阻力(巴塞特力)($\boldsymbol{f}_i^{\mathrm{ud}}$)和附加质量力($\boldsymbol{f}_i^{\mathrm{a}}$)：

$$\boldsymbol{f}_i^{\mathrm{u}} = \boldsymbol{f}_i^{\mathrm{ud}} + \boldsymbol{f}_i^{\mathrm{a}} \tag{3.35}$$

压力梯度力由以下方程得出：

$$\boldsymbol{f}_i^{\nabla p} = -V_i \nabla p \tag{3.36}$$

其中，V_i 为颗粒 i 的体积。因流体剪切应力或偏差应力张量而产生的黏性力，可由下列方程计算：

$$\boldsymbol{f}_i^{\nabla\cdot\tau} = -V_i(\nabla\cdot\boldsymbol{\tau}_{\mathrm{f}}) \tag{3.37}$$

升力包括萨夫曼力和马格纳斯力：

$$\boldsymbol{f}_i^{\mathrm{l}} = \boldsymbol{f}_i^{\mathrm{Saffman}} + \boldsymbol{f}_i^{\mathrm{Magnus}} \tag{3.38}$$

3.2.3.3　控制方程的公式

对于流体-颗粒系统中各相的运动，Anderson 和 Jackson[4] 首先将固相看成连续体，给出了两流体模型控制方程，即对流体网格中的液相和固相，分别给出以下体积平均的动量守恒方程：

$$\frac{\partial(\rho_{\mathrm{f}}\varepsilon_{\mathrm{f}}\boldsymbol{u})}{\partial t} + \nabla\cdot(\rho_{\mathrm{f}}\varepsilon_{\mathrm{f}}\boldsymbol{u}\boldsymbol{u}) = -\nabla\cdot\boldsymbol{\pi}_{\mathrm{f}} - \boldsymbol{F}^{\mathrm{fp}} + \rho_{\mathrm{f}}\varepsilon_{\mathrm{f}}\boldsymbol{g} \tag{3.39a}$$

$$\frac{\partial(\rho_{\mathrm{p}}\varepsilon_{\mathrm{p}}\boldsymbol{v})}{\partial t} + \nabla\cdot(\rho_{\mathrm{p}}\varepsilon_{\mathrm{p}}\boldsymbol{v}\boldsymbol{v}) = -\nabla\cdot\boldsymbol{\pi}_{\mathrm{p}} + \boldsymbol{F}^{\mathrm{fp}} + \rho_{\mathrm{p}}\varepsilon_{\mathrm{p}}\boldsymbol{g} \tag{3.39b}$$

其中，脚标 f 和 p 分别代表液相和固相；ε_{f} 和 ε_{p} 为液相和固相的体积分数，$\boldsymbol{u}$ 和 $\boldsymbol{v}$ 为液相和固相的平均速度；ρ_{f} 和 ρ_{p} 为液相和固相的密度；$\boldsymbol{\pi}_{\mathrm{p}}$ 为固相的应力张量（与液相的应力张量定义类似）；$\boldsymbol{F}^{\mathrm{fp}}$ 是每个流体网格中，由于流体运动而作用于固相的所有相互作用力的体积平均值。由于力的相互作用，液相和固相动量方程中的 $\boldsymbol{F}^{\mathrm{fp}}$ 相同。力 $\boldsymbol{F}^{\mathrm{fp}}$ 由两部分组成：流体应力张量的宏观变化和颗粒周围点应力张量的变化。前者与流体应力张量 $\boldsymbol{\pi}_{\mathrm{f}}$ 有关（$\boldsymbol{\pi}_{\mathrm{f}}$ 包括流体压力和黏性应力张量），后者为流体通过颗粒系统时施加在颗粒上的阻力。

液相的动量守恒方程式（3.39a）可以进一步展开为：

$$\frac{\partial(\rho_{\mathrm{f}}\varepsilon_{\mathrm{f}}\boldsymbol{u})}{\partial t} + \nabla\cdot(\rho_{\mathrm{f}}\varepsilon_{\mathrm{f}}\boldsymbol{u}\boldsymbol{u}) = -\nabla p - \nabla\cdot\boldsymbol{\tau}_{\mathrm{f}} - \boldsymbol{F}^{\mathrm{fp}} + \rho_{\mathrm{f}}\varepsilon_{\mathrm{f}}\boldsymbol{g} \tag{3.40}$$

其中，$\boldsymbol{F}^{\mathrm{fp}}$ 是每个流体网格中，由于流体运动而作用于固相的所有相互作用力的体积平均值。这些力包括流体阻力、流体压力、剪切应力和其他可能的流体颗粒间相互作用力。由于在 CFD-DEM 模型中固相是离散的，因此这个体积平均值可以通过以下方程获得：

$$\boldsymbol{F}^{\mathrm{fp}} = \frac{1}{V_{\mathrm{cell}}}\sum_{i=1}^{k_v}\boldsymbol{f}_i^{\mathrm{f-p}} = \frac{1}{V_{\mathrm{cell}}}\sum_{i=1}^{k_v}(\boldsymbol{f}_i^{d} + \boldsymbol{f}_i^{u} + \boldsymbol{f}_i^{\nabla p} + \boldsymbol{f}_i^{\nabla\cdot\tau_{\mathrm{f}}} + \boldsymbol{f}_i^{\mathrm{l}}) \tag{3.41}$$

其中，k_v 是体积为 V_{cell} 的每个流体网格中的颗粒数，流体网格中的所有颗粒都需要进行求和。可将 $\boldsymbol{F}^{\mathrm{fp}}$ 进一步分解为两部分，第一部分是流体应力张量，第二部分是阻力和其他剩余力：

$$\boldsymbol{F}^{\mathrm{fp}} = \frac{1}{V_{\mathrm{cell}}}\sum_{i=1}^{k_v}(\boldsymbol{f}_i^{\nabla p} + \boldsymbol{f}_i^{\nabla\cdot\tau_{\mathrm{f}}}) + \frac{1}{V_{\mathrm{ccll}}}\sum_{i=1}^{k_v}(\boldsymbol{f}_i^{\mathrm{d}} + \boldsymbol{f}_i^{\mathrm{u}} + \boldsymbol{f}_i^{\mathrm{l}}) \tag{3.42}$$

上述方程右侧的第一项求和可改写如下：

$$\frac{1}{V_{\mathrm{cell}}}\sum_{i=1}^{k_\nu}(\boldsymbol{f}_i^{\nabla p} + \boldsymbol{f}_i^{\nabla\cdot\tau_{\mathrm{f}}}) = -\frac{1}{V_{\mathrm{cell}}}\sum_{i=1}^{k_\nu}(V_i\nabla p + V_i\nabla\cdot\boldsymbol{\tau}_{\mathrm{f}}) = -\varepsilon_{\mathrm{p}}\nabla p - \varepsilon_{\mathrm{p}}\nabla\cdot\boldsymbol{\tau}_{\mathrm{f}} \tag{3.43}$$

方程（3.42）右侧的第二项求和可定义为每个流体网格上单位体积中流体颗粒间相互作

用力 $\boldsymbol{F}^A$。因此，方程(3.42)可改写为：

$$\boldsymbol{F}^{\mathrm{fp}} = -\varepsilon_{\mathrm{p}} \nabla p - \varepsilon_{\mathrm{p}} \nabla \cdot \boldsymbol{\tau}_{\mathrm{f}} + \boldsymbol{F}^A \tag{3.44}$$

将方程(3.44)代入方程(3.40)，就得到了如下动量方程：

$$\frac{\partial(\rho_{\mathrm{f}}\varepsilon_{\mathrm{f}}\boldsymbol{u})}{\partial t} + \nabla \cdot (\rho_{\mathrm{f}}\varepsilon_{\mathrm{f}}\boldsymbol{uu}) = -\varepsilon_{\mathrm{f}} \nabla p - \varepsilon_{\mathrm{f}} \nabla \cdot \boldsymbol{\tau}_{\mathrm{f}} - \boldsymbol{F}^A + \rho_{\mathrm{f}}\varepsilon_{\mathrm{f}}\boldsymbol{g} \tag{3.45}$$

其中：

$$\boldsymbol{F}^A = \frac{1}{V_{\mathrm{cell}}} \sum_{i=1}^{k_v} (\boldsymbol{f}_i^d + \boldsymbol{f}_i^u + \boldsymbol{f}_i^l) \tag{3.46}$$

值得注意的是，方程(3.45)和方程(3.40)是同一个方程的不同表达形式。由于在 CFD-DEM 耦合算法实现时，直接计算 $\boldsymbol{F}^A$ 更加方便，因此控制方程(3.45)更多地出现在介绍耦合 CFD-DEM 控制方程的文章中。

3.2.3.4 流体体积分数

在控制方程中，局部流体体积分数(ε_{f})被定义为体积为 V_{cell}的网格中的流体体积分数。流体体积分数也被称为孔隙率或空隙率[5]。局部孔隙率和流体网格的孔隙率会出现在质量和动量守恒方程中，并用于计算流体颗粒间的相互作用力。因此，这个参数对 CFD-DEM 模拟结果有很大影响。此外，CFD-DEM 的控制方程包括流体孔隙率的时间导数。在两个连续的时间步中，若预估的时间导数突然变化，也会给求解带来错误的压力峰值。

一般来说，单元中的流体孔隙率可通过以下两种不同的方法来计算：精确解析法和非解析近似法。精确解析法使用精确的几何方法(如三维分析法)来计算单元中每个颗粒的实际体积[6-8]。Wu 等人[8]对球形颗粒和典型的非结构化网格(如四面体、楔形、六面体)使用了三维分析法，Peng 等人[6]则对常规结构的笛卡儿网格使用了三维分析法。虽然这种方法很准确，但其很难用于不规则网格和(或)形状不规则的颗粒[6]。非解析近似法比较简单，几乎可用于所有类型的网格和颗粒形状计算，其中包括各种各样的方法，如较为简单的颗粒中心法(Particle Center Method，PCM)，或者改进的 PCM[9-12]，抑或是更加复杂而精确的方法，如多孔立方体法[13-15]、统计法[16]、子元素法[5,17]、球形控制体积法[18]、两网格法[19]、核函数法[16]和基于瞬时扩散方程的平均方法[20]等。下面对其中几种应用较为广泛的方法进行介绍。

首先是 PCM。流体孔隙率计算示意图如图 3.2.2 所示，在 PCM 中，若一个颗粒中心位于某计算网格内，则该颗粒的所有体积都假定为在该网格内[11]：

$$\varepsilon_{\mathrm{f}} = 1 - \frac{1}{V_{\mathrm{cell}}} \sum_{i=1}^{k_c} V_i \tag{3.47}$$

其中，若颗粒的中心均位于网格边界内，则 k_c 表示流体网格内的颗粒数。当计算网格的体积远远大于颗粒总体积时，这种方法是有效的。但如果颗粒中心在网格边界附近，那么这种方法可能会导致在流体孔隙率的估算中出现高达50%的相对误差[6,8,12]。最近，Peng 等人[6]比较了经典的 PCM 和精确解析法，估算鼓泡流化床中流体与颗粒流动特性方面的准确性。他们发现了一个临界计算单元尺寸(为颗粒直径的 3.82 倍)，在这个尺寸之外，PCM 具有与精确解析法结果相同的数值稳定性和准确性。

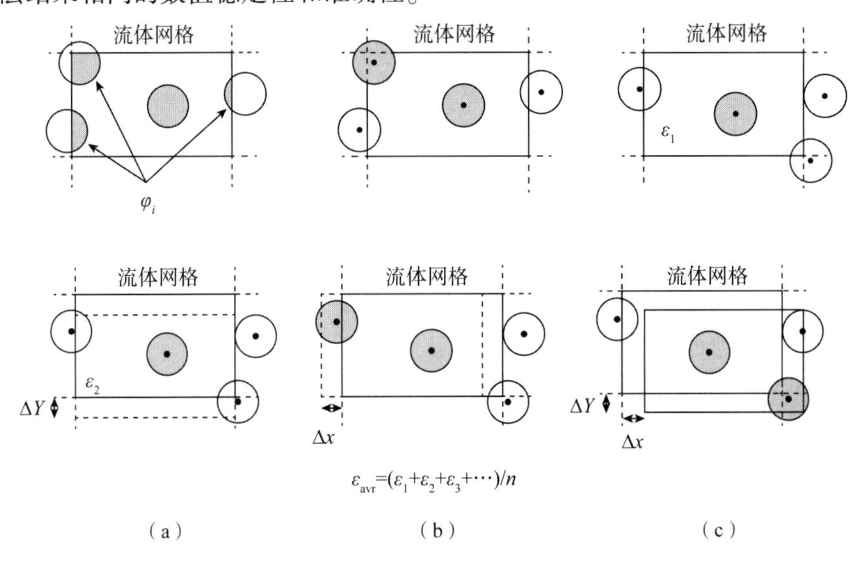

图 3.2.2　流体孔隙率计算示意图

(a)精确解析法；(b)PCM；(c)PCM 与偏移法

研究人员试图提高传统 PCM 的精度，他们使用了偏移法[21]。在这种方法中，所有方向上的计算流体网格都需调整，如图 3.2.2(c)所示，Δx、Δy、$\Delta z \in [-d_i/2, 0, d_i/2]$。然后，根据位移情况，通过平均所有确定的流体孔隙率来估算流体孔隙率。研究人员随后对使用了偏移法的 PCM 和未使用偏移法的 PCM 的准确性进行了比较，结果表明，两种方法的平均误差都会随着计算单元体积的减少(相对于颗粒体积来说)而增加。尽管如此，偏移法可将精度提高 10 倍之多。

另一种与 PCM 非常相似且可提高其精度的方法是子元素法。在这种方法中，颗粒被细分为 N_e 个相等的部分，中心点为 $C_{i,j}$。对于每个颗粒，如果这些子元素的任何一个中心位于一个流体网格内，那么该子元素的整个体积就被认为存在于该单元中。图 3.2.3 描绘了这种方法，为了清晰起见，这里采用二维的方式来计算一个球形颗粒的流体孔隙度。在这个例子中，子元素的数量为 5。颗粒 1 中子元素 5 的体积不会被添加到目标流体网格的总固体体积中，但会被添加到相邻网格。对于颗粒 2，子元素 1 和子元素 4 的体积将被添加到目标网格的总固体体积中，其他子元素的体积则会被添加到相邻网格。可见，这种方法与 PCM 一样简单，并且在计算孔隙率时具有更高的精度，可以应用于规则以及不规则的结构网格。此外，稍做修改后，该方法也可用于非球形颗粒。这种方法的精度随着 N_e 的增加而增加，但需要更多的计算成本。

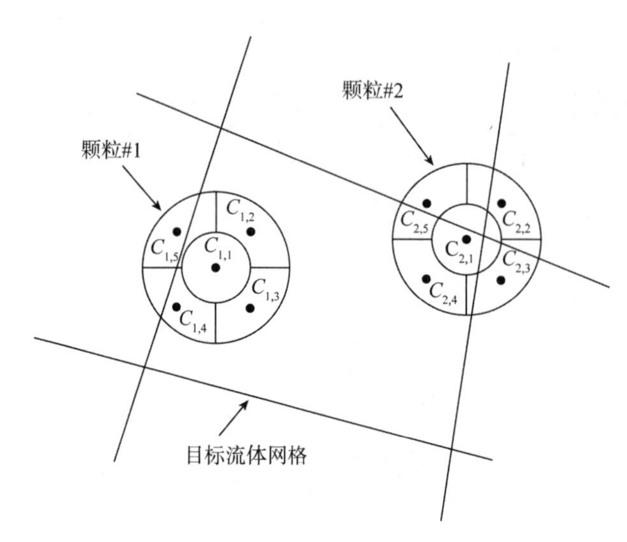

图 3.2.3　用于计算流体体积分数的子元素法

针对流体网格小于颗粒的情况，Xiao 等人还提出了一种基于扩散方程的颗粒场平均方法[20]。Xiao 等人[20]已经证明了该方法的平均效果等效于高斯核函数平均方法，且无论是在非结构网格还是跨并行求解器的网格上都可以进行扩散方程求解，当 CFD-DEM 模拟颗粒大于流体网格的情况时已显示出其有效性和强大的处理能力。下面简单介绍具体的实施步骤。

第一步，采用 PCM，得到流体网格的固相体积浓度，作为扩散方程的初始浓度场 $\varphi_{s,k}\big|_{t=0}$。注意，当颗粒较大，横跨多个流体网格时，认为大颗粒的所有体积都分布在了颗粒中心(质心)所属的流体网格上。第二步，基于扩散方程对由 PCM 得到的颗粒浓度初始场值 $\varphi_{s,k}\big|_{t=0}$ 进行扩散方程计算，见下式：

$$\frac{\partial\varphi_s}{\partial\tau} = \nabla^2\varphi_s,\ \boldsymbol{x} \in \Re^3,\ \tau > 0 \tag{3.48}$$

其中，$\boldsymbol{x}$ 代表空间坐标；$\nabla^2\varphi_s = \partial^2\varphi_s/\partial x^2 + \partial^2\varphi_s/\partial y^2 + \partial^2\varphi_s/\partial z^2$；$\tau$ 为伪扩散时间，即真实扩散时间乘以单元扩散系数。根据零梯度的边界条件和初始颗粒场求解上述扩散方程，就能得到时间 $\tau = T$ 时的固相体积浓度作为平均后的流体网格上的固相体积浓度 $\varphi_s(\boldsymbol{x},\ T)$。

另外两个固相物理量 $\boldsymbol{v}$ 和 $\boldsymbol{F}$ 同样经过类似的基于扩散方程的颗粒平均方法得到[20]。采用基于扩散方程的颗粒场平均方法平均颗粒信息过程示意图如图 3.2.4 所示。

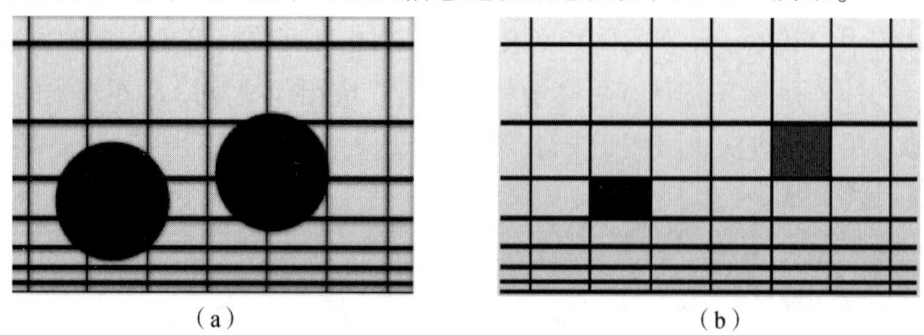

图 3.2.4　采用基于扩散方程的颗粒场平均方法平均颗粒信息过程示意图

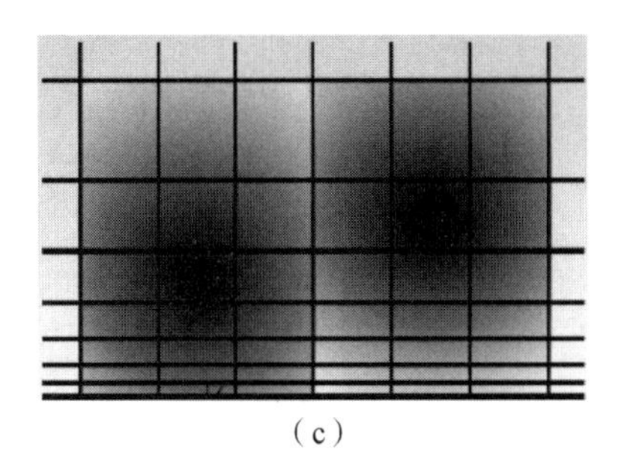

（c）

图 3.2.4　采用基于扩散方程的颗粒场平均方法平均颗粒信息过程示意图(续)

(a)颗粒-网格关系示意图；(b)采用 PCM 得到初始颗粒场；(c)基于扩散方程的颗粒场平均方法

在二维模拟中，孔隙率是根据占据流体网格的颗粒面积来估算的。这样计算出来的二维孔隙率，与实际三维情况下得出的经验阻力公式不一致。为了解决这个问题，一些研究人员试图通过将二维流体孔隙率(ε_f^{2D})与三维流体孔隙率(ε_f^{3D})相互联系，以获得更具可比性的结果。为此，研究人员开发了两种方法来将二维流体孔隙率映射成三维。第一种方法是由 Hoomans 等人[22]提出的，采用了下列方程：

$$\varepsilon_f^{3D} = 1 - \frac{2}{\sqrt{\pi\sqrt{3}}}(1 - \varepsilon_f^{2D})^{3/2} \tag{3.49}$$

该方程基于等颗粒间距离的二维六边形晶格和三维立方晶格。第二种方法是由 Xu 和 Yu[11]提出的，采用了一个简单的伪三维概念：

$$\varepsilon_f^{3D} = 1 - \frac{1}{V_{cell}}\sum_{i=1}^{k_v} V_i \tag{3.50}$$

其中：

$$V_{cell} = \Delta x \Delta y d_i \tag{3.51}$$

这里的 Δx 和 Δy 分别是 x 方向和 y 方向上二维计算流体网格的侧面。

3.2.3.5　计算顺序

图 3.2.5 所示为动量耦合 CFD-DEM 模型计算流程图，它显示了非解析 CFD-DEM 模型的一般计算框架。首先，流体信息(CFD 部分)、颗粒信息(DEM 部分)以及相互作用力(耦合 CFD-DEM 部分)的初始化，即根据颗粒的位置和流体网格信息计算每个流体网格的孔隙率。根据颗粒的速度、流体的速度，以及当前流体时间步的压力和应力张量计算作用在每个颗粒上的流体颗粒间相互作用力 $\boldsymbol{f}_i^{f-p}$。

下一步是 DEM 的迭代循环。将耦合 CFD-DEM 步骤中计算出的 $\boldsymbol{f}_i^{f-p}$ 值，代入颗粒的运动方程中。颗粒运动方程时间步为 Δt_p，迭代循环重复 m 次。在 DEM 循环完成后，将计算得到的新的颗粒位置、平移速度和旋转速度代入下一个循环计算中。

求解液相的质量和动量守恒方程，需要使用计算出的孔隙率和每个流体网格中单位体积流体-颗粒相互作用力 $\boldsymbol{F}^{fp}$($\boldsymbol{F}^{fp} = \frac{1}{V_{cell}}\sum_{i=1}^{k_v}\boldsymbol{f}_i^{f-p}$)。液相的质量和动量耦合方程可采用单相流常用的数值法求解。例如，单相流常用的 SIMPLE(压力关联方程的半隐式法)[23]或 PISO(带有分裂算子的压力隐式法)[24]算法都可适用液相控制方程的求解。液相计算的时间步为 Δt_f，将计算得到的新的液相压力和速度场代入下一个循环计算中。

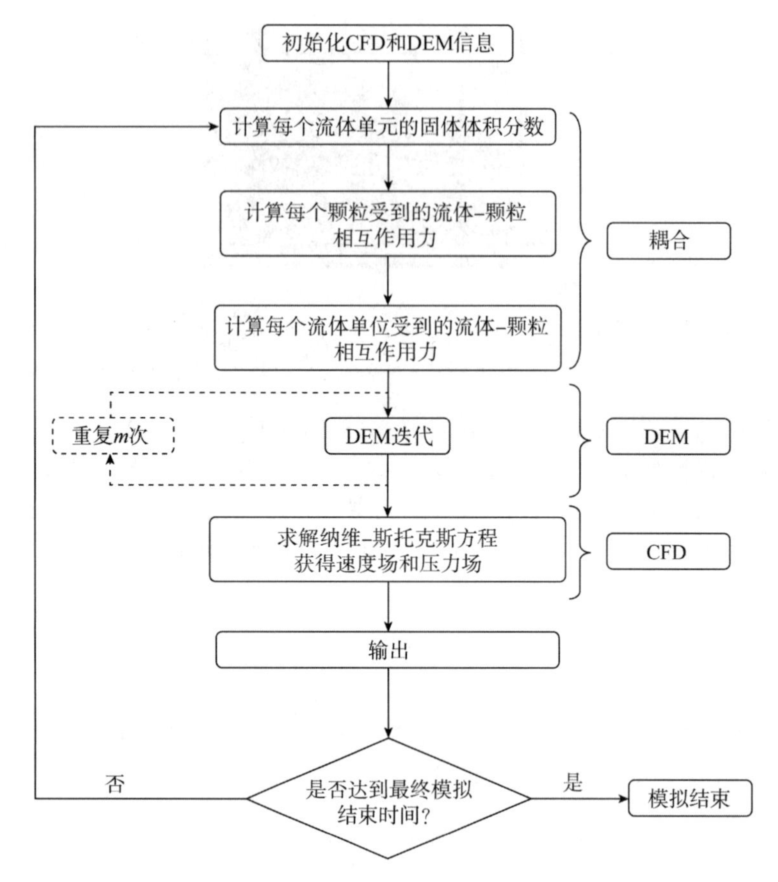

图 3.2.5　动量耦合 CFD-DEM 模型计算流程图

求解液相方程的最大允许时间步，是由柯朗(Courant)数限制和黏性稳定准则来估算的。DEM 的时间步则由第 2 章中描述的瑞利波法决定。在大多数 CFD-DEM 模型中，选择的 DEM 时间步比 CFD 的时间步小得多，时间步的比例定义如下：

$$m = \frac{\Delta t_{\mathrm{f}}}{\Delta t_{\mathrm{p}}} \tag{3.52}$$

假设 DEM 中 $\Delta t_{\mathrm{p}} = 10^{-5}$s，$\Delta t_{\mathrm{f}} = 10^{-4}$s。这会使得 $m = 10$，表明程序必须在 DEM 部分进行 10 次迭代(10 个颗粒时间步)，在每个耦合步骤中进行 1 次 CFD 迭代(1 个流体时间步)。耦合项是用当前时间步的信息计算的。需要注意的是，这里建议的耦合计算顺序并非唯一，文献中也可以找到其他一些变体。

3.2.4　流体-颗粒相互作用力

3.2.4.1　拖曳力

在流体颗粒体系中，拖曳力和压力梯度力在颗粒的运动中共同发挥着重要作用。因此，准确计算拖曳力对准确模拟非常重要。如果有单个球体周围详细的速度和压力分布以及周围流体对颗粒施加的力，那么就可以通过求颗粒表面的法向和切向应力的积分来确定[方程(3.31)]拖曳力。

1. 单个颗粒上的拖曳力

当雷诺数小于0.1时，施加在直径为d_i的单个球体i表面的力$\boldsymbol{f}_i^{\mathrm{f-p}}$可分为以下两类：流体对颗粒上下压力差产生的浮力$\boldsymbol{f}_i^{\nabla p}$（即便流体是静止的）和流体-颗粒相对运动产生的与动能有关的附加力（被称为斯托克斯-爱因斯坦阻力，用$\boldsymbol{f}_i^{\mathrm{d}}$表示）：

$$\boldsymbol{f}_i^{\mathrm{f-p}} = -V_i \nabla p + 3\pi\mu f d_i \boldsymbol{w}_i = \boldsymbol{f}_i^{\nabla p} + \boldsymbol{f}_i^{\mathrm{d}} \tag{3.53}$$

在许多实际应用中，为了方便，这里也可以用面积（如颗粒i在运动方向上的投影面积A_i^p）和单位体积动能K_i来表示拖曳力：

$$|\boldsymbol{f}_i^{\mathrm{d}}| = C_d A_i^{\mathrm{p}} K_i \tag{3.54}$$

其中，无量纲常数C_d被称为阻力系数。阻力系数可以看作是颗粒雷诺数Re_i的一个简单函数[2]。例如，对于一个光滑球体在斯托克斯体系中的运动，其阻力系数为：

$$C_d = \frac{24}{Re_i} \tag{3.55}$$

单个球体的阻力系数与雷诺数的关系[2,25-27]如图3.2.6所示。图中根据颗粒雷诺数可分为4个区域：Stokes定律区、牛顿定律区、Stokes定律区和牛顿定律区之间的中间区域、雷诺数很大时的边界分离区。除了图中所示的关系，也有不同学者提出了许多其他关系，这里不再阐述。

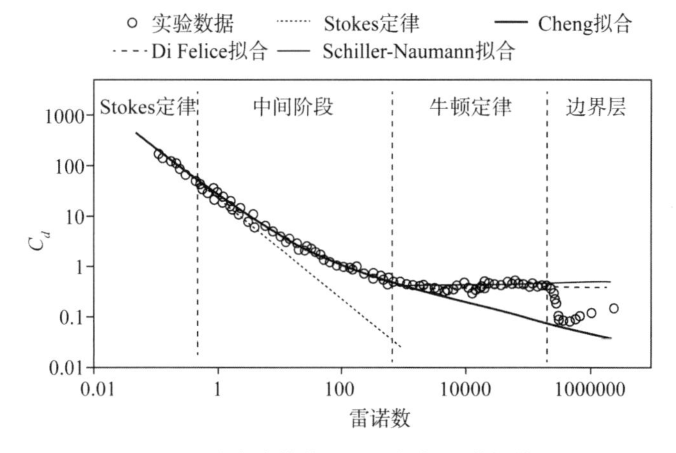

图3.2.6　单个球体的阻力系数与雷诺数的关系

2. 颗粒团中某颗粒上的拖曳力

在实际颗粒介质中，如果单个颗粒周围有其他颗粒的存在，会对该单个颗粒受到的拖曳力有一定影响。上述提出的单个球体的阻力系数与雷诺数关系，不能反映颗粒系统（颗粒群）中单个球体受到的阻力。对于颗粒群中某个颗粒上的阻力，学者们提出了一些经验性的关系式[25-32]。在球形颗粒的单粒径系统中，单个颗粒在颗粒群中受到的拖曳力与单个颗粒（周围没有颗粒）受到拖曳力可通过下列方程相互关联：

$$\boldsymbol{f}_i^d = \varepsilon_{\mathrm{f}} \boldsymbol{f}_i^{\mathrm{f-p}} \tag{3.56}$$

同时，可以用归一化的无量纲形式表示拖曳力：

$$\hat{f}_i^d(\varepsilon_{\mathrm{f}}, Re_i) = \frac{\boldsymbol{f}_i^d(\varepsilon_{\mathrm{f}}, Re_i)}{3\pi\mu_{\mathrm{f}}\varepsilon_{\mathrm{f}} d_i \boldsymbol{w}_i} \tag{3.57}$$

其中：

$$\boldsymbol{w}_i = \boldsymbol{u} - \boldsymbol{v}_i \tag{3.58}$$

$$Re_i = \frac{\rho_{\mathrm{f}}\varepsilon_{\mathrm{f}}d_i|\boldsymbol{w}_i|}{\mu_{\mathrm{f}}} \tag{3.59}$$

Ergun 方程[29]是此类关系式的一个典型例子：

$$\hat{f}_i^d(\varepsilon_{\mathrm{f}},\ Re_i) = \frac{A(1-\varepsilon_{\mathrm{f}})}{18\varepsilon_{\mathrm{f}}^2} + \frac{B}{18\varepsilon_{\mathrm{f}}^2}Re_i \tag{3.60}$$

其中，A 和 B 为常量，根据具体情况会有所不同。填充床的 Ergun 方程常数为 $A=150$，$B=1.75$。

还可以基于单个颗粒的拖曳力表达式 $\hat{f}_i^d(1,\ Re_i)$，通过引入一个与孔隙率相关的函数 $f(\varepsilon_{\mathrm{f}})$ 来考虑周围其他颗粒的影响：

$$\hat{f}_i^d(\varepsilon_{\mathrm{f}},\ Re_i) = \hat{f}_i^d(1,\ Re_i)f(\varepsilon_{\mathrm{f}}) \tag{3.61}$$

用阻力系数来表示 $\hat{f}_i^d(1,\ Re_i)$ 更为方便。通过考虑归一化的无量纲阻力和阻力系数 C_d 之间的关系，就可以得到以下方程：

$$\hat{f}_i^d(1,\ Re_i) = \frac{C_d}{24}Re_i \tag{3.62}$$

在这类型的关系式中，Wen 和 Yu[35]的关系式和 Di Felice[26]的关系式较常用。Wen 和 Yu[35]的关系式如下：

$$\hat{f}_i^d(\varepsilon_{\mathrm{f}},\ Re_i) = \frac{C_d}{24}Re_i\varepsilon_{\mathrm{f}}^{-3.65} \tag{3.63}$$

$$C_d = \begin{cases} \dfrac{24}{Re_i}(1+0.15\,Re_i^{0.687}), & Re_i \leqslant 1000 \\ 0.44, & Re_i > 1000 \end{cases} \tag{3.64}$$

这种关系式只对稀疏颗粒流有效，即 $\varepsilon_{\mathrm{f}} > 0.8$。Di Felice 关系式[26]则对密集的和稀疏的颗粒流都有效，其形式如下：

$$\hat{f}_i^d(\varepsilon_{\mathrm{f}},\ Re_i) = \frac{C_d}{24}Re_i\varepsilon_{\mathrm{f}}^{-\chi} \tag{3.65}$$

$$\chi = 3.7 - 0.65\mathrm{e}^{-0.5(1.5-\log_{10}Re_i)^2} \tag{3.66}$$

$$C_d = (0.63 + 4.8Re_i^{-0.5})^2 \tag{3.67}$$

文献中也有许多用于评估阻力系数的关系式。Cheng 总结了现有的与 C_d 相关的关系式，并提出了基于实验数据的以下关系式[25]，对高达 2×10^5 的雷诺数均有效：

$$C_d = \frac{24}{Re_i}(1+0.27\,Re_i)^{0.43} + 0.47[1-\mathrm{e}^{(-0.04Re_i^{0.38})}] \tag{3.68}$$

这些关系式以及文献中类似的关系式都是基于实验数据获得的。然而，实验中无法研究颗粒不同排列方式的影响，也无法测量在单粒径或多粒径系统中，不同雷诺数和孔隙率条件下，单个颗粒所受的阻力(而非所有颗粒的平均阻力)。所幸除了经验性的方法外，还有准确高效的数值技术，如 LB 和 DNS[36,37]。这些仿真实验提供了关于流体与颗粒相互作用的详细信息，并使得考虑不同雷诺数下，具有不同孔隙率的多尺寸颗粒的多种排列情况成为可能。

3. 单粒径系统的关系式

在实验数据或数值研究的基础上，研究人员已经开发了许多关系式，用于评估单粒径系统中的拖曳力。Ergun[29]关系式对密集系统有效，但不能应用于稀疏系统，而 Wen 和 Yu 的关系式对稀疏系统很有效[35]。Gidaspow [38]将这两种关系式结合了起来，Ergun 方程用于流体孔隙率小于 0.8 的情况，而 Wen 和 Yu 的方程用于流体孔隙率大于 0.8 的情况。Ergun-WenYu 关系式如下：

$$\hat{f}_i^d(\varepsilon_f, Re_i) = \begin{cases} \dfrac{150(1-\varepsilon_f)}{18\varepsilon_f^2} + \dfrac{1.75}{18\varepsilon_f^2} Re_i, & \varepsilon_f \leqslant 0.8 \\ \dfrac{C_d}{24} Re_i \varepsilon_f^{-3.65}, & \varepsilon_f > 0.8 \end{cases} \tag{3.69}$$

$$C_d = \begin{cases} \dfrac{24}{Re_i}(1 + 0.15 Re_i^{0.687}), & Re_i \leqslant 1000 \\ 0.44, & Re_i > 1000 \end{cases} \tag{3.70}$$

Kafui 等人[19]将 Ergun-WenYu 关系式，与 Di Felice 方程[26]在不同孔隙率下进行了比较，结果表明，在孔隙率为 0.8 时，由 Ergun-WenYu 关系式评估的阻力存在阶梯性变化，这与现实相悖。尽管如此，该关系式已被许多研究人员广泛应用于多相流中。Gibilaro 等人[30]的关系式为：

$$\hat{f}_i^d(\varepsilon_f, Re_i) = \left(\frac{17.3}{18} + \frac{0.336}{18} Re_i\right) \varepsilon_f^{-3.8} \tag{3.71}$$

该关系式不存在 Ergun-WenYu 关系式中的问题，但在实际中并没有被研究人员频繁使用。

Di Felice 关系式[26]是雷诺数和孔隙率的单调函数，也不存在 Ergun-WenYu 关系式的问题。这种关系式适用于全范围的雷诺数和孔隙率，也是在岩土工程中最常用的拖曳力表达式。Hill-Koch-Ladd(HKL)的关系式是第一个基于 LB 模拟得出的关系式[31]：

$$\hat{f}_i^d(\varepsilon_f, Re_i) = \frac{A\varepsilon_p}{18\varepsilon_f^2} + \frac{B}{18\varepsilon_f^2} Re_i \tag{3.72}$$

$$A = \begin{cases} 180, & \varepsilon_f \leqslant 0.6 \\ \left(\dfrac{18\varepsilon_f^3}{\varepsilon_p}\right)\left(\dfrac{1 + \frac{3}{\sqrt{2}}\sqrt{\varepsilon_p} + \frac{135}{64}\varepsilon_p \ln \varepsilon_p + 16.14\varepsilon_p}{1 + 0.681\varepsilon_p - 8.48\varepsilon_p^2 + 8.16\varepsilon_p^3}\right), & \varepsilon_f > 0.6 \end{cases} \tag{3.73}$$

$$B = (0.6057 + 1.908\varepsilon_s)\varepsilon_f^3 + 0.209\varepsilon_f^{-2} \tag{3.74}$$

这种关系式只在雷诺数为 40~120 时有效。计算出的阻力在 $\varepsilon_f \leqslant 0.6$ 时，可能会有一个阶梯式的变化。后来，Benyahia 等人[28]将该关系式的应用范围扩展到了全部的雷诺数和流体孔隙率。

Beetstra 等人[39]跟随 Hill 等人[31]得出了一个单调关系式，可应用于更大范围的雷诺数(高达 1000)和孔隙率($\varepsilon_f \leqslant 0.9$)：

$$\hat{f}_i^d(\varepsilon_{\mathrm{f}},\ Re_i)=\left(\frac{180\varepsilon_{\mathrm{p}}}{18\varepsilon_{\mathrm{f}}^2}\right)+\varepsilon_{\mathrm{f}}^2(1+1.5\sqrt{\varepsilon_{\mathrm{p}}})+\left(\frac{0.413}{24\varepsilon_{\mathrm{f}}^2}\right)\left(\frac{\varepsilon_{\mathrm{f}}^{-1}+3\varepsilon_{\mathrm{p}}\varepsilon_{\mathrm{f}}+8.4Re_i^{-0.343}}{1+10^{3\varepsilon_{\mathrm{p}}}Re_i^{-(1+4\varepsilon_{\mathrm{p}})/2}}\right)Re_i \tag{3.75}$$

这种关系式后来被扩展到双粒径系统和多粒径系统[32,33,37,39]。

Cello 等人[40]针对全范围的流体孔隙率($0.35 \leqslant \varepsilon_{\mathrm{f}} \leqslant 1$)和高达 1000 的雷诺数，得出了复杂且精确的关系式。他们还证明，由于方程(3.73)只涉及整数次方的多项式，因此该复杂方程所需的计算时间比 Beetstra 关系式要少[32,33,37,39]。

4. 不规则形状颗粒的拓展

拖曳力关系式针对的是球形颗粒，无法计算非球形颗粒的拖曳力。其中一个简单的方法是用形状因子来描述颗粒的形状。在文献中可以找到不同的形状因子来描述颗粒形状对阻力系数的影响，如等体积球体直径、等表面球体直径、表面积与体积的等效球体直径和球形度。图 3.2.7 显示了不同形状颗粒的实验阻力系数或数值阻力系数。

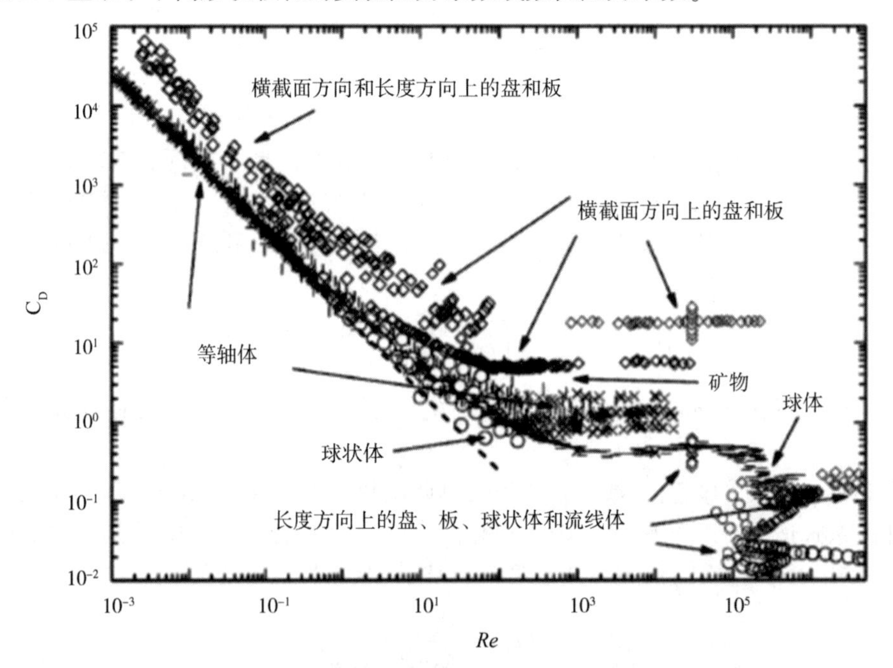

图 3.2.7　不同形状颗粒的阻力系数

将球形度引入 Ergun 方程[29]后，形状对拖曳力的影响可表达如下[41]：

$$\hat{f}_i^d(\varepsilon_{\mathrm{f}},\ Re_i^V)=\frac{k_1\varepsilon_{\mathrm{p}}}{\varepsilon_{\mathrm{f}}^2}+\frac{k_2\psi_i}{\varepsilon_{\mathrm{f}}^2}Re_i^V \tag{3.76}$$

其中，k_1 和 k_2 为颗粒球形度的函数，且：

$$Re_i^V=\frac{\rho_{\mathrm{f}}\varepsilon_{\mathrm{f}}d_i^V|\boldsymbol{w}_i|}{\mu_{\mathrm{f}}} \tag{3.77}$$

上述方程中，d_i^V 是与颗粒体积相同的球体的直径，颗粒的球形度定义如下：

$$\psi_i=\frac{\pi\ (d_i^V)^2}{S_i} \tag{3.78}$$

其中，S_i 是颗粒的实际表面积。Rhodes[42] 认为 Ergun 方程[29] 可将其原始常数用于非球形颗粒。但一些研究人员发现[43,44]，当原始常数应用于非球形颗粒时，Ergun 方程[29] 的结果会存在很大偏差。

在许多用来估算非球形颗粒上流体拖曳力的改进版关系式中，Di Felice[26] 提出的关系式被广泛使用。该关系式是两个项的乘积：第一项反映了单一颗粒上的阻力，第二项考虑了周围颗粒的影响。该关系式也可表达如下：

$$\hat{f}_i^d(\varepsilon_f, Re_i^V) = \frac{C_d^{ns}}{24} Re_i^V \varepsilon_f^{-\chi} \tag{3.79}$$

$$\chi = 3.7 - 0.65 e^{-0.5(1.5-\log_{10} Re_i^V)^2} \tag{3.80}$$

其中，C_d^{ns} 是单一非球形颗粒的阻力系数，可通过不同的关系式来确定，这些关系式或者基于宏观层面的实验观察[41,43,45,46]，或者基于微观层面的 LB 模拟[47]。

Haider 和 Levenspiel [45] 引入了以下的一般关系式，用于评估单一非球形颗粒上的阻力系数：

$$C_d^{ns} = \frac{24}{Re_i^V}\left[1 + A_1 (Re_i^V)^{A_2}\right] + \frac{A_3}{1 + A_4 / Re_i^V} \tag{3.81}$$

$$A_1 = e^{(2.3288-6.4581\psi_i+2.4486\psi_i^2)} \tag{3.82a}$$

$$A_2 = 0.0964 + 0.5565\psi_i \tag{3.82b}$$

$$A_3 = 73.69 e^{(-5.0748\psi_i)} \tag{3.82c}$$

$$A_4 = 5.378 e^{(6.2122\psi_i)} \tag{3.82d}$$

Ganser[43] 考虑了非球形颗粒的形状和方向，并针对 $k_1 k_2 Re_i^V \leqslant 10^5$ 的情况提出了以下阻力关系式：

$$\frac{C_d^{ns}}{k_2} = \frac{24}{k_1 k_2 Re_i^V}\left[1 + 0.1118 (k_1 k_2 Re_i^V)^{0.65657}\right] + \frac{0.4305}{1 + 3305 / k_1 k_2 Re_i^V} \tag{3.83}$$

其中，k_1 和 k_2 分别是斯托克斯形状系数和牛顿形状系数。与斯托克斯-爱因斯坦区域相比，颗粒的形状在中间区和牛顿区，对阻力系数的影响更大[42]。然而，Hölzer 和 Sommerfeld[47] 证明，颗粒形状、入射角和颗粒的旋转对拖曳力影响很大(特别是在较大的雷诺数下)。

Tran-Cong 等人[48] 通过考虑非球形颗粒的形状和方向，提出了另一种关系式：

$$C_d^{ns} = \frac{24}{Re_i^V}\frac{d_i^{Ap}}{d_i^V}\left[1 + \frac{0.15}{\sqrt{c_i}}\left(\frac{d_i^{Ap}}{d_i^V} Re_i^V\right)^{0.687}\right] + \frac{0.42\left(\dfrac{d_i^{Ap}}{d_i^V}\right)^2}{\sqrt{c_i}\left[1 + 4.25\times 10^4\left(\dfrac{d_i^{Ap}}{d_i^V} Re_i^V\right)^{-1.16}\right]}$$

$$0.15 < Re_i^V < 1500,\ 0.8 < \frac{d_i^{Ap}}{d_i^V} < 1.5,\ 0.4 < c_i < 1 \tag{3.84}$$

其中，具有相同颗粒投影面积(A_i^p)的球体的直径为：

$$d_i^{Ap} = \sqrt{4A_i^p / \pi} \tag{3.85}$$

颗粒的圆度(也叫表面球形度)定义如下：

$$c_i = \frac{\pi d_i^{Ap}}{P_i^p} \tag{3.86}$$

其中，P_i^p 是颗粒在运动方向上的投影周长。

基于 Ganser[43] 和 Tran-Cong 等人[48] 的研究，Hölzer 和 Sommerfeld[46] 提出了以下的单一非球形颗粒的阻力系数，它在 Re_i^V 的整个实际范围内都有效：

$$C_d^{ns} = \frac{8}{Re_i^V}\frac{1}{\sqrt{\psi_i^{\parallel}}} + \frac{16}{Re_i^V}\frac{1}{\sqrt{\psi_i}} + \frac{3}{\sqrt{Re_i^V}}\frac{1}{\psi_i^{3/4}} + 0.42 \times 10^{0.4(-\log_{10}\psi_i)^2}\frac{1}{\psi_i^{\perp}} \tag{3.87}$$

其中，横向球形度是指等体积球体的投影面积与垂直于流体的颗粒投影面积之比，具体定义如下：

$$\psi_i^{\perp} = \frac{\pi\left(d_i^V\right)^2}{4A_i^p} \tag{3.88}$$

上述定义中，$\psi_i^{\parallel}$ 是纵向球形度，为等体积球体的横截面积，与表面积的一半和平行于流体的平均投影面积之差的比率。由于纵向球形度的计算很复杂，所以引入 Hölzer 和 Sommerfeld[46] 的近似关系式，用横向球形度代替复杂的纵向球形度：

$$C_d^{ns} = \frac{8}{Re_i^V}\frac{1}{\sqrt{\psi_i^{\perp}}} + \frac{16}{Re_i^V}\frac{1}{\sqrt{\psi_i}} + \frac{3}{\sqrt{Re_i^V}}\frac{1}{\psi_i^{3/4}} + 0.42 \times 10^{0.4(-\log_{10}\psi_i)^2}\frac{1}{\psi_i^{\perp}} \tag{3.89}$$

这种近似关系式已在 Re_i^V 的整个范围内被广泛使用，并得到验证[5,49]。

3.2.4.2 非定常力

巴塞特力和附加质量力都是由颗粒和流体的非稳定运动产生的非定常力。

1. 巴塞特力

颗粒表层的影响将带着一部分流体运动，由于流体具有惯性，因此当颗粒加速时它不能立刻加速，当颗粒减速时它不能立刻减速。这样，由于颗粒表面的附面层不稳定，使颗粒受到一个随时间变化的流体作用力，而且其与颗粒加速、减速历程有关。这个力是巴塞特首先提出的，称为巴塞特力。因为这个力取决于穿透历史[2]，所以也称之为历史力，由所有过去的颗粒加速度的积分来定义。巴塞特力在气体和低颗粒加速时可忽略不计[50]。对于静止流体中的低雷诺数的单一球形颗粒，该力有以下形式[1]：

$$\boldsymbol{f}_i^{ud} = \frac{3}{2}d_i^2\sqrt{\pi\rho_f\mu_f}\int_0^{\tau_p}\frac{\mathrm{d}\boldsymbol{v}_i/\mathrm{d}t}{\sqrt{\tau_p - t}}\mathrm{d}t \tag{3.90}$$

其中，τ_p 是低流体雷诺数时颗粒的弛豫时间，可由式(3.5)进行计算。

通过引入校正因子 C_B [51]，并将 $\mathrm{d}\boldsymbol{v}_i/\mathrm{d}t$ [52-54] 替换为相对速度 $\mathrm{d}\boldsymbol{w}_i/\mathrm{d}t$ 对式(3.90)进行修正，得到式(3.91)。该式考虑了较高雷诺数时颗粒周围流体的对流加速影响：

$$\boldsymbol{f}_i^{ud} = \frac{3}{2}d_i^2\sqrt{\pi\rho_f\mu_f}\,C_B\int_0^{\tau_p}\frac{\mathrm{d}\boldsymbol{w}_i/\mathrm{d}t}{\sqrt{\tau_p - t}}\mathrm{d}t \tag{3.91}$$

$$C_B = 0.48 + \frac{0.52\left(A_i^n\right)^3}{\left(1 + A_i^n\right)^3} \tag{3.92}$$

$$A_i^n = \frac{\left|\mathrm{d}\boldsymbol{w}_i/\mathrm{d}t\right|}{\boldsymbol{w}_i^2}d_i \tag{3.93}$$

Reeks 和 McKee[55] 将初始相对速度($\boldsymbol{w}_{i,0}$)引入式(3.91)中，得到如下方程：

$$f_i^{ud} = \frac{3}{2} d_i^2 \sqrt{\pi \rho_f \mu_f} \left(\frac{\boldsymbol{w}_{i,0}}{\sqrt{\tau_p}} + \int_0^{\tau_p} \frac{\frac{d\boldsymbol{w}_i}{dt}}{\sqrt{\tau_p - t}} dt \right) \tag{3.94}$$

这个方程也已被许多研究者使用[52-54]。

2. 附加质量力

当一个颗粒在流体中加速时，它也可以加速它周围的一部分流体。这个相应的力被称为附加质量力或虚质量力。这是由于它等于在球体上加上一个虚质量。根据 Hjelmfelt 和 Mockros[50]的研究，在较小的密度比（$\rho_f/\rho_p \approx 10^{-3}$）下，附加质量力是可以忽略不计的。对于在静止的非黏性流体中运动的颗粒，其附加质量力可解析推导为[1,56]：

$$f_i^a = \frac{\pi}{12} d_i^3 \rho_f \frac{d\boldsymbol{w}_i}{dt} \tag{3.95}$$

这个公式经常被用于研究经典欧拉-拉格朗日建模[54]。下面这个公式是由 Odar 和 Hamilton 提出的[51]：

$$f_i^a = \frac{1}{2} C_A \rho_f V_i \left[\left(\frac{\partial \boldsymbol{u}}{\partial t} + \boldsymbol{u}(\nabla \cdot \boldsymbol{u}) \right) - \frac{d\boldsymbol{v}_i}{dt} \right] \tag{3.96}$$

$$C_A = 2.1 - \frac{0.132}{0.12 + (A_i^n)^{-2}} \tag{3.97}$$

Michaelides 和 Roig[57]重新解释了 Odar 和 Hamilton[51]的数据，发现附加质量系数（C_A）不是颗粒加速度的函数。

3.2.4.3 升力

升力通常垂直于流体和颗粒的相对运动，是由颗粒的旋转和流体的剪切应力引成的。该力包括由流体速度梯度引起的萨夫曼(Saffman)升力和由颗粒接触和从表面反弹所施加的马格纳斯(Magnus)升力。

1. 萨夫曼升力

萨夫曼升力是由非旋转颗粒在非均匀剪切速度场作用下的压力差引起的，如图 3.2.8 所示。Saffman[58]计算了在低雷诺数下单个颗粒所受的力[56]：

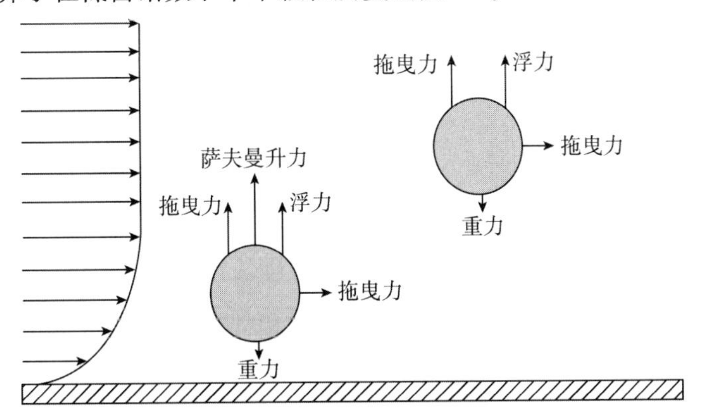

图 3.2.8　非均匀场中颗粒受到的萨夫曼升力

$$f_i^{Saffman} = 1.61 d_i^2 \sqrt{\mu_f \rho_f} \, |\boldsymbol{\omega}|^{-0.5} (\boldsymbol{w}_i \times \boldsymbol{\omega}) \tag{3.98}$$

$$Re_i \ll Re_i^s \ll 1 \tag{3.99}$$

其中，$\boldsymbol{\omega}$ 是速度矢量的旋度：

$$\boldsymbol{\omega} = \nabla \times \boldsymbol{u} \tag{3.100}$$

Re_i^s 为基于颗粒底部和顶部速度差的剪切雷诺数：

$$Re_i^s = \frac{\rho_f d_i^2 |\nabla \boldsymbol{u}|}{\mu_f} \tag{3.101}$$

Drew[59]提出了下式来计算萨夫曼升力：

$$\boldsymbol{f}_i^{\mathrm{Saffman}} = 1.615 C_{ls} \boldsymbol{\omega}_i d_i^2 \sqrt{\mu_f \rho_f}\ |\boldsymbol{\omega}|^{-0.5} (\boldsymbol{w}_i \times \boldsymbol{\omega}) \tag{3.102}$$

其中，C_{ls} 是 Mei[60]给出的萨夫曼升力系数：

$$C_{ls} = \begin{cases} \mathrm{e}^{-0.1Re_i} + 0.3314\sqrt{\alpha_i}(1 - \mathrm{e}^{-0.1Re_i}), & Re_i \leqslant 40 \\ 0.0524\sqrt{\alpha_i Re_i}, & Re_i > 40 \end{cases} \tag{3.103}$$

其中：

$$\alpha_i = \frac{|\boldsymbol{\omega}| d_i}{2|\boldsymbol{w}_i|} \tag{3.104}$$

2. 马格纳斯升力

马格纳斯升力与均匀流中的颗粒旋转有关，如图 3.2.9 所示。马格纳斯升力是由于颗粒底部和顶部的速度差导致的颗粒周围压力分布不对称引成的。颗粒旋转是由颗粒接触或颗粒从壁面反弹引起的。

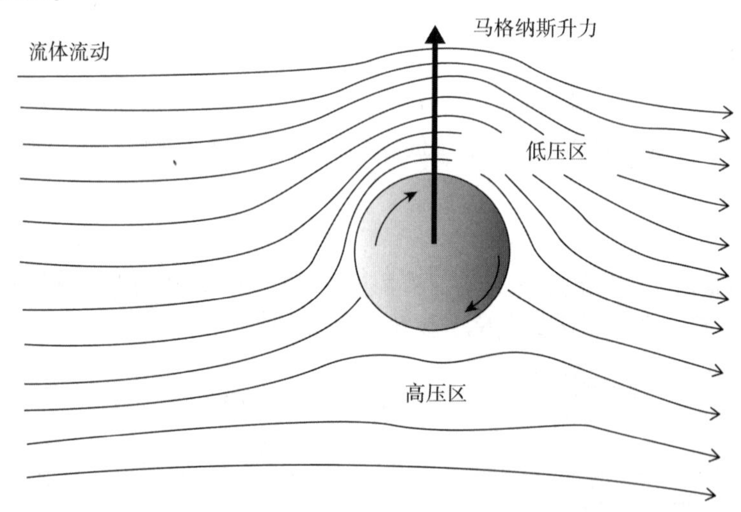

图 3.2.9　在均匀流场中旋转颗粒上的马格纳斯升力

Rubinow 和 Keller[61]给出了马格纳斯升力的表达式：

$$\boldsymbol{f}_i^{\mathrm{Magnus}} = \frac{1}{8} C_{lM} \boldsymbol{w}_i^{\,2} \pi d_i^2 \rho_f \sqrt{\mu_f \rho_f} \frac{(\boldsymbol{\omega}_r \times \boldsymbol{w}_i)}{|\boldsymbol{\omega}_r||\boldsymbol{w}_i|} \tag{3.105}$$

其中，C_{lM} 是 Lun 和 Liu[62]提出的马格纳斯升力系数：

$$C_{lM}=\begin{cases} d_i\dfrac{|\boldsymbol{\omega}_r|}{|\boldsymbol{w}_i|} & Re_i\leqslant 1 \\ d_i\dfrac{|\boldsymbol{\omega}_r|}{|\boldsymbol{w}_i|}(0.178+0.822\,Re_i^{-0.522}) & Re_i>1 \end{cases} \tag{3.106}$$

其中

$$\boldsymbol{\omega}_r=\frac{1}{2}\boldsymbol{\omega}-\boldsymbol{\omega}_i \tag{3.107}$$

Hölzer 和 Sommerfeld[47] 研究表明，球体和球体颗粒的升力受流体剪切和颗粒旋转的影响。Hilton 和 Cleary[49] 在他们的模拟中使用了萨夫曼升力和马格纳斯升力来模拟不同形状颗粒的气力输送。然而，他们认为对于不同的颗粒形状和周围其他颗粒造成的影响不能通过修改这些表达式来解决。许多研究者[63-65] 在模拟中已经考虑了前面提到的萨夫曼升力和马格纳斯升力。例如，Zhong 等人[65] 和 Ren 等人[63,66] 对锥形圆柱喷动床进行了三维 CFD-DEM 模拟，在其中使用了萨夫曼升力和马格纳斯升力。结果表明，萨夫曼升力和马格纳斯升力的值远小于拖曳力、接触力和重力。由于存在明显的气体速度梯度差，马格纳斯升力在喷出区域以及喷出与环形区的界面上更大。Zhong 等人[65] 研究表明，剪切力引起的萨夫曼升力和旋转引起的马格纳斯升力有助于颗粒从环形区域进入喷口区域。

3.2.4.4　旋转阻力

旋转阻力包含了周围流体对旋转颗粒的阻力，表示由于流体惯性引起的旋转阻力。旋转雷诺数定义为：

$$Re_i^{\omega}=\frac{\rho_f|\boldsymbol{\omega}_r|d_i^2}{4\mu_f} \tag{3.108}$$

低旋转雷诺数下的旋转阻力(也称为斯托克斯旋转阻力)由以下表达式[1] 给出：

$$\boldsymbol{M}_i^d=\pi d_i^3\mu_f\boldsymbol{\omega}_r \tag{3.109}$$

Dennis 等人[67] 对黏性流体中球体旋转所需的扭矩进行了分析，并得出旋转雷诺数在 20 到 1000 之间的旋转阻力的计算公式[1]：

$$\boldsymbol{M}_i^d=-2.01d_i^3\mu_f\boldsymbol{\omega}_i[1+0.201\,(Re_i^{\omega})^{0.5}] \tag{3.110}$$

Hölzer 和 Sommerfeld[47] 认为颗粒旋转和流体剪切对球体颗粒的旋转阻力有极大的影响。Hilton 和 Cleary[49] 将周围气体引起的旋转阻力纳入他们的模型。然而，目前尚不清楚这种力对他们的模拟结果有多大影响。

3.3　能量与质量耦合

3.3.1　能量耦合

在许多工程问题中，温度变化可能会引起材料的冻结和融化。这种冻结和融化过程有时候会带来严重的后果，如引起滑坡和泥石流等。因此，在这种情况下，系统内的温度变化需要被考虑在内。为了在模拟过程中计算这些温度，除了质量与动量守恒方程，还需要同时考虑颗粒和流体的能量守恒方程。

3.3.1.1　控制方程

颗粒的能量守恒方程可以写成：

$$m_i c_{p,i}\frac{\mathrm{d}T_i}{\mathrm{d}t}=S_{p,h} \tag{3.111}$$

在这个方程中，$S_{p,h}$ 是外部环境向颗粒 i 的传热速率，m_i、$c_{p,i}$ 和 T_i 分别是颗粒 i 的质量、热容和温度。对于系统中的所有颗粒，都采用式(3.111)进行求解，通过所有颗粒已知的初始温度求解方程组：

$$T_i=T_{i,0} \tag{3.112}$$

其中，$T_{i,0}$ 是颗粒 i 在时间 $t=0$ 时的温度。

式(3.111)的重要假设是忽略颗粒内部的热阻，并假设颗粒内温度是均匀的。这在下式情况下成立：

$$B_i=\frac{h_i d_i}{k_i}\ll 1 \tag{3.113}$$

其中，h_i 是对应于颗粒 i 的传热系数，d_i 是颗粒 i 的直径，k_i 是颗粒 i 的导热系数。

式(3.111)中的能量源项 $S_{p,h}$ 是传递到颗粒的净热速率，由以下几项组成：

(1)颗粒与相邻颗粒由于热传导产生的热交换率($q_{i,j}$)；

(2)颗粒与壁面的热交换率($q_{i,w}$)；

(3)颗粒与周围流体之间由于对流而产生的热交换率($q_{i,f}$)；

(4)周围环境对颗粒的辐射传热($q_{i,r}$)；

(5)由于化学反应或相变，颗粒上产生的热量($q_{i,c}$)。

换言之，即

$$S_{p,h}=q_{i,j}+q_{i,w}+q_{i,f}+q_{i,r}+q_{i,c} \tag{3.114}$$

液相能量的体积平均方程为：

$$\frac{\partial(\varepsilon_{\mathrm{f}}\rho_{\mathrm{f}}E_{\mathrm{f}})}{\partial t}+\nabla\cdot\left[\boldsymbol{u}\varepsilon_{\mathrm{f}}(\rho_{\mathrm{f}}E_{\mathrm{f}}+p)\right]=\nabla\cdot(\varepsilon_{\mathrm{f}}k_{\mathrm{f}}^{\mathrm{eff}}\nabla T_{\mathrm{f}})+S_{f,h} \tag{3.115}$$

其中，T_f 是流体的温度。在这个方程中，流体的能量(E_{f})可以用下式进行计算：

$$E_{\mathrm{f}}=h_{\mathrm{f}}-\frac{p}{\rho_{\mathrm{f}}}+\frac{\boldsymbol{u}\cdot\boldsymbol{u}}{2} \tag{3.116}$$

其中，h_{f} 是流体的比焓。将式(3.116)代入式(3.115)可得：

$$\frac{\partial}{\partial t}\left[\varepsilon_{\mathrm{f}}\rho_{\mathrm{f}}\left(c_{v,f}T_f+\frac{\boldsymbol{u}.\boldsymbol{u}}{2}\right)\right]+\nabla\cdot\left[\boldsymbol{u}\varepsilon_{\mathrm{f}}\rho_{\mathrm{f}}\left(c_{p,f}T_f+\frac{\boldsymbol{u}.\boldsymbol{u}}{2}\right)\right]=\nabla\cdot(\varepsilon_{\mathrm{f}}k_{\mathrm{f}}^{\mathrm{eff}}\nabla T_f)+S_{f,h} \tag{3.117}$$

其中，$c_{v,f}$，$c_{p,f}$ 分别为流体在恒容和恒压下的热容。从该式中减去机械能并假设整个过程是恒压的，则式(3.115)可简化为[2]：

$$\frac{\partial}{\partial t}(\varepsilon_{\mathrm{f}}\rho_{\mathrm{f}}c_{p,f}T_f)+\nabla\cdot(\boldsymbol{u}\varepsilon_{\mathrm{f}}\rho_{\mathrm{f}}c_{p,f}T_f)=\nabla\cdot(\varepsilon_{\mathrm{f}}k_{\mathrm{f}}^{\mathrm{eff}}\nabla T_f)+S_{f,h} \tag{3.118}$$

在非定常项中，式(3.117)中的 $c_{v,f}$ 在此变化后，变为式(3.118)中的 $c_{p,f}$。这些方程中的有效流体导热系数包括分子导热系数和湍流导热系数：

$$k_{\mathrm{f}}^{\mathrm{eff}}=k_{\mathrm{f}}+k_{f,t} \tag{3.119}$$

其中，k_{f} 和 $k_{f,t}$ 为流体的分子导热系数和湍流导热系数。

需要注意的是，热平衡方程式(3.118)中右边第一项的正确形式应为 $\nabla\cdot(k_{\mathrm{f}}^{\mathrm{eff}}\nabla T_f)$。但

是，因为这一项只对应液相的导热，而不是整个混合物的导热，所以需要乘以孔隙率，如式(3.118)所示。

在这些方程中，能量源项 $S_{f,h}$ 是通过各种机制传递给单位体积流体的净热速率，包括以下几项：

(1)单位体积的流体与颗粒之间的热交换率($Q_{f,p}$)；

(2)单位体积的流体与壁面之间的热交换率($Q_{f,w}$)；

(3)单位体积的流体由于化学反应产生热量的比率($Q_{f,R}$)；

(4)壁面摩擦所作的机械功率(W_{friction})；

(5)黏性力对流体做功的速率(W_{viscous})。

可得下式：

$$S_{f,h} = Q_{f,p} + Q_{f,w} + Q_{f,R} + W_{\text{friction}} + W_{\text{viscous}} \tag{3.120}$$

在高剪切流和流体速度大时，黏性和摩擦力的作用非常明显，如固体颗粒的气动输送和高剪切流固混合机。然而，在大多数应用中，黏性和摩擦力都可以忽略，如流化床。

3.3.1.2　耦合程序

能量耦合 CFD-DEM 模型计算流程如图 3.3.1 所示。本节描述的传热模型可以与 CFD-DEM 的主要控制方程进行耦合，并同时求解。因此，这里需要向它添加新的模块。图 3.3.1 展示了 CFD-DEM 模型与本章能量模型的耦合过程。从图中可以看出，原有的 CFD-DEM 模型需要增加 3 个新模块：流体-颗粒能量耦合、DEM 能量方程和流体能量方程。

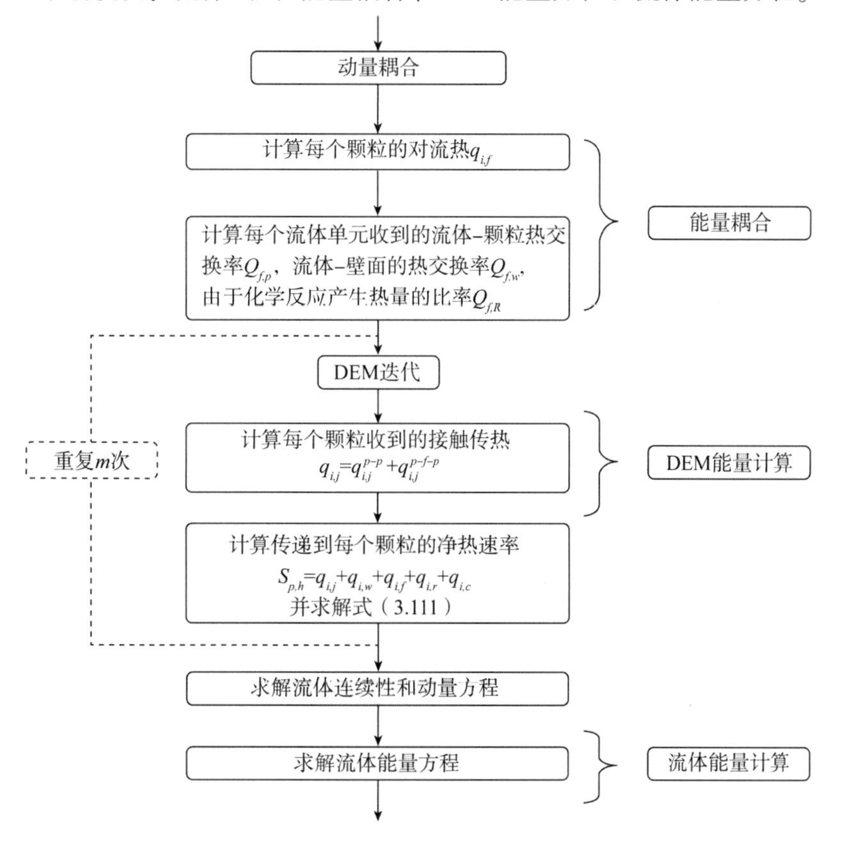

图 3.3.1　能量耦合 CFD-DEM 模型计算流程

在能量耦合中，先针对所有颗粒计算颗粒和流体的传热率，然后计算每个流体网格中的流体和颗粒之间的体积传热率 $Q_{f,\ p}$，以及其他源项 $Q_{f,\ w}$ 和 $Q_{f,\ R}$。在 DEM 能量方程中，式(3.111)中所有颗粒的传热率都要计算，并对该方程进行积分，得到所有颗粒的新温度。在流体能量耦合步骤中，对带有能量源项 $S_{p,\ h}$ 的式(3.115)进行求解，得到了新的流体温度分布。

耦合过程可以根据需要进行修改。在图 3.3.1 所提出的耦合过程中，DEM 能量方程时间步应小于 DEM 的时间步(在每个时间步中重复 m 次)。若在某些给定的问题中，传热是一个缓慢的过程，则可以将 DEM 能量方程时间步增大。

3.3.2 质量耦合

有时候在模拟中会发生质量交换，例如水凝结成冰、冰融化成水、地质碳的捕集等。在这些物理过程中，颗粒的大小或质量发生变化且无法忽视，流体被消耗或产生，因此颗粒的运动方程以及流体的连续性和动量方程都要进行相应更改。

3.3.2.1 控制方程

发生相间质量传递时，颗粒的大小发生变化。此时，颗粒 i 的运动公式应改写成：

$$\frac{\mathrm{d}(m_i \boldsymbol{v}_i)}{\mathrm{d}t} = m_i \frac{\mathrm{d}\boldsymbol{v}_i}{\mathrm{d}t} + \boldsymbol{v}_t \frac{\mathrm{d}m_i}{\mathrm{d}t} = \sum \boldsymbol{f}_i \tag{3.121}$$

该方程右侧是作用在颗粒 i 上的合力。该方程中颗粒的质量变化率 $\mathrm{d}m_i/\mathrm{d}t$ 由固体的反应/结晶/溶解率获得。可以用下式表示颗粒的质量变化率：

$$\frac{\mathrm{d}m_i}{\mathrm{d}t} = R_{Pi} \tag{3.122}$$

其中，R_{Pi} 代表颗粒质量变化的速率。当颗粒变大时，R_{Pi} 为正；当颗粒变小时，R_{Pi} 为负，其单位应取单位时间内的固体质量变化。将式(3.121)和式(3.122)结合起来，得到修正后的颗粒运动方程：

$$m_i \frac{\mathrm{d}\boldsymbol{v}_i}{\mathrm{d}t} = -\boldsymbol{v}_t R_{Pi} + \sum \boldsymbol{f}_i \tag{3.123}$$

此外，由于颗粒的质量发生了变化，那么球形颗粒的角动量方程应该被修正如下：

$$\frac{\mathrm{d}(I_i \boldsymbol{\omega}_i)}{\mathrm{d}t} = I_i \frac{\mathrm{d}\boldsymbol{\omega}_i}{\mathrm{d}t} + \boldsymbol{\omega}_i \frac{\mathrm{d}I_i}{\mathrm{d}t} = \sum \boldsymbol{M}_i \tag{3.124}$$

该方程右侧各项的总和代表作用于颗粒所受扭矩之和。将式(3.124)重新排列如下：

$$I_i \frac{\mathrm{d}\boldsymbol{\omega}_i}{\mathrm{d}t} = -\boldsymbol{\omega}_i \frac{\mathrm{d}I_i}{\mathrm{d}t} + \sum \boldsymbol{M}_i \tag{3.125}$$

惯性矩取决于颗粒的形状，应相应地计算上述方程中的导数。球形颗粒的惯性矩为：

$$I_i = \frac{2}{5} m_i R_i^2 \tag{3.126}$$

已知：

$$m_i = \frac{4}{3} \pi R_i^3 \rho_i \tag{3.127}$$

则式(3.125)转化为：

$$I_i \frac{\mathrm{d}\boldsymbol{\omega}_i}{\mathrm{d}t} = -\frac{2}{3}R_i^2 R_{Pi}\boldsymbol{\omega}_i + \sum \boldsymbol{M}_i \tag{3.128}$$

若在短时间(实时)模拟中，颗粒大小的变化可以忽略不计，则式(3.123)和式(3.128)右边的第一项可以省略且保持不变。但长时间模拟时，颗粒大小的改变不能忽略，则这一项应当保留。已知颗粒质量的变化率，球体半径单位时间的变化可由下式推断：

$$\Delta R_i = \frac{R_{Pi}\Delta t_{\mathrm{p}}}{4\pi R_i^2 \rho_i} \tag{3.129}$$

其中，Δt_{p} 是颗粒运动方程的时间步。DEM 计算中，颗粒 i 的半径在每次迭代开始时是 R_i，迭代结束时，颗粒的半径将变为 $R_i + \Delta R_i$。下一次迭代的颗粒初始半径应为 $R_i + \Delta R_i$。

在 DEM 的计算过程中，颗粒的质量发生变化时，则需要对质量变化率进行计算。颗粒的质量可以通过以下几种方式改变：颗粒间的传质(R_{Pi}^{MT})；流体和颗粒之间的非均相反应(R_{Pi}^{Het})；流体中的均相反应和颗粒上的固体沉积(R_{Pi}^{Hom})。

颗粒质量的变化可以用下式表示：

$$\Delta R_i = R_{Pi}^{MT} + R_{Pi}^{Het} + R_{Pi}^{Hom} \tag{3.130}$$

与此同时，若在过程中在流体中产生或消耗了质量，则需要修改动量和连续性方程。下面介绍流体的连续性、动量和物质守恒方程。

1. 连续性方程

若流体中产生或消耗了质量，则应在模型中使用下式：

$$\frac{\partial}{\partial t}(\varepsilon_{\mathrm{f}}\rho_{\mathrm{f}}) + \nabla\cdot(\varepsilon_{\mathrm{f}}\rho_{\mathrm{f}}\boldsymbol{u}) = S_m \tag{3.131}$$

其中，S_m 是单位体积流体的质量变化率。

2. 动量守恒方程

动量守恒方程应根据流体中质量的增加或减少进行修正。例如，对于颗粒的结晶或溶解等过程，流体的动量守恒方程应为：

$$\frac{\partial(\rho_{\mathrm{f}}\varepsilon_{\mathrm{f}}\boldsymbol{u})}{\partial t} + \nabla\cdot(\varepsilon_{\mathrm{f}}\rho_{\mathrm{f}}\boldsymbol{uu}) = -\nabla p - \nabla\cdot\boldsymbol{\tau}_{\mathrm{f}} - \boldsymbol{F}^{OM} + \rho_{\mathrm{f}}\varepsilon_{\mathrm{f}}\boldsymbol{g} + \boldsymbol{S}_M \tag{3.132}$$

其中，$\boldsymbol{S}_M$ 是考虑到流体质量的增加或减少，对动量守恒方程的修正。

3. 物质守恒方程

当流体的成分发生变化时，需要求解所有成分的物质守恒方程，以便在模拟过程中跟踪所有种类的变化。由于化学反应(均质或非均质)与流体-颗粒传质(吸附、解吸、干燥、溶解、沉淀)，成分可能会发生变化，因此物质守恒方程为：

$$\frac{\partial}{\partial t}(\varepsilon_{\mathrm{f}}C_n) + \nabla\cdot(\varepsilon_{\mathrm{f}}\boldsymbol{u}C_n) = \nabla\cdot(\varepsilon_{\mathrm{f}}D_n\nabla C_n) + S_{Y,n} \tag{3.133}$$

在这个方程中，$S_{Y,n}$ 代表每单位体积流体产生种类 n 的速率。式(3.133)中的有效扩散系数是分子和湍流扩散系数之和：

$$D_n = D_{n,f} + D_{n,t} \tag{3.134}$$

3.3.2.2 计算方法

考虑质量耦合后，CFD-DEM 模型计算流程应如图 3.3.2 所示。在质量耦合阶段，利用当前时间步的流体和颗粒场分布确定颗粒尺度的传质和反应速率。其他源项(如 $S_{\Gamma,n}$、S_m 和 $\boldsymbol{S}_M$)在每个流体网格中计算。在 DEM 迭代循环中需要考虑颗粒的质量变化。然后求解液相物质守恒方程，得到下一个流体时间步内各成分的浓度分布。

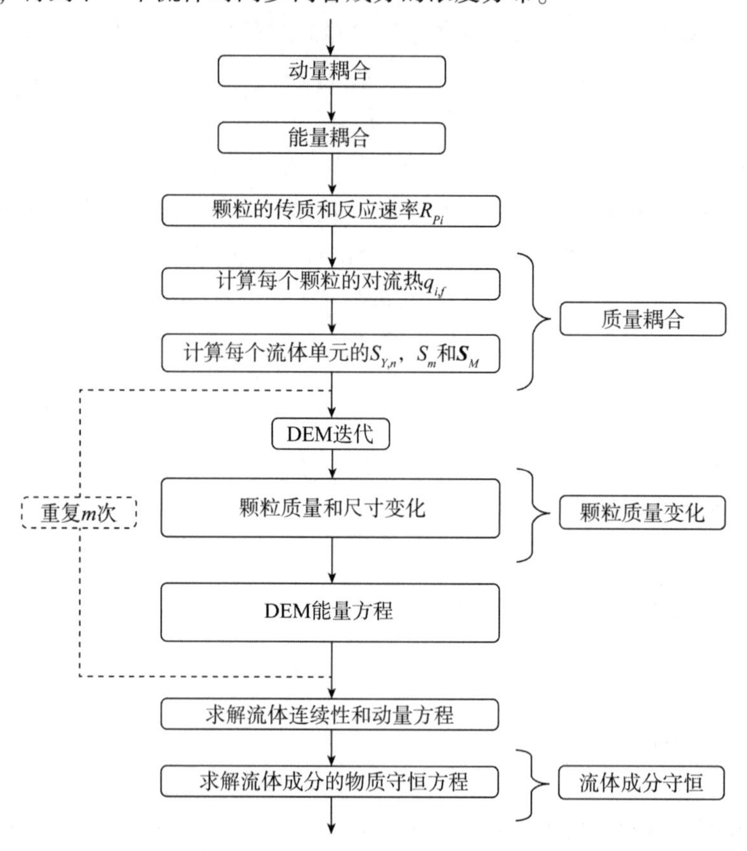

图 3.3.2　考虑传热、传质和反应的 CFD-DEM 模型计算流程

3.4 本章参考文献

[1]CROWE C T, SCHWARZKOPF J D, SOMMERFELD M, et al. Multiphase flows with droplets and particles[M]. Boca Raton: CRC Press, 2011.

[2]BIRD R B. Transport phenomena[J]. Applied Mechanics Reviews, 2002, 55(1): R1-R4.

[3]ANDERSSON B, ANDERSSON R, HAKANSSON L, et al. Computational fluid dynamics for engineers[M]. Cambridge: Cambridge University Press, 2011.

[4]ANDERSON T B, JACKSON R. Fluid mechanical description of fluidized beds. equations of motion[J]. Industrial & Engineering Chemistry Fundamentals, 1967, 6(4): 527-539.

[5]HILTON J E, MASON L R, CLEARY P W. Dynamics of gas-solid fluidised beds with non-spherical particle geometry[J]. Chemical Engineering Science, 2010, 65(5): 1584-1596.

[6]Peng Z, Doroodchi E, Luo C, et al. Influence of void fraction calculation on fidelity of CFD-DEMsimulation of gas-solid bubbling fluidized beds[J]. AIChE Journal, 2014, 60(6): 2000-2018.
[7]WU C L, BERROUK A S, NANDAKUMAR K. Three-dimensional discrete particle model for gas-solid fluidized beds on unstructured mesh[J]. Chemical Engineering Journal, 2009, 152(2): 514-529.
[8]WU C L, ZHAN J M, LI Y S, et al. Accurate void fraction calculation for three-dimensional discrete particle model on unstructured mesh[J]. Chemical Engineering Science, 2009, 6(64): 1260-1266.
[9]DEB S, TAFTI D K. A novel two-grid formulation for fluid-particle systems using the discrete element method[J]. Powder Technology, 2013, 246: 601-616.
[10]WEE CHUAN LIM E, WANG C-H, YU A-B. Discrete element simulation for pneumatic conveying of granular material[J]. AIChE Journal, 2006, 52(2): 496-509.
[11]XU B H, YU A B. Numerical simulation of the gas-solid flow in a fluidized bed by combining discrete particle method with computational fluid dynamics[J]. Chemical Engineering Science, 1997, 52(16): 2785-2809.
[12]ZHAO J, SHAN T. Coupled CFD-DEMsimulation of fluid-particle interaction in geomechanics[J]. Powder Technology, 2013, 239: 248-258.
[13]DEEN N G, VAN SINT ANNALAND M, KUIPERS J A M. Multi-scale modeling of dispersed gas-liquid two-phase flow[J]. Chemical Engineering Science, 2004, 59(8): 1853-1861.
[14]LINK J M, CUYPERS L A, DEEN N G, et al. Flow regimes in a spout-fluid bed: A combined experimental and simulation study[J]. Chemical Engineering Science, 2005, 60(13): 3425-3442.
[15]SUTKAR V S, DEEN N G, MOHAN B, et al. Numerical investigations of a pseudo-2D spout fluidized bed with draft plates using a scaled discrete particle model[J]. Chemical Engineering Science, 2013, 104: 790-807.
[16]XIAO H, SUN J. Algorithms in a robust hybrid CFD-DEMsolver for particle-laden flows[J]. Communications in Computational Physics, 2011, 9(2): 297-323.
[17]GUI N, FAN J R, LUO K. DEM-LES study of 3-D bubbling fluidized bed with immersed tubes[J]. Chemical Engineering Science, 2008, 63(14): 3654-3663.
[18]KUANG S B, CHU K W, YU A B, et al. Computational investigation of horizontal slug flow in pneumatic conveying[J]. Industrial & Engineering Chemistry Research, 2008, 47(2): 470-480.
[19]KAFUI K D, THORNTON C, ADAMS M J. Discrete particle-continuum fluid modelling of gas-solid fluidised beds[J]. Chemical Engineering Science, 2002, 57(13): 2395-2410.
[20]SUN R, XIAO H. SediFoam: A general-purpose, open-source CFD-DEMsolver for particle-laden flow with emphasis on sediment transport[J]. Computers & Geosciences, 2016, 89: 207-219.
[21]ALOBAID F, EPPLE B. Improvement, validation and application of CFD/DEM model to

dense gas-solid flow in a fluidized bed[J]. Particuology, 2013, 11(5): 514-526.

[22] HOOMANS B P B, KUIPERS J A M, BRIELS W J, et al. Discrete particle simulation of bubble and slug formation in a two-dimensional gas-fluidised bed: A hard-sphere approach [J]. Chemical Engineering Science, 1996, 51(1): 99-118.

[23] PATANKAR S. Numerical heat transfer and fluid flow[M]. Boca Raton: CRC Press, 2018.

[24] ISSA R I. Solution of the implicitly discretised fluid flow equations by operator-splitting[J]. Journal of Computational Physics, 1986, 62(1): 40-65.

[25] CHENG N-S. Comparison of formulas for drag coefficient and settling velocity of spherical particles[J]. Powder Technology, 2009, 189(3): 395-398.

[26] DI FELICE R. The voidage function for fluid-particle interaction systems[J]. International Journal of Multiphase Flow, 1994, 20(1): 153-159.

[27] SCHILLER L. A drag coefficient correlation[J]. Zeit. Ver. Deutsch. Ing, 1933, 77: 318-320.

[28] BENYAHIA S, SYAMLAL M, O'BRIEN T J. Extension of Hill-Koch-Ladd drag correlation over all ranges of Reynolds number and solids volume fraction[J]. Powder Technology, 2006, 162(2): 166-174.

[29] ERGUN S. Fluid flow through packed columns[J]. Chemical Engineering Progress, 1952, 48: 89-94.

[30] GIBILARO L G, DI FELICE R, WALDRAM S P, et al. Generalized friction factor and drag coefficient correlations for fluid-particle interactions[J]. Chemical Engineering Science, 1985, 40(10): 1817-1823.

[31] HILL R J, KOCH D L, LADD A J C. Moderate-Reynolds-number flows in ordered and random arrays of spheres[J]. Journal of Fluid Mechanics, 2001, 448: 243-278.

[32] SARKAR S, KRIEBITZSCH S H L, VAN DER HOEF M A, et al. Gas-solid interaction force from direct numerical simulation (DNS) of binary systems with extreme diameter ratios [J]. Particuology, 2009, 7(4): 233-237.

[33] SARKAR S, VAN DER HOEF M A, KUIPERS J A M. Fluid-particle interaction from lattice Boltzmann simulations for flow through polydisperse random arrays of spheres[J]. Chemical Engineering Science, 2009, 64(11): 2683-2691.

[34] GIBILARO L G. Fluidization-dynamics: the formulation and applications of a predictive theory for the fluidized state[M]. Oxford: Butterworth-Heinemann, 2001.

[35] WEN, YU Y H. Mechanics of fluidization[J]. Chem. Eng. Prog. Sym. Ser, 1966, 62: 100-111.

[36] HILL R J, KOCH D L, LADD A J C. The first effects of fluid inertia on flows in ordered and random arrays of spheres[J]. Journal of Fluid Mechanics, 2001, 448: 213-241.

[37] HOEF M A V D, BEETSTRA R, KUIPERS J A M. Lattice-Boltzmann simulations of low-Reynolds-number flow past mono- and bidisperse arrays of spheres: results for the permeability and drag force[J]. Journal of Fluid Mechanics, 2005, 528: 233-254.

[38] GIDASPOW D. Multiphase flow and fluidization: continuum and kinetic theory descriptions

[M]. Boston: Academic Press, 1994.

[39] BEETSTRA R, VAN DER HOEF M A, KUIPERS J A M. Drag force of intermediate Reynolds number flow past mono- and bidisperse arrays of spheres[J]. AIChE Journal, 2007, 53(2): 489-501.

[40] CELLO F, DI RENZO A, DI MAIO F P. A semi-empirical model for the drag force and fluid-particle interaction in polydisperse suspensions[J]. Chemical Engineering Science, 2010, 65(10): 3128-3139.

[41] ZHOU Z Y, PINSON D, ZOU R P, et al. Discrete particle simulation of gas fluidization of ellipsoidal particles[J]. Chemical Engineering Science, 2011, 66(23): 6128-6145.

[42] RHODES M J, WANG X, NGUYEN M, et al. Onset of cohesive behaviour in gas fluidized beds: a numerical study using DEM simulation[J]. Chemical Engineering Science, 2001, 56(14): 4433-4438.

[43] GANSER G H. A rational approach to drag prediction of spherical and nonspherical particles [J]. Powder Technology, 1993, 77(2): 143-152.

[44] LOTH E. Drag of non-spherical solid particles of regular and irregular shape[J]. Powder Technology, 2008, 182(3): 342-353.

[45] HAIDER A, LEVENSPIEL O. Drag coefficient and terminal velocity of spherical and non-spherical particles[J]. Powder Technology, 1989, 58(1): 63-70.

[46] HÖLZER A, SOMMERFELD M. New simple correlation formula for the drag coefficient of non-spherical particles[J]. Powder Technology, 2008, 184(3): 361-365.

[47] HÖLZER A, SOMMERFELD M. Lattice Boltzmann simulations to determine drag, lift and torque acting on non-spherical particles[J]. Computers & Fluids, 2009, 38(3): 572-589.

[48] TRAN-CONG S, GAY M, MICHAELIDES E E. Drag coefficients of irregularly shaped particles[J]. Powder Technology, 2004, 139(1): 21-32.

[49] HILTON J E, CLEARY P W. The influence of particle shape on flow modes in pneumatic conveying[J]. Chemical Engineering Science, 2011, 66(3): 231-240.

[50] HJELMFELT A T, MOCKROS L F. Motion of discrete particles in a turbulent fluid[J]. Applied Scientific Research, 1966, 16(1): 149-161.

[51] ODAR F, HAMILTON W S. Forces on a sphere accelerating in a viscous fluid[J]. Journal of Fluid Mechanics, 1964, 18(2): 302-314.

[52] CHAN-MOU T. Mean value and correlation problems connected with the motion of small particles suspended in a turbulent fluid[M]. Dordrecht: Springer Netherlands, 1947.

[53] MABROUK R, CHAOUKI J, GUY C. Effective drag coefficient investigation in the acceleration zone of an upward gas-solid flow[J]. Chemical Engineering Science, 2007, 62(1): 318-327.

[54] ZHU C, LIU G, YE J, et al. Experimental investigation of non-stationary motion of single small spherical particles in an upward flow with different velocities[J]. Powder Technology, 2015, 273: 111-117.

[55] REEKS M W, MCKEE S. The dispersive effects of Basset history forces on particle motion in a

turbulent flow[J]. The Physics of Fluids, 1984, 27(7): 1573-1582.

[56]PANNALA S, SYAMLAL M, O'BRIEN T J. Computational gas-solids flows and reacting systems: theory, methods and practice[M]. Hershey: IGI Global, 2010.

[57]MICHAELIDES E, ROIG A. A reinterpretation of the odar and hamilton data on the unsteady equation of motion of particles[J]. AIChE Journal, 2011, 57(11): 2997-3002.

[58]SAFFMAN P G. The lift on a small sphere in a slow shear flow[J]. Journal of Fluid Mechanics, 1965, 22(2): 385-400.

[59]DREW D A. Two-phase flows: Constitutive equations for lift and Brownian motion and some basic flows[J]. Archive for Rational Mechanics and Analysis, 1976, 62(2): 149-163.

[60]MEI R. An approximate expression for the shear lift force on a spherical particle at finite reynolds number[J]. International Journal of Multiphase Flow, 1992, 18(1): 145-147.

[61]RUBINOW S I, KELLER J B. The transverse force on a spinning sphere moving in a viscous fluid[J]. Journal of Fluid Mechanics, 1961, 11(3): 447-459.

[62]LUN C K K, LIU H S. Numerical simulation of dilute turbulent gas-solid flows in horizontal channels[J]. International Journal of Multiphase Flow, 1997, 23(3): 575-605.

[63]REN B, ZHONG W, JIN B, et al. Modeling of gas-particle turbulent flow in spout-fluid bed by computational fluid dynamics with discrete element method[J]. Chemical Engineering & Technology, 2011, 34(12): 2059-2068.

[64]ZHANG Y, JIN B, ZHONG W, et al. DEM simulation of particle mixing in flat-bottom spout-fluid bed[J]. Chemical Engineering Research and Design, 2010, 88(5): 757-771.

[65]ZHONG W, XIONG Y, YUAN Z, et al. DEM simulation of gas-solid flow behaviors in spout-fluid bed[J]. Chemical Engineering Science, 2006, 61(5): 1571-1584.

[66]REN B, ZHONG W, JIN B, et al. Computational fluid dynamics (CFD)-discrete element method (DEM) simulation of gas-solid turbulent flow in a cylindrical spouted bed with a conical base[J]. Energy & Fuels, American Chemical Society, 2011, 25(9): 4095-4105.

[67]DENNIS S C R, SINGH S N, INGHAM D B. The steady flow due to a rotating sphere at low and moderate Reynolds numbers[J]. Journal of Fluid Mechanics, 1980, 101(2): 257-279.

[68]FROSSLING N. Uber die verdunstung fallender tropfen[J]. Beitr. Geophys. Gerlands, 1938, 52(1): 170-216.

[69] DAIZO K, LEVENSPIEL O. Fluidization engineering [M]. Oxford: Butterworth-Heinemann, 1991.

[70]GUNN D J. Transfer of heat or mass to particles in fixed and fluidised beds[J]. International Journal of Heat and Mass Transfer, 1978, 21(4): 467-476.

[71]LA NAUZE R D, JUNG K, KASTL J. Mass transfer to large particles in fluidised beds of smaller particles[J]. Chemical Engineering Science, 1984, 39(11): 1623-1633.

第4章

CFD-DEM 模型在岩土工程中的应用

4.1 砂土渗蚀启动、演化及力学响应模拟

借助离散元法在模拟复杂应力路径下砂土剪切力学行为的优势，采用 CFD-DEM 模型，可较容易地模拟复杂级配、应力及水力条件下的砂土渗蚀行为，包括渗蚀启动、演化及终止。此外，渗蚀诱发的土体细观结构改变及力学行为演化可模拟直观的宏细观分析。本部分以级配不良砂土渗蚀模拟为例，介绍砂土渗蚀全过程的 CFD-DEM 模拟，分析渗蚀导致的砂土在三轴排水及不排水条件下的力学行为演化规律，并揭示其细观机理[1-5]。

4.1.1 渗蚀启动及演化过程

4.1.1.1 CFD-DEM 耦合模拟流程

砂土渗蚀过程采用开源离散元程序 LIGGGHTS®、计算流体动力学程序 OpenFOAM® 和 CFDEM 耦合程序®模拟，CFDEM®耦合程序由 Goniva[6] 和 Kloss[7] 等人开发与维护。CFD-DEM 的基本原理及相关方程前面章节已经介绍过，此处不再赘述。

CFD-DEM 流固耦合计算流程如图 4.1.1 所示。首先通过 DEM 程序生成固体颗粒，然后计算颗粒间法向及切向接触力，并将颗粒位置、速度等输出到 CFD 程序，根据颗粒当前位置计算各流体单元内的孔隙率，采用 Tsuji 等人[8] 提出的数值迭代方法求解局部平均的纳维-斯托克斯方程，从而得到渗流速度、渗流压力场和流固相互作用力等。更新后的流固作用力传递回 DEM 程序，用于求解下一循环的颗粒受力及运动情况，直至耦合计算结束。

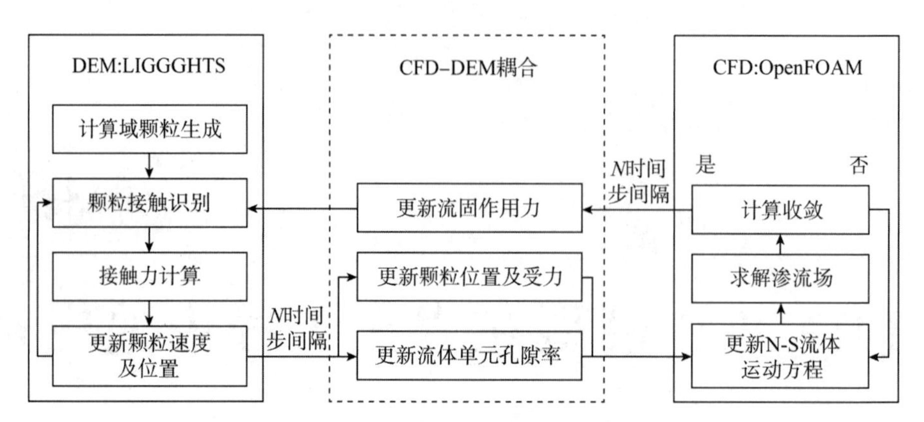

图 4.1.1　CFD-DEM 流固耦合计算流程

4.1.1.2　砂土渗蚀演化模拟流程

本案例选取了 3 种细颗粒含量(FC)分别为 5%、10%、15%的级配不良试样以及一种细颗粒含量为 10%的级配良好试样，各试样的试样级配分布如图 4.1.2 所示。

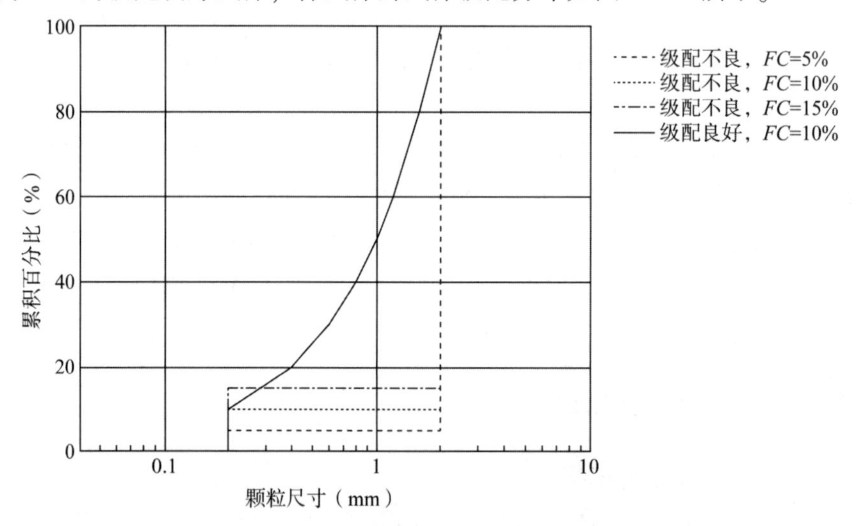

图 4.1.2　各试样的试样级配分布

流场网格尺寸为 2.5 mm，为试样平均粒径的 2~4 倍。考虑到 DEM 部分颗粒运动所需的时间步较小，而 CFD 部分所需时间步较大，为提高计算效率同时保证计算精度，取 DEM 和 CFD 部分时间步分别为 5×10^{-7}s 和 5×10^{-5}s，耦合时间间隔取 100 步，其他计算参数如表 4.1.1所示。

表 4.1.1　级配不良砂土渗蚀模拟计算参数

计算模型	参数种类(单位)	参数取值
固相(DEM)	颗粒数(个)	4.00×10^4
	颗粒尺寸(mm)	0.2~2.0
	颗粒密度(kg/m^3)	2.65×10^3
	弹性模量(kPa)	7.00×10^4

续表

计算模型	参数种类(单位)	参数取值
固相(DEM)	泊松比	0.4
	滑动摩擦系数	0.5
	恢复系数	0.2
	滚动摩擦系数	0.1
液相(CFD)	流体密度(kg/m^3)	1.00×10^{3}
	动力黏度(Pa·s)	1.00×10^{-3}
	流体单元尺寸(mm)	2.5
流固相互作用(CFD-DEM)	DEM时间步(s)	5.00×10^{-7}
	CFD时间步(s)	5.00×10^{-5}
	耦合时间间隔(s)	5.00×10^{-5}
	模拟时长(s)	30.0

考虑围压影响的砂土试样制备及渗蚀模拟流程包括以下4个部分：颗粒生成、试样固结、颗粒重组及再固结、渗流侵蚀，如图4.1.3所示。首先，在一个三维正六面体区域按指定级配随机生成40000个颗粒，模拟区域尺寸为0.02 m×0.02 m×0.04 m。试样固结分两阶段完成：第一阶段，试样在围压$p'=50$ kPa条件下完成各向同性固结；第二阶段，更改顶部边界墙接触特性，使其允许细颗粒($d\leqslant 0.2$ mm)通过。该过程会造成部分细颗粒损失及围压减小。通过引入再固结过程，使试样重新固结到目标围压$p'=50$ kPa。在固结过程中引入颗粒间滚动阻力($\mu_r=0.1$)，该滚动阻力有助于生成相对密实度较小的试样并用于后续的渗蚀全过程模拟。试样稳定后，通过设置上下边界渗流压力差模拟竖直向上的渗流，同时设置试样水平边界为不透水层，从而防止水平渗流。

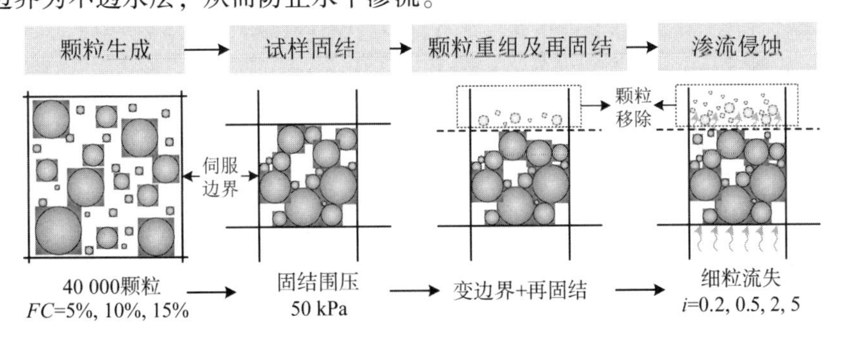

图4.1.3　试样制备及渗蚀模拟流程

渗蚀过程中保持试样平均有效应力不变，通过设置一系列目标水力梯度($i=0.2$，0.5，2.0，5.0)研究砂土渗蚀演化。目标水力梯度随时间梯级增加，其变化曲线如图4.1.4所示。值得注意的是，为加快渗蚀演化速度，本案例采用粒径比$d_{max}/d_{min}=10$的松散级配不良土开展研究，试样的初始孔隙比$e=0.51\sim0.57$，并在渗流出口处允许细颗粒直接穿过边界，渗蚀演化共计模拟30 s。为便于比较，本案例中引入级配良好土体的渗蚀演化过程模拟采用相同流程及材料参数。本案例共设置4种典型级配条件下的16种工况，其参数如表4.1.2所示。

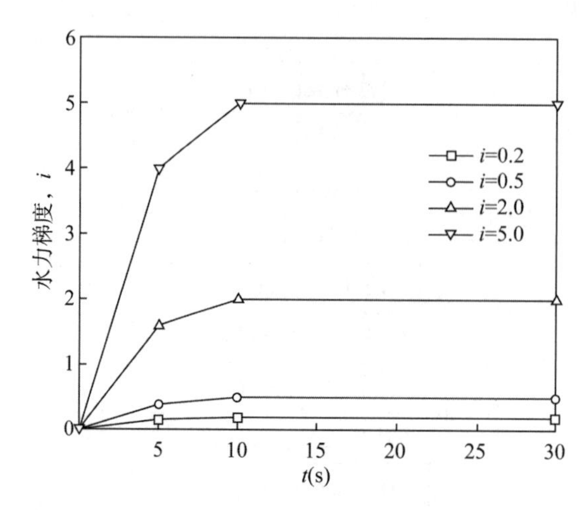

图 4.1.4　水力梯度随时间变化曲线

表 4.1.2　测试工况及参数

测试组别	水力梯度，i	级配分布，GSD	细粒含量，FC(%)	初始孔隙比，e
HG1-G-FC5	0.2	I	5	0.57
HG1-G-FC10	0.2	I	10	0.53
HG1-G-FC15	0.2	I	15	0.51
HG1-W-FC10	0.2	II	10	0.32
HG2-G-FC5	0.5	I	5	0.57
HG2-G-FC10	0.5	I	10	0.53
HG2-G-FC15	0.5	I	15	0.51
HG2-W-FC10	0.5	II	10	0.32
HG3-G-FC5	2.0	I	5	0.57
HG3-G-FC10	2.0	I	10	0.53
HG3-G-FC15	2.0	I	15	0.51
HG3-W-FC10	2.0	II	10	0.32
HG4-G-FC5	5.0	I	5	0.57
HG4-G-FC10	5.0	I	10	0.53
HG4-G-FC15	5.0	I	15	0.51
HG4-W-FC10	5.0	II	10	0.32

注：I 表示级配不良试样；II 表示级配良好试样。

4.1.1.3　固结砂土渗蚀模拟结果

砂土渗蚀通常包括 4 个阶段：浸透、渗蚀启动、渗蚀发展、渗流通道形成。渗蚀启动过程发展于渗蚀初期，当水刚浸透土体时，大量细颗粒悬浮在土骨架中。随着水力梯度的不断上升，水流施加在土体细小颗粒上的牵引力不断增加，当渗流的水力梯度达到土体的临界水力梯度时，牵引力开始超过土体的抗力，悬浮细颗粒开始穿过土骨架孔隙发生迁移，同时部分位于粗颗粒接触点附近的细颗粒开始迁移，渗蚀启动。

从渗蚀启动到渗蚀结束，整个过程伴随着土体细颗粒的不断损失及土体内部结构演化。以下举例介绍渗蚀过程的细颗粒损失、体应变及孔隙比、颗粒间作用力等的演化规律。

1. 细颗粒损失演化

从渗蚀启动到渗蚀过程的结束，整个过程伴随着细颗粒损失演化。细颗粒含量 $FC=10\%$ 的级配不良试样在水力梯度 $i=0.5$ 条件下渗蚀的细颗粒迁移过程模拟示意图如图 4.1.5 所示。由图可见，在渗蚀发展后期，大量细颗粒损失，土骨架结构主要由粗颗粒承担。

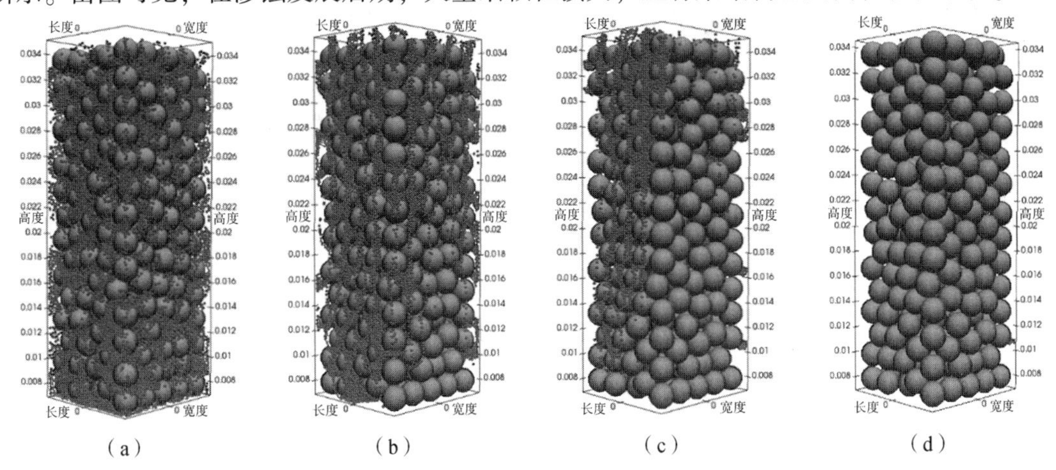

图 4.1.5　级配不良试样细颗粒迁移过程($FC=10\%$，$i=0.5$)模拟示意图

(a)0 s；(b)2 s；(c)5 s；(d)30 s

由图 4.1.6 所示的不同级配颗粒损失演化过程来看，在渗蚀发展初期，颗粒损失可忽略不计；达到临界水力梯度后，土体渗蚀发生，大量细颗粒在渗流场作用下发生迁移，并逐渐移出试样边界，试样最终生成新的稳定结构。该模拟结果与许多文献中的室内实验结果一致。由于级配不良试样，内部细颗粒几乎不承担力的传递作用，易受到渗流侵蚀，在较小水力梯度即可发生渗蚀，且伴有大量细颗粒损失。

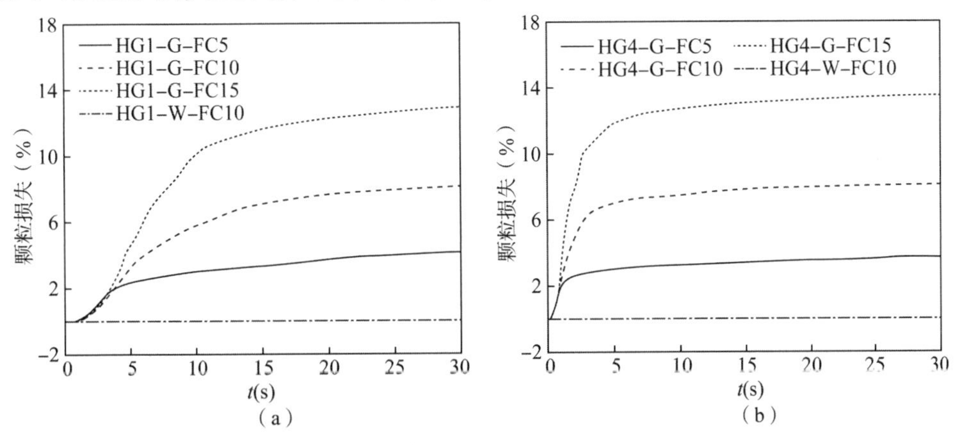

图 4.1.6　不同级配颗粒损失演化过程

(a)$i=0.2$；(b)$i=5.0$

利用 CFD-DEM 模型可实时分析渗流过程的流速变化，如图 4.1.7 所示。级配不良试样

($FC=10\%$, $i=0.5$)在渗蚀发展初期，试样内部渗流速度近似均匀分布。随着水力梯度增大，试样内部出现局部优势流。颗粒损失(增大试样渗透率)和局部渗流速度增大(增大渗蚀率)进一步促进局部渗流通道的产生。该局部优势流对于管涌等渗蚀现象的诱发具有重要作用[9,10]。

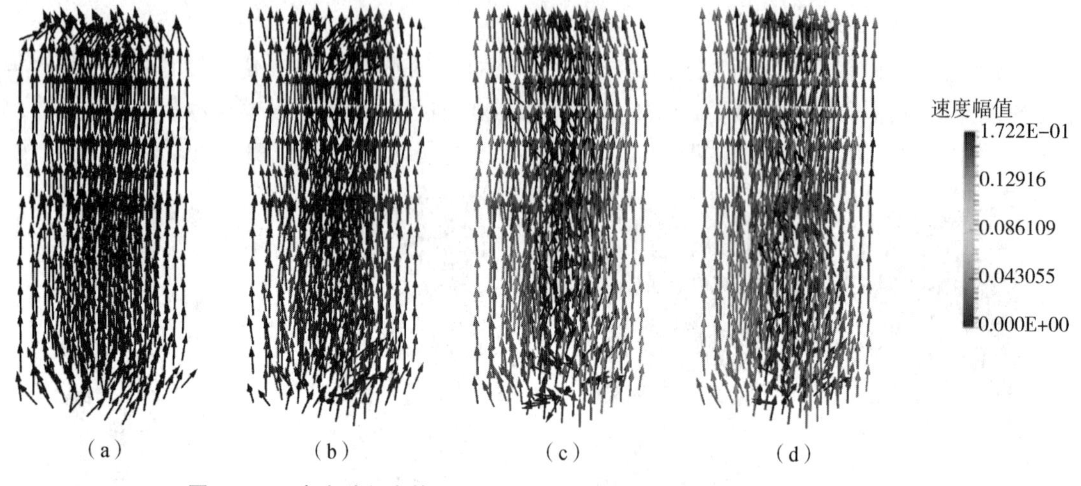

图 4.1.7　渗流过程中的流速变化(级配不良试样，$FC=10\%$，$i=0.5$)

(a)0 s；(b)2 s；(c)5 s；(d)30 s

2. 体应变及孔隙比演化

砂土试样渗蚀过程中的体积变形可通过体应变和孔隙比演化表征，如图 4.1.8 所示。试样体积随着渗蚀发展逐渐减小，试样细颗粒含量越少，其对应的体积压缩越大。此外，较大的水力梯度可加快试样体积压缩及孔隙比演化。级配不良土体的体应变在渗蚀过程中均呈现不均匀且伴有瞬时体积压缩的规律。这是因为水力梯度施加后，土体骨架在达到准稳定状态后，随着细颗粒损失增大，试样内损失的弱接触力链导致原稳定状态破坏，从而产生试样体积突变。简而言之，试样体积随时间的不均匀变化是试样内部准稳态-失稳交替作用的结果。

图 4.1.8(c)中级配不良土体的体应变在较高水力梯度($i=5.0$)条件下短时间内即达到稳定状态，这说明该种情况土体细颗粒基本不参与试样接触力传递时，试样内部细颗粒可被部分移除，且不会造成体积变形。对于级配良好试样，各粒径的颗粒均参与接触力传递，因此，即使很小的细颗粒损失($\Delta FC<0.04\%$)也会造成较大的体积压缩，并且在渗蚀全过程中体积不断压缩，最终体积变形可超过同水力梯度下级配不良试样的体积变形。

级配不良试样的孔隙比 e 演化整体呈先小幅减小后缓慢增大至稳定值的趋势。孔隙比的改变受细颗粒损失 ΔFC 和体应变 ε_v 的共同影响，可表示如下[11]：

$$e=(1-\varepsilon_v)\left(\frac{e_0+\Delta FC}{1-\Delta FC}\right)-\varepsilon_v \tag{4.1}$$

其中，e_0 为渗蚀前试样初始孔隙比。由式(4.1)可知，孔隙比演化由试样累积细颗粒损失[图 4.1.6(a)]和体积压缩[图 4.1.8(a)]得到。显然，模拟中的孔隙比演化与式(4.1)计算结果一致，如图 4.1.9 所示。可以发现，在渗蚀发展初期，试样孔隙比演化主要由体应变控制，体积压缩导致孔隙比减小。随着渗蚀过程发展，试样体积压缩速率减小，细颗粒损失加快，导致试样孔隙比增大。然而，对于级配良好试样，其渗蚀过程中细颗粒损失较少，因此其试样孔隙比在体积压缩作用下不断减小。

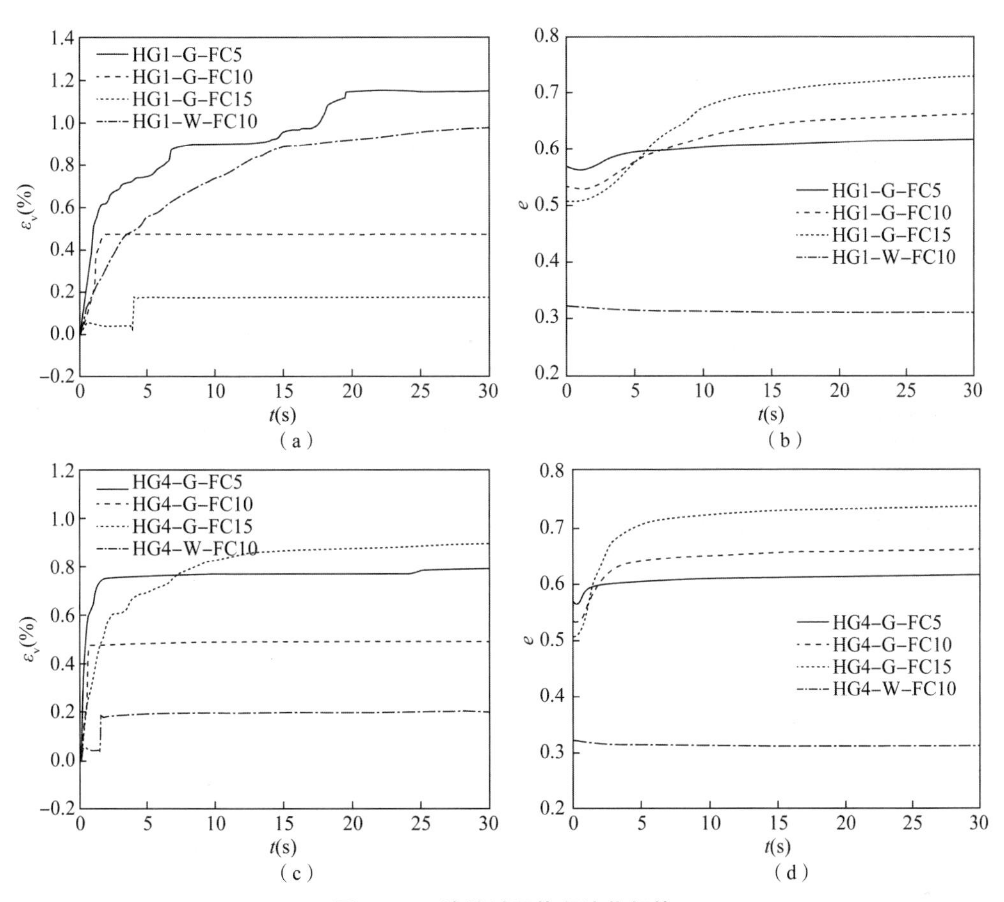

图 4.1.8　渗蚀过程体积演化规律

(a)体应变 ε_v，$i=0.2$；(b)孔隙比 e，$i=0.2$；(c)体应变 ε_v，$i=5.0$；(d)孔隙比 e，$i=5.0$

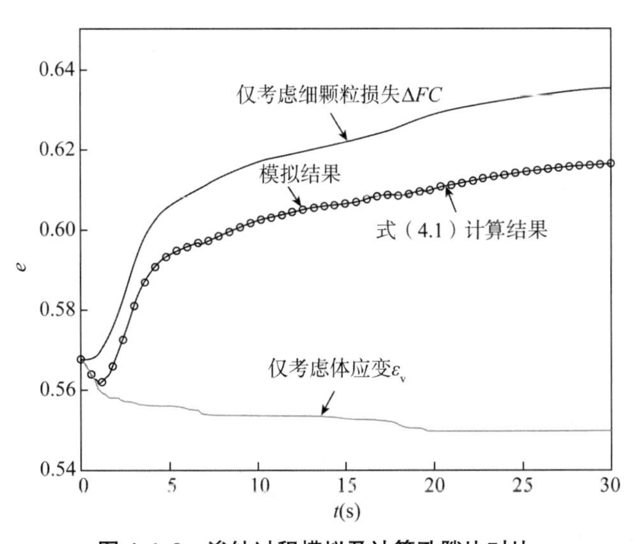

图 4.1.9　渗蚀过程模拟及计算孔隙比对比

3. 颗粒间作用力演化

试样颗粒间接触力重分布主要受围压、孔隙水压力和渗透力影响。图 4.1.10 所示为级配不良试样($FC=10\%$，$i=0.5$)渗蚀过程不同阶段的接触力链演化示意图。可以发现，级配不良试样颗粒间接触力主要由粗颗粒传递，试样内弱接触对随渗蚀发展逐渐减少。此外，由于试样径向边界处存在优势流，边界处细颗粒损失较快。渗蚀结束后，边界处细颗粒几乎全部损失，剩余细颗粒主要集中在试样内部。渗蚀发展过程中伴随着颗粒的阻塞和冲脱(clogging-unclogging)作用，该现象导致了部分细颗粒在迁移过程中阻塞在粗颗粒骨架中，如图 4.1.10 所示。

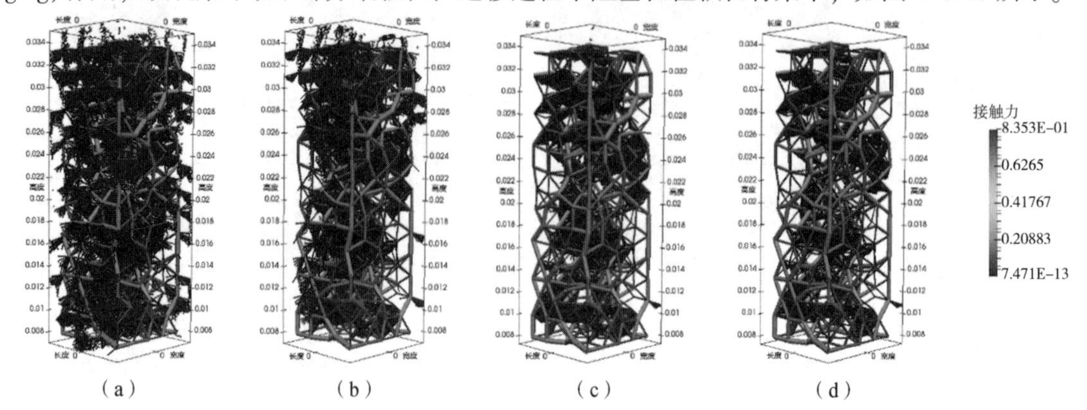

图 4.1.10　渗蚀过程中级配不良试样接触力链演化($FC=10\%$，$i=0.5$)示意图

(a)2 s；(b)5 s；(c)10 s；(d)30 s

借助 CFD-DEM 模型，就可以方便地获得渗蚀过程中试样内总接触对数的演化规律，如图 4.1.11 所示。可以看出，渗蚀发展初期，试样总接触对数呈现快速增长趋势。对于级配不良试样，持续渗流作用导致大量细颗粒损失及相应总接触对数减少，且较大水力梯度可增大该演化速率。对比 FC 分别为 5%、10%和 15%的级配不良土接触对数随时间变化图可得，当细颗粒含量较大时，会因细颗粒间的阻塞-冲脱作用而发生总接触对数的骤减及回升。土体渗蚀演化通常伴随着颗粒的分离及运移，导致孔隙骨架重分布及试样内部的阻塞效应，该阻塞效应在一定程度上限制了细颗粒的运移，易导致试样渗透系数减小。试样是否易发生阻塞取决于颗粒间孔隙大小及形状、颗粒间摩擦阻力及同时穿过粗颗粒间狭窄孔隙通道的细颗粒数量[12]。该阻塞现象对于试样变形及强度演化具有重要影响，这也是目前很多研究工作聚焦的重要内容。

对于级配良好试样，渗蚀过程中细颗粒损失较小，试样颗粒总接触对数呈缓慢上升并达到稳定的趋势，且最终总接触对数随水力梯度增大而增大，如图 4.1.11(d)所示。比较级配良好及级配不良试样颗粒总接触对数演化可得，在后续渗蚀发展过程中，级配良好试样的颗粒总接触对数明显大于级配不良试样。该现象与 Chang 和 Meidani[13] 的结论一致，即土体骨架分为以下两种形式：一种是粗颗粒悬浮于细颗粒中，该骨架主要针对级配良好试样，细颗粒具有较少的接触对，且在试样接触力传递中具有重要作用；另一种是细颗粒悬浮于粗颗粒中，粗颗粒具有较多接触对，且在试样骨架传力中承担主要作用。

级配不良试样中的细颗粒通常承担较小的接触力，试样法向接触力分布($i=0.5$)如图 4.1.12所示。这里将颗粒间法向接触力正交化，即 $F_n/\langle F_n\rangle$，其中 F_n 为颗粒间法向接触力，$\langle F_n\rangle$为试样平均法向接触力。可以发现，级配不良土体中颗粒法向接触力主要分布在 $(F_n/\langle F_n\rangle)<0.1$，即试样内颗粒接触主要为弱接触，其对土骨架接触力传递起着次要作用。在渗流力等外力作用下，该弱接触对易受扰动而产生破坏。此外，在持续渗流作用下，$(F_n/\langle F_n\rangle)<0.1$ 的接触比例逐渐增大，$(F_n/\langle F_n\rangle)>1$ 的接触比例迅速减小，如图 4.1.12(a)所示。对于级配良好土体，试样内接触力分布呈光滑指数衰减型分布，该分布形式表示试样内部结构分布较为均匀，试样内颗粒与其周围颗粒接触较为合理，周围颗粒对该颗粒具有良好的支撑作用，如图 4.1.12(b)所示。

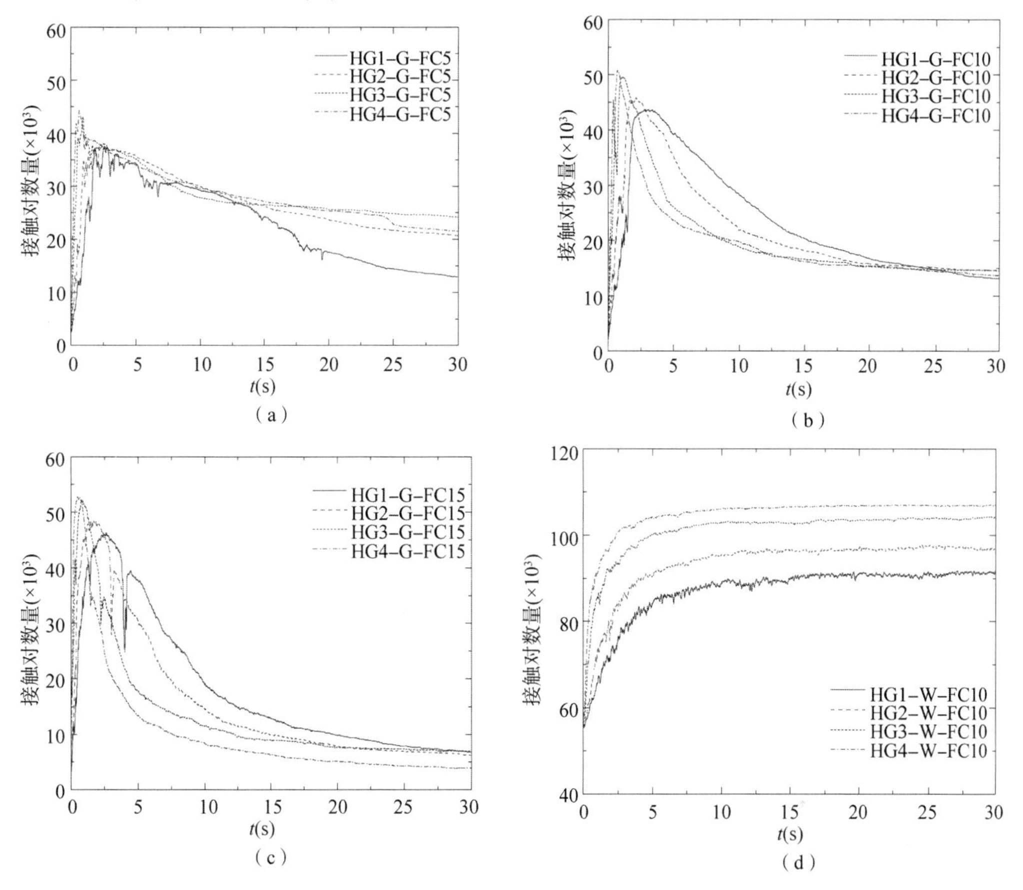

图 4.1.11　渗蚀过程中总接触演化规律

(a)级配不良试样，$FC=5\%$；(b)级配不良试样，$FC=10\%$；

(c)级配不良试样，$FC=15\%$；(d)级配良好试样，$FC=10\%$

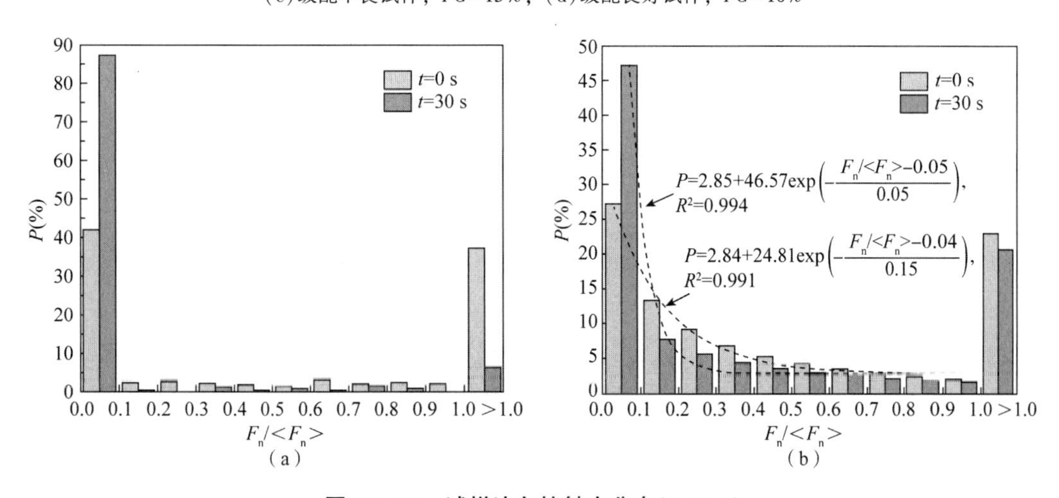

图 4.1.12　试样法向接触力分布($i=0.5$)

(a)级配不良试样，$FC=10\%$；(b)级配良好试样，$FC=10\%$

图4.1.13(a)所示为不同时刻颗粒接触数量的演化情况。可以发现，级配不良试样的颗粒接触数普遍较少，大部分颗粒悬浮于土骨架中。在渗流作用下，大部分悬浮颗粒被渗蚀冲出，骨架中剩余颗粒与周围颗粒产生新的接触，并被阻塞于土骨架中。值得注意的是，颗粒至少需要3组接触才可较好防止被渗蚀冲出。如图4.1.13(b)所示，在渗蚀发展后期，大部分颗粒与周围颗粒存在3个及以上接触，这些颗粒在周围颗粒的约束作用下可进一步抵御渗流水作用，防止渗蚀进一步演化。级配良好试样的接触数演化同样存在相似规律，即渗蚀发展后期，大部分悬浮颗粒或仅有1个接触的颗粒被渗蚀冲出，如图4.1.13(c)所示。然而，因为级配良好试样初始状态较为密实(e_0=0.32)，其孔隙尺寸远小于级配不良试样，所以部分接触数少于3的颗粒被约束在骨架孔隙中。

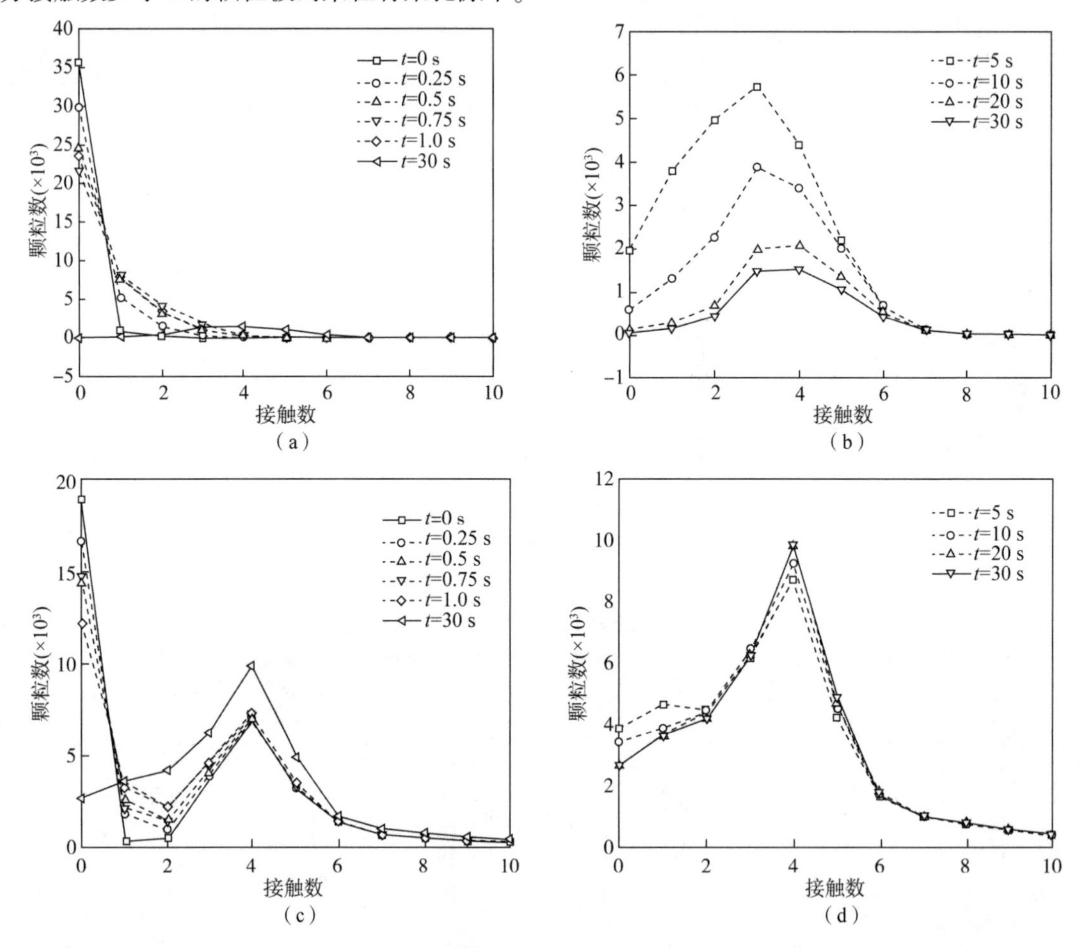

图4.1.13 颗粒接触数演化情况(i=0.2)

(a-b)级配不良试样，FC=10%；(c-d)级配良好试样，FC=10%

试样中颗粒总接触数C通常可通过除以颗粒数量N正交化，得到颗粒的平均接触数，即配位数$Z=2C/N$，如式(4.2)所示。考虑到试样部分细颗粒无接触或仅有1个接触，不参与骨架中受力传递，因此也可通过力学配位数Z_m作为土体稳定性及强度分析的指标[14,15]：

$$Z = \frac{2C}{N} \tag{4.2}$$

$$Z_m = \frac{2C - N_1}{N - N_0 - N_1} \tag{4.3}$$

其中，C 是总接触数；N 是总颗粒数；N_0 和 N_1 分别为无接触和仅有 1 个接触的颗粒数量。渗蚀过程中试样（$FC=10\%$）的配位数演化如图 4.1.14 所示。对于级配不良试样［图 4.1.14（a）］，平均配位数 Z 随渗蚀发展逐渐增大，而力学配位数 Z_m 由于渗流对部分弱接触对的扰动作用，呈先减小后增大的趋势，并最终达到稳定值。在渗蚀发展后期，试样的平均及力学配位数近似相等，表明试样内的悬浮颗粒及弱接触颗粒被渗蚀冲出，渗蚀后试样整体达到稳定状态。此外，级配良好试样的配位数演化如图 4.1.14（b）所示。结果表明，级配良好试样在两种水力梯度（$i=0.2$，5.0）下渗蚀后期的 Z 与 Z_m 差异明显，这主要取决于两种水力梯度下部分细颗粒能否发生渗蚀现象。

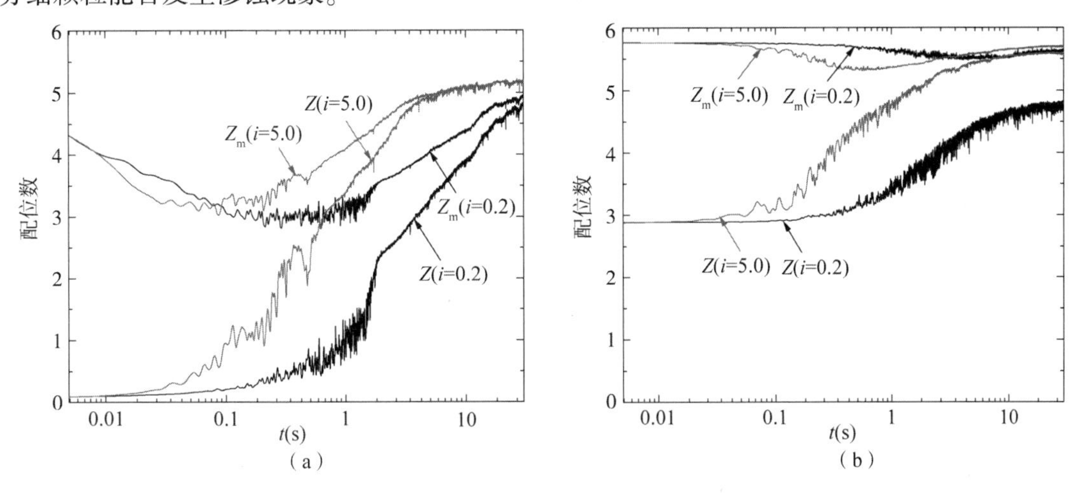

图 4.1.14　渗蚀过程中试样（$FC=10\%$）的配位数演化

（a）级配不良试样，$FC=10\%$；（b）级配良好试样，$FC=10\%$

4.1.2　渗蚀诱发级配不良砂土的力学行为演化

砂土渗蚀易引发严重的工程灾难，如堤坝失效、建筑物和基坑不均匀沉降等。本节在模拟渗蚀全过程的基础上，进一步分析渗蚀诱发级配不良砂土的力学行为演化，重点介绍渗蚀前后试样三轴排水及不排水剪切的模拟过程，分析渗蚀导致土体变形演化特征，以及渗蚀前后试样抗剪强度演化规律，为准确评估砂土渗蚀导致的土体强度弱化提供参考。

4.1.2.1　砂土渗蚀、剪切模拟流程及方法对比

通过 DEM 在正六面体计算域内随时布设颗粒，并设置边界墙与颗粒间无摩擦。细颗粒及粗颗粒尺寸分别为 0.42~0.50 mm 和 2.08~2.40 mm，其中细颗粒含量为 $FC=35\%$，渗蚀前后试样级配分布如图 4.1.15 所示。根据 Kezdi[16] 的砂土稳定性判定准则，该试样为非稳定土体，在渗流作用下极易发生渗蚀破坏。本案例中渗蚀后的土体细颗粒含量为 $FC=28.4\%$。

为保证固结及剪切过程拟静态，本案例取应变率为 0.01 s^{-1}，其对应的最大惯性数 I 为 6.8×10^{-6}，满足拟静态模拟的要求。模拟所选取的参数均为 DEM 模拟砂土材料及 CFD 模拟渗流液态水的常用取值，具体如表 4.1.3 所示。

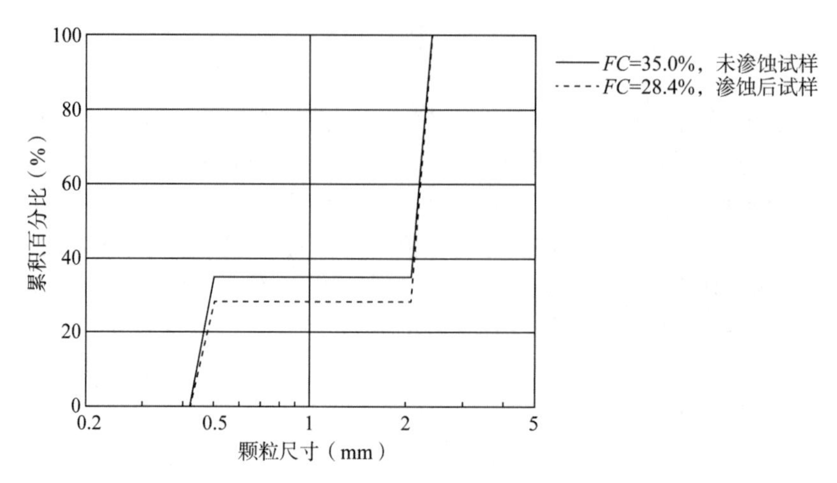

图 4.1.15　渗蚀前后试样级配分布

表 4.1.3　渗蚀模拟计算参数

计算模型	参数种类(单位)	参数取值
固相(DEM)	颗粒数(个)	26 267
	颗粒尺寸(mm)	0.42~2.40
	颗粒密度(kg/m³)	2.65×10^3
	弹性模量(GPa)	70
	泊松比	0.3
	滑动摩擦系数	0.5
	恢复系数	0.2
	滚动摩擦系数	0.1
液相(CFD)	流体密度(kg/m³)	1×10^3
	动力黏度(Pa·s)	1×10^{-3}
	流体单元尺寸(mm)	3.2
流固相互作用(CFD-DEM)	DEM 时间步(s)	2×10^{-7}
	CFD 时间步(s)	2×10^{-5}
	耦合时间间隔(s)	2×10^{-5}
	模拟时长(s)	15

本案例采用 CFD-DEM 模型，提出了一种模拟砂土渗蚀及剪切过程的模拟流程，包括颗粒生成、固结、重固结、渗蚀演化和剪切 5 个流程，如图 4.1.16 方法 Ⅰ 所示。在固结过程中，试样首先在 $p'=50$ kPa 条件下进行各向同性固结，并设置颗粒间摩擦系数 $\mu_f=0.1$，固结过程中不考虑颗粒间的滚动阻力，以生成初始密实砂土试样，固结后试样颗粒组成、颗粒接触力链及颗粒接触法向分布如图 4.1.17 所示。考虑颗粒间相对滑动的“锁扣”作用，在试样重新达到拟静态后，引入自下而上的竖向渗流，并将颗粒间的摩擦系数恢复至 $\mu_f=0.5$，同时在颗粒间引入滚动阻力，取滚动摩擦系数 $\mu_r=0.1$。

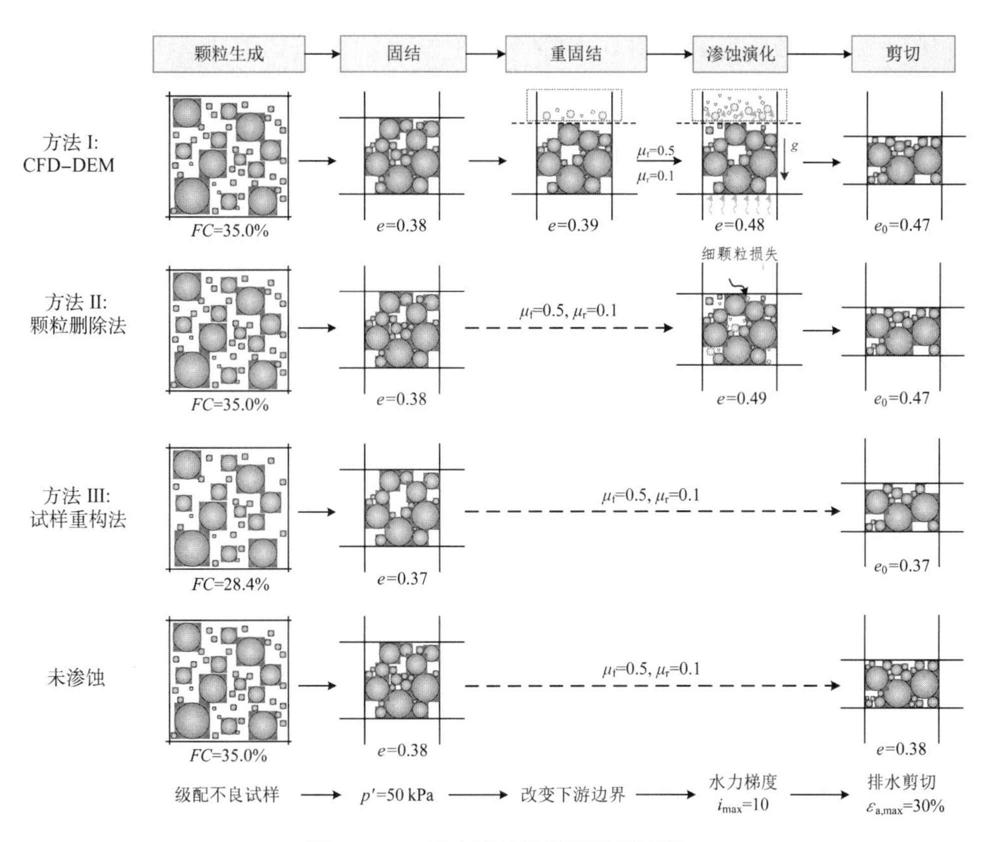

图 4.1.16　砂土渗蚀及剪切模拟流程

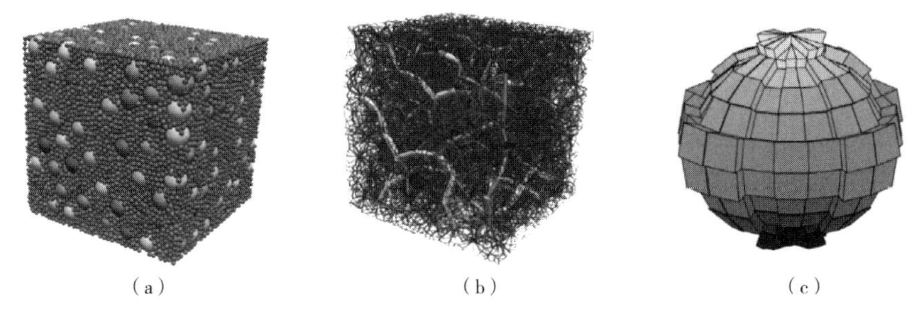

图 4.1.17　固结后试样颗粒组成、颗粒接触力链及颗粒接触法向分布($p'=50$ kPa)

(a)颗粒组成；(b)接触力链；(c)接触法向分布

试样重新到达目标围压后，通过设置试样上下边界的压力差，在试样内部引入竖向渗流，试样水平方向为不可渗流边界。渗蚀过程中，水力梯度 i 由0梯度增加至10，并保持水平及底部边界平均有效应力不变。当 $t=7$ s时，水力梯度达到最大值直至渗蚀过程结束，如图4.1.18所示。渗蚀过程中允许细颗粒自由流出试样下游边界，从而模拟渗蚀过程中的细颗粒损失。渗蚀过程结束后，保持试样围压不变，对渗蚀后的试样进行三轴排水剪切，并分析其力学响应。

此外，本案例采用了两种DEM研究砂土渗蚀力学响应的常规方法，包括颗粒删除法(图4.1.16方法Ⅱ)和试样重构法(图4.1.16方法Ⅲ)。对于颗粒删除法，首先在围压 $p'=50$ kPa的条件下，生成较为密实的砂土试样($\mu_f=0.1$，$\mu_r=0$)，在渗蚀阶段，将颗粒间的滑动和滚动摩擦系数分别恢复为 $\mu_f=0.5$，$\mu_r=0.1$。在试样内部随机删除一定数量的颗粒，并使删除细颗粒后的试样级配与采用 CFD-DEM 模型(方法Ⅰ)制备的渗蚀试样的级配一致，如图 4.1.16 所示。达到试样平衡状态后，对该渗蚀试样进行三轴排水剪切实验。对于试样重构法，该方法直接采用渗蚀后的级配试样，并进行固结和剪切模拟，该方法未考虑渗蚀过程或颗粒删除过程中造成的组构变化，可用于直接分析细颗粒含量对砂土力学特性的影响。

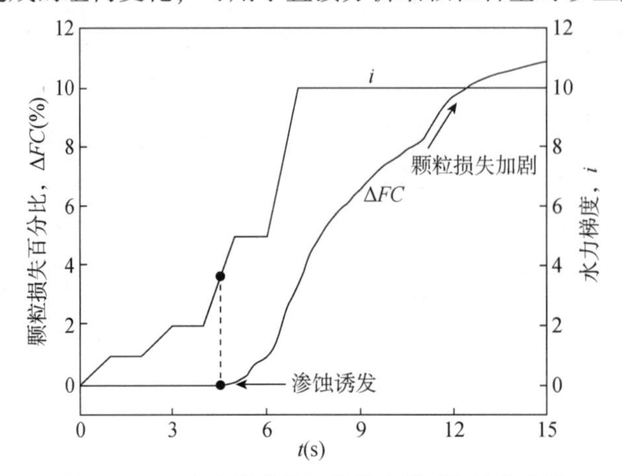

图 4.1.18　水力梯度及颗粒损失随时间演化曲线

4.1.2.2　渗蚀试样的三轴排水剪切模拟

渗蚀后试样及渗流场如图 4.1.19 所示。可以看出，渗蚀导致试样颗粒损失显著，特别是下游渗流边界处细颗粒损失最大，下游边界周边外荷载主要由粗颗粒承担。此外，试样水平边界周边存在较明显的优势流[图 4.1.19(d)]，这种优势流易导致渗蚀试样内部细颗粒空间分布不均。

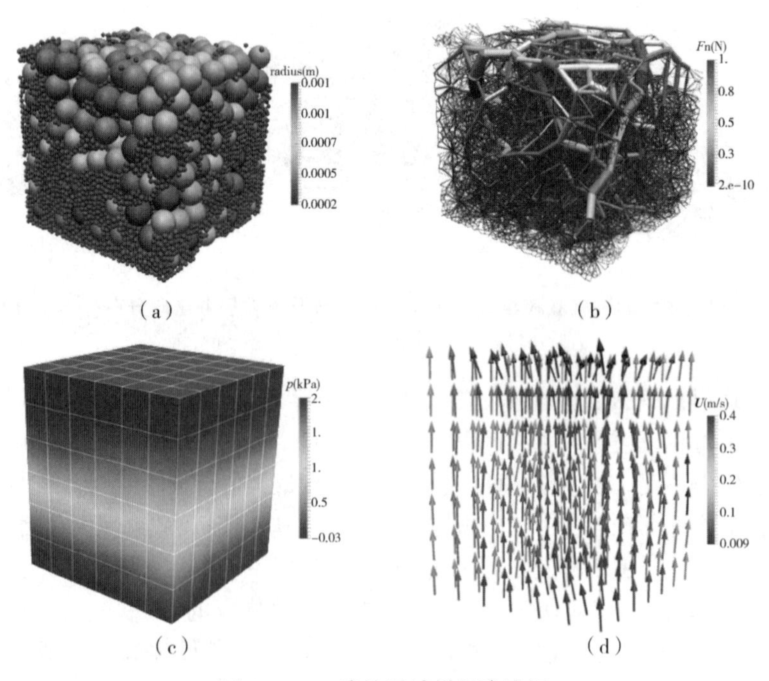

图 4.1.19　渗蚀后试样及渗流场

(a)颗粒排布；(b)接触力链；(c)渗流压力场；(d)渗流速度场

细颗粒损失 ΔFC 随时间变化的情况如图4.1.18所示，可以看出，水力梯度较小时，渗流不足以驱动细颗粒克服重力及颗粒间接触力而发生迁移。随着水力梯度增大，在 $t=4.6$ s 时，细颗粒开始损失，渗蚀产生。水力梯度达稳定值后($i=10$)，试样在 $t=11$ s 时，颗粒损失加剧，该颗粒损失同时伴随着部分力链破坏及骨架重组。

针对颗粒迁移过程中的空间分布不均问题，可通过将渗蚀试样沿渗流方向分为上、中、下3层，探究各层细颗粒损失的演化情况，如图4.1.20所示。可以发现，累积细颗粒损失沿着渗流发展方向呈梯度分布。靠近顶部渗流出口处的细颗粒具有最小的抗渗蚀能力，在渗流作用下更易发生迁移。

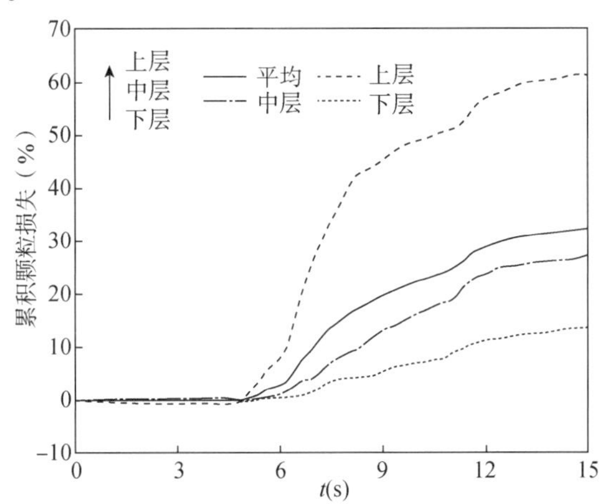

图4.1.20　渗蚀过程中各层细颗粒损失的演化情况

此外，CFD-DEM模拟可准确捕捉砂土渗流过程中出现的局部优势流现象。通过渗蚀后期颗粒的加速度分布(图4.1.21)可知，试样水平边界处具有较高的渗流速度[图4.1.19(d)]。此外，在渗流发展过程中，可捕捉到间断性的局部管涌现象，如图4.1.22所示。这些局部管涌现象出现周期较短，且伴随着明显的骨架变形。这种短暂的局部管涌现象往往是许多大型近水基础设施中长期稳定管涌现象的先兆，实际工程中应予以重视。

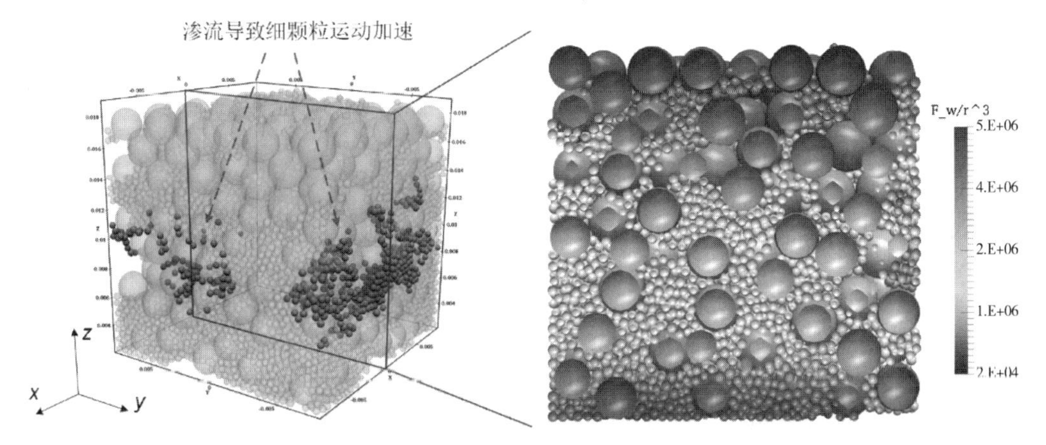

图4.1.21　渗流导致水平边界处细颗粒加速($t=15$ s)

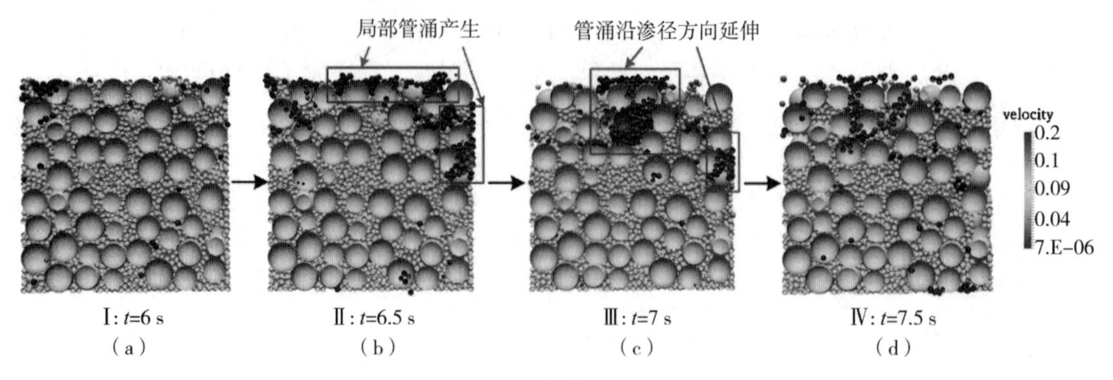

图 4.1.22 局部管涌演化过程

(a)稳定(Ⅰ)阶段；(b)诱发(Ⅱ)阶段；(c)发展(Ⅲ)阶段；(d)消失(Ⅳ)阶段

接下来，可采用上述制备的渗蚀试样开展三轴剪切模拟，从而研究渗蚀过程及试样制备方法对试样力学特性的影响。采用不同制样方法获得的渗蚀前后试样应力-应变-孔隙比曲线如图 4.1.23 所示。与未渗蚀试样相比，采用 CFD-DEM 模拟得到的渗蚀试样具有较小的峰值抗剪强度及较高的临界状态孔隙比，渗蚀前后试样的临界状态剪应力基本相同。

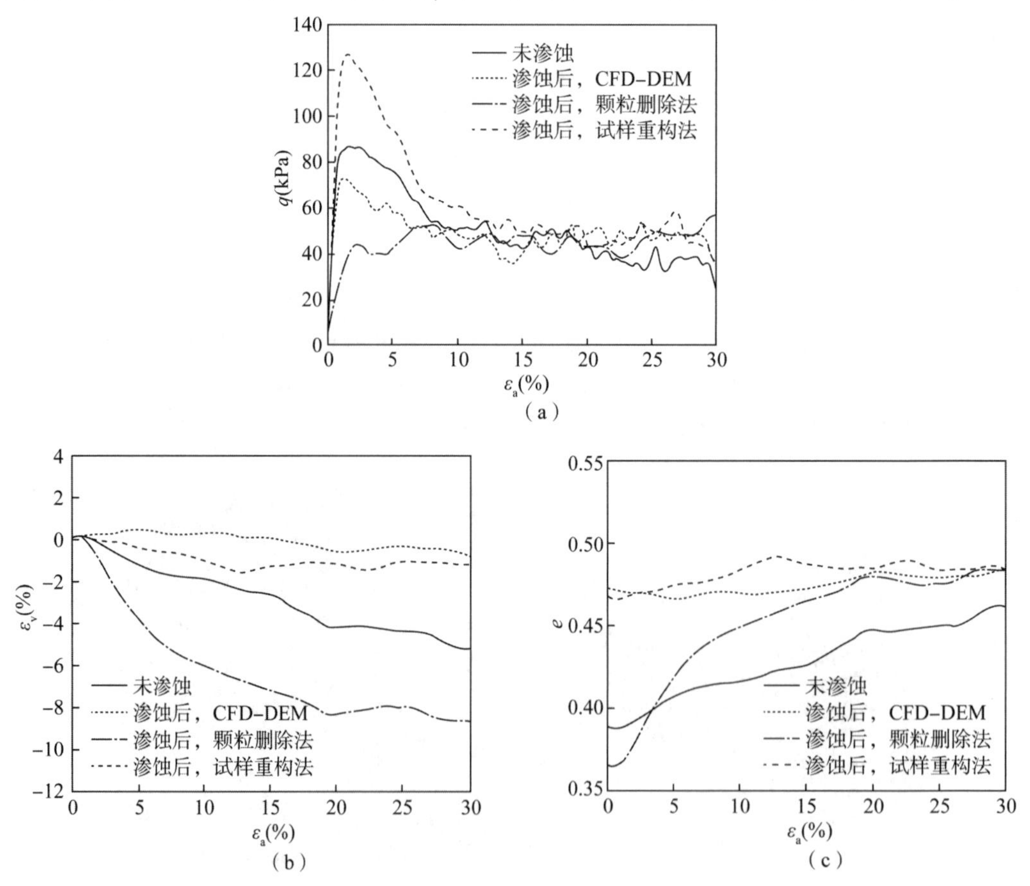

图 4.1.23 渗蚀前后试样应力-应变-孔隙比曲线($p_0'=50$ kPa)

(a)剪应力-轴向应变关系；(b)体应变-轴向应变关系；(c)孔隙比-轴向应变关系

值得注意的是，采用 CFD-DEM 模型和颗粒删除法制备的试样虽然具有相似的初始孔隙比，但其剪切力学响应却存在明显差异。这种差异主要归因于试样的细观结构不同，因此，选择合适的试样制备方法对于是否能够真实反映渗蚀前后土体力学性质至关重要。

渗蚀试样的结构差异的分析手段众多，如分析颗粒接触关系、力链传力机制及各向异性演化等。这里以试样的配位数为例展开介绍，分析不同制备方法得到的渗蚀试样在三轴排水剪切过程中的平均配位数 Z 和力学配位数 Z_m 演化，如图 4.1.24 所示。可以看出，采用 CFD-DEM 制备的试样的初始 Z_m 值比颗粒删除法制备的试样大，表明颗粒迁移过程导致部分细颗粒参与到骨架力链传递中，从而增大了试样的力学配位数。

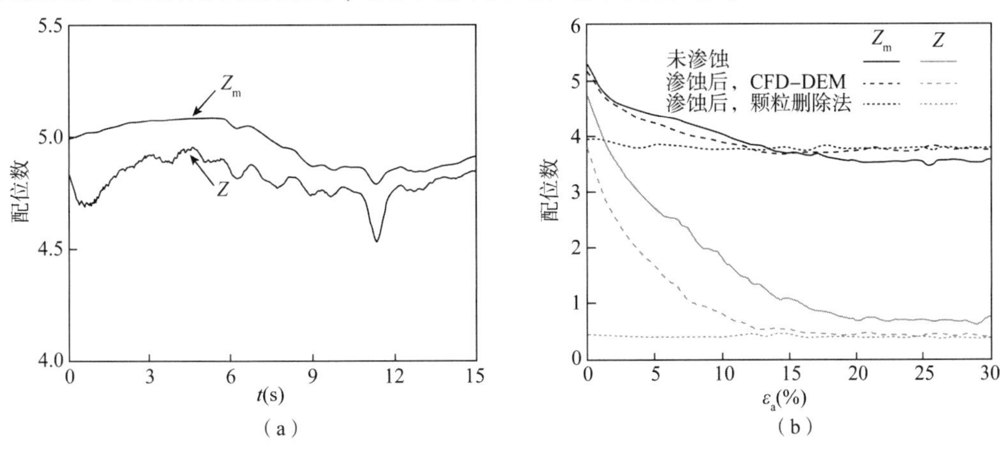

图 4.1.24　渗蚀试样在三轴排水剪切过程中的配位数演化

(a)渗蚀过程；(b)剪切过程

进一步通过 DEM 分析试样剪切前的接触数分布，如图 4.1.25(a)所示。可以发现，采用 CFD-DEM 和颗粒删除法制备的试样，其颗粒接触数分布差异明显，从而解释了两种级配和初始孔隙比相同的试样，其平均配位数及其宏观力学响应存在明显差别的主要诱因。试样在临界状态时的颗粒接触数分布如图 4.1.25(b)所示。可以发现，剪切后试样整体接触数明显减少。一种级配(Grain Size Distribution，GSD)仅对应唯一的颗粒接触数分布，且该临界状态接触数分布与试样初始孔隙比、组构及颗粒不均匀分布无关。

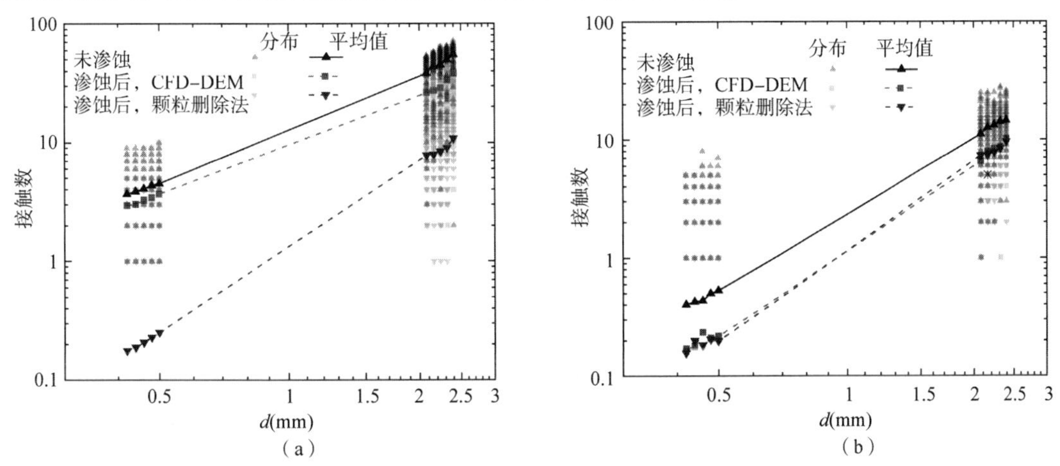

图 4.1.25　颗粒接触数分布

(a)剪切前；(b)剪切后

渗蚀前后试样孔隙结构分布如图 4.1.26 所示。渗蚀前后土体细观分析表明，由于细颗粒在试样内部不同的分布形式及传力方式差异，不同模拟方法制备的砂土试样力学响应差别较大。对于用 CFD-DEM 制备的渗蚀后试样，细颗粒承担着接触力传递作用，对于用颗粒删除法制备的试样，细颗粒主要悬浮于粗颗粒骨架孔隙中。由细颗粒组成的大量弱接触对有助于提高试样的初始刚度及峰值抗剪强度。分析试样孔隙分布可得，采用 CFD-DEM 制备的渗蚀后试样具有较多低孔隙率网格，试样受剪时表现为密砂特性。

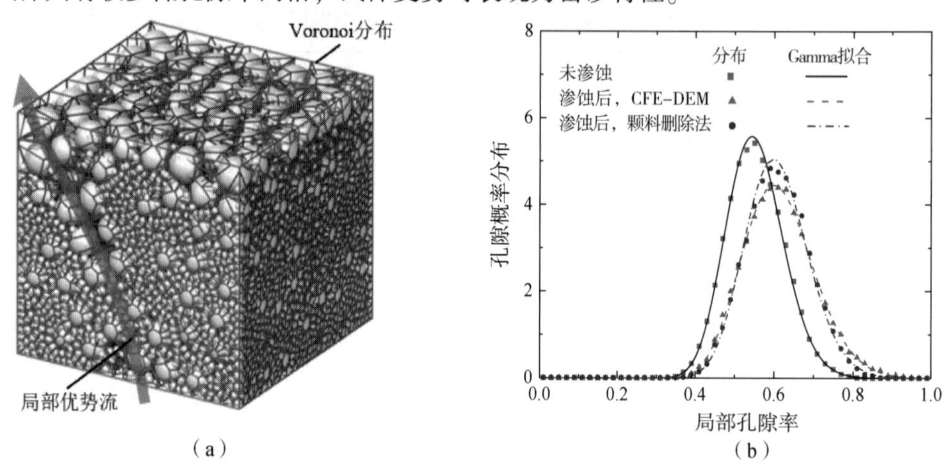

图 4.1.26　渗蚀前后试样孔隙结构分布

(a) CFD-DEM 渗蚀后试样 Voronoi 分布；(b) 剪切前局部孔隙率分布

4.1.2.3　渗蚀试样的三轴不排水剪切模拟

下面采用 CFD-DEM 模型分析渗流对级配不良砂土的侵蚀作用及不排水剪切响应。首先在一定的水力梯度和渗蚀时间内，通过对试样上下边界施加水压差形成竖向渗流，以制备渗蚀土样。接下来分别对渗蚀和未渗蚀试样进行三轴不排水剪切实验。以下简要介绍模拟流程、颗粒损失及力学特性演化、细观演化机制等。

基于前面小节渗蚀试样三轴排水剪切实验的模拟步骤，Hu 等人[4] 进一步分析了渗蚀试样的三轴不排水剪切响应。模拟流程包括：颗粒生成、固结、再固结、渗蚀及不排水剪切，如图 4.1.27 所示。模拟中所需的主要参数如表 4.1.4 所示。

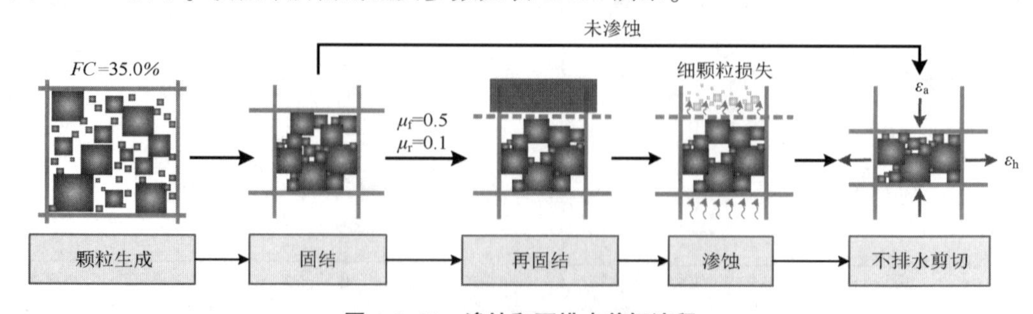

图 4.1.27　渗蚀和不排水剪切流程

表 4.1.4　模拟中所需的主要参数

计算模型	参数种类(单位)	值
固相(DEM)	颗粒数(个)	40000
	细颗粒直径(mm)	0.42~0.5
	粗颗粒直径(mm)	2.08~2.4
	颗粒密度(kg/m^3)	2.65×10^3
	杨氏模量(GPa)	70
	泊松比	0.3
	滑动摩擦系数	0.5
	恢复系数	0.2
	滚动摩擦系数	0.1
液相(CFD)	流体密度(kg/m^3)	1×10^3
	动力黏度(Pa·s)	1×10^{-3}
	流体单元尺寸(mm)	3.2
流固相互作用(CFD-DEM)	DEM 时间步(s)	2×10^{-7}
	CFD 时间步(s)	2×10^{-5}
	耦合时间间隔(s)	2×10^{-5}
	模拟时长(s)	5，10

首先，在正六面体区域内随机生成 40000 个级配不良颗粒，其中细颗粒的含量为 $FC=35\%$，根据 Kenney 等人[17]的砂土稳定性评价标准，该土样为内部不稳定土体，在渗流作用下极易产生侵蚀破坏。渗蚀前后试样的级配分布如图 4.1.28 所示。将试样等压固结至 50 kPa，并保持惯性数 $I<1\times10^{-4}$，试样初始颗粒间摩擦系数 $\mu_f=0.1$。再固结过程中，首先将摩擦系数 μ_f 恢复至 0.5，顶部边界替换为可渗透的刚性墙，即允许细颗粒自由逸出顶部边界，而粗颗粒始终限制在试样内部。接着，在试样上下边界间施加水压差，从而模拟自下而上渗流作用，其他边界均为不可渗透边界。渗蚀期间保持围压恒定 50 kPa，并分阶段施加水力梯度，其曲线如图 4.1.29 所示。分别取渗蚀时间为 5 s 和 10 s 的试样作为剪切试样，以分析不同渗蚀程度下砂土力学特性的影响。渗蚀完成后，继续进行三轴不排水剪切实验。控制轴向应变率为 0.01 s^{-1}，且控制试样惯性数 $I<1\times10^{-4}$ 以保持准静态加载条件。对 4 个对应于不同水力梯度和侵蚀时间的试样进行剪切模拟，同时对图 4.1.27 制备的未渗蚀试样进行剪切模拟。各个阶段的颗粒排布及渗流场如图 4.1.30 所示。

渗蚀的过程伴随着细颗粒的流出和试样体积变形，不同水力梯度下细颗粒损失及渗蚀速率随时间变化关系如图 4.1.31 所示。可以看出，当水力梯度较低时，渗流力不足以使细颗粒运动，因此在渗蚀初期几乎无颗粒损失；随着水力梯度的增加，细颗粒的受力平衡遭到破坏，大量细颗粒开始发生运移。各工况下的渗蚀后细颗粒含量如表 4.1.5 所示。

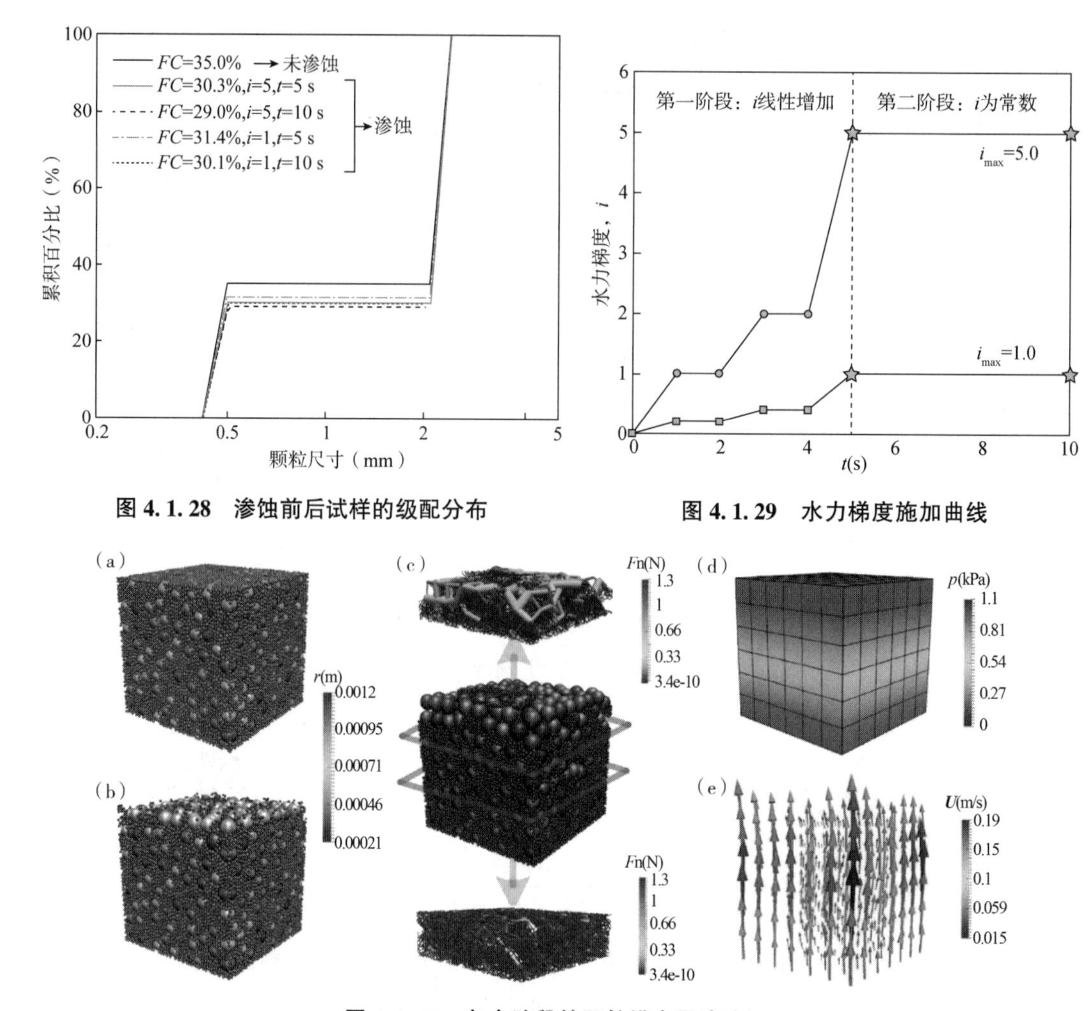

图 4.1.28　渗蚀前后试样的级配分布

图 4.1.29　水力梯度施加曲线

图 4.1.30　各个阶段的颗粒排布及渗流场

(a)固结后颗粒堆积；(b)再固结后的颗粒堆积(c)渗蚀结束时的颗粒堆积和接触力链($t=5$ s，$t=10$ s)；(d)渗流压力分布；(e)渗流场分布

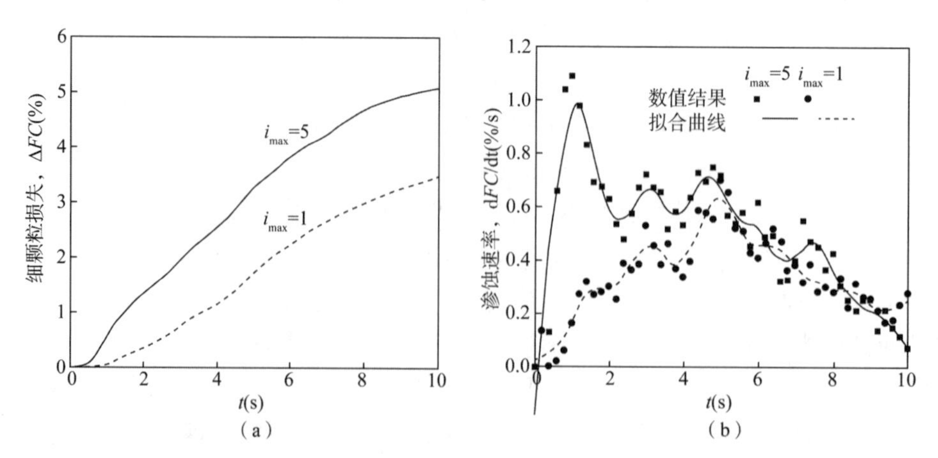

图 4.1.31　不同水力梯度下细颗粒损失及渗蚀速率随时间变化关系

(a)细颗粒损失随时间变化的关系曲线；(b)渗蚀速率随时间变化的关系曲线

表 4.1.5　各工况下的渗蚀后细颗粒含量

模拟组别	目标水力梯度，i_{max}	渗蚀持续时间(s)	渗蚀后细颗粒含量(FC)
E-HG5-T05	5.0	5.0	30.3%
E-HG5-T10	5.0	10.0	29.0%
E-HG1-T05	1.0	5.0	31.4%
E-HG1-T10	1.0	10.0	30.1%
NE	—	—	35.0%

不同程度渗蚀试样的三轴不排水剪切响应如图 4.1.32 所示。可以发现，与三轴排水剪切响应相反，渗蚀后试样的初始刚度及峰值抗剪强度均较未渗蚀试样有大幅提升。短期较小水力梯度($i=1$，$t=5$)对试样的强度增强作用较为明显，且剪切后期试样仍具有较高的抗剪强度；随着水力梯度和渗蚀时间的增加，这种增强作用逐步衰减。

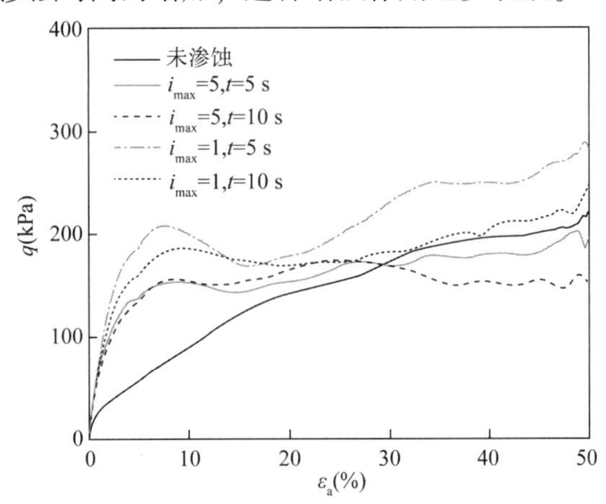

图 4.1.32　不同程度渗蚀试样的三轴不排水剪切响应

渗蚀过程中的等效粒间孔隙比 e_e 和活跃颗粒含量 f_a 随时间变化曲线如图 4.1.33 所示。在渗蚀过程中，细颗粒逐渐迁移出来，导致 f_a 逐渐增加，而等效粒间孔隙比先是迅速下降，然后在渗蚀结束时趋于恒定值。另外，土体在不同的初始应力状态下，其颗粒的法向接触及法向接触力的分布在渗蚀和剪切过程中表现出一定的各向异性，这部分内容后续将具体阐述。

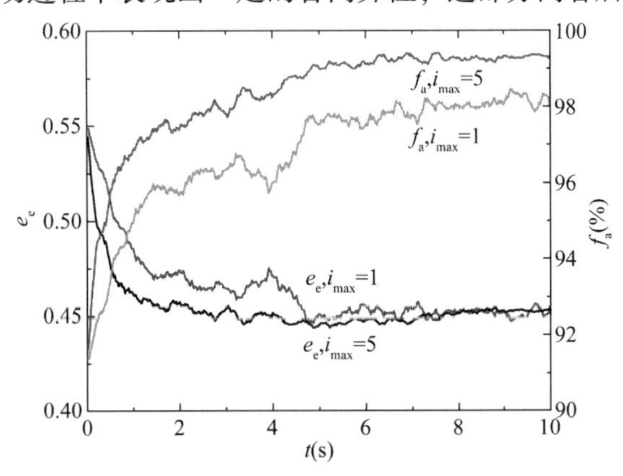

图 4.1.33　等效粒间孔隙比 e_e 和活跃颗粒含量 f_a 随时间变化曲线

4.1.3 初始应力各向异性砂土的渗蚀力学行为

本节主要分析各向异性条件下不良级配土的渗蚀演变和力学行为，通过 CFD-DEM 模型进行渗蚀过程模拟，并开展三轴压缩和拉伸实验，以分析初始应力各向异性对渗蚀启动、发展及力学行为的影响。

4.1.3.1 初始应力各向异性试样的渗蚀模拟流程

初始应力各向异性试样固结、渗蚀及三轴剪切流程如图 4.1.34 所示。本案例选取细、粗颗粒粒径分别为 0.42～0.5 mm 和 2.08～2.4 mm，试样内细颗粒含量 $FC=35\%$（按质量计），为级配不良的非稳定试样。渗蚀前后试样的级配分布如图 4.1.35 所示。模拟中使用的主要模型参数如表 4.1.6 所示。

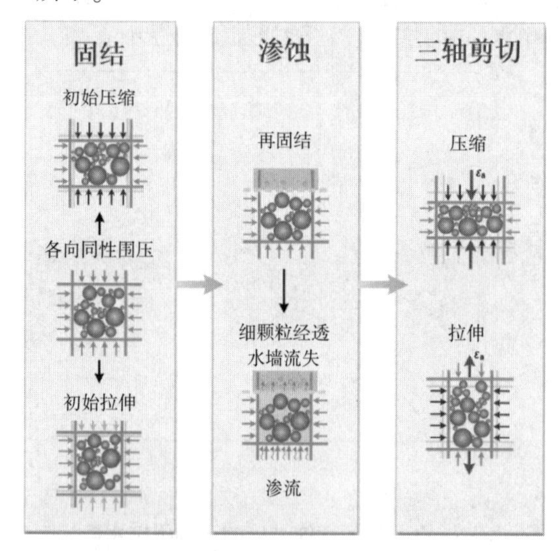

图 4.1.34　初始应力各向异性试样固结、渗蚀及三轴剪切流程

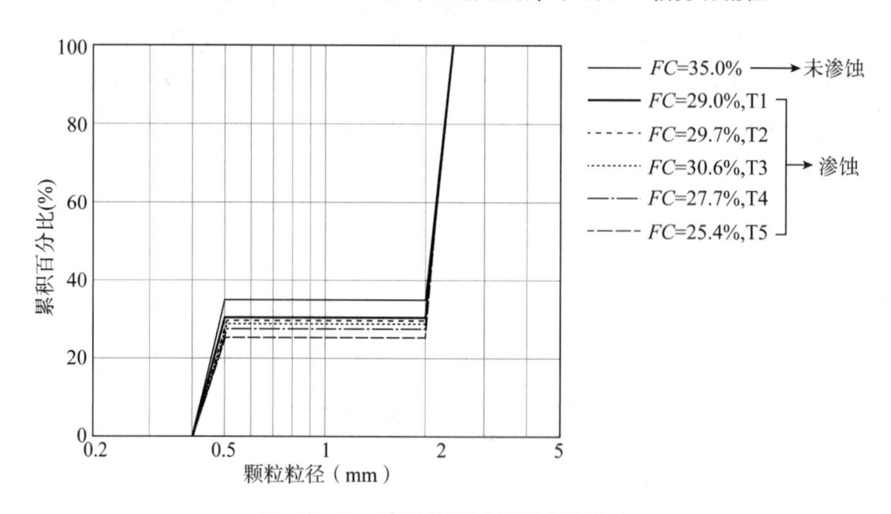

图 4.1.35　渗蚀前后试样的级配分布

表 4.1.6　模拟中使用的主要模型参数

计算模型	参数类型(单位)	参数取值
固相(DEM)	颗粒数(个)	40000
	细粒直径(mm)	0.42~0.5
	粗粒直径(mm)	2.08~2.4
	颗粒密度(kg/m^3)	2650
	杨氏模量(GPa)	70
	泊松比	0.3
	滑动摩擦系数	0.5
	恢复系数	0.2
	滚动摩擦系数	0.1
	重力加速度(m/s^2)	9.8
液相(CFD)	液体密度(kg/m^3)	1000
	动力黏度(Pa·s)	1×10^{-3}
	流体单元尺寸(mm)	3.2
流固相互作用(CFD-DEM)	DEM 时间步(s)	2×10^{-7}
	CFD 时间步(s)	2×10^{-5}
	耦合间隔(s)	2×10^{-5}
	模拟时长(s)	15

将砂土试样等压固结至有效应力 $p'=100$ kPa，并制备初始密实试样。试样固结结束后，将摩擦系数调整为 $\mu_f=0.5$，并考虑颗粒形状的影响，取滚动摩擦系数 $\mu_r=0.1$。初始应力各向异性试样可通过对固结试样进行初始三轴压缩或拉伸制备，即使轴向有效应力逐渐增加或减少至目标应力比 $\eta=q/p'$，其中 $p'=(\sigma_a'+2\sigma_r')/3$ 为平均有效应力，$q=\sigma_a'-\sigma_r'$ 是偏应力，σ_a' 和 σ_r' 分别是轴向和径向有效应力，如图 4.1.36 所示。

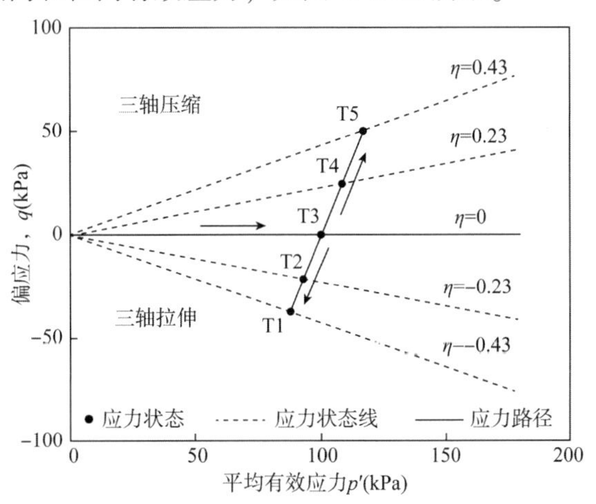

图 4.1.36　试样初始目标应力图

本案例共计生成 5 种具有初始应力比 η_0 的试样，如表 4.1.7 所示。各试样通过调整初始滑动摩擦系数以获得相似的初始孔隙比($e_0=0.40$)。需要注意的是，固结和初始剪切过程中均不考虑颗粒重力，以避免可能出现的颗粒沉积及细颗粒分布不均。试样固结后达到较密实的稳定态，此时重力作用被激活，以模拟自然土体颗粒中的侵蚀作用。为避免水力条件突然变化导致的骨架快速改变，水力梯度随时间呈台阶状增加，如图 4.1.37 所示。考虑到实际堤坝、基坑等基础设施的渗蚀过程较长，本例为提高渗蚀发展速度，取最大水力梯度 $i_{max}=10$，同时仅考虑抗渗蚀能力较差的球形颗粒，多数不稳定细颗粒可在较短时间内($t=15$ s)损失。

表 4.1.7　试样初始应力条件及孔隙比

试样编号	径向有效应力，σ_r'(kPa)	轴向有效应力，σ_a'(kPa)	平均有效应力，p'(kPa)	偏应力，q(kPa)	初始应力比，η_0	初始孔隙比，e_0
T1	100	62.5	87.5	−37.5	−0.43	0.400
T2	100	78.6	92.9	−21.4	−0.23	0.399
T3	100	100	100	0	0	0.398
T4	100	125	108.3	25	0.23	0.399
T5	100	150	116.7	50	0.43	0.397

渗蚀结束后，将顶部边界设置为不可渗透边界，并在拟静态条件下对所有试样开展排水三轴剪切实验。对各向同性及初始压缩试样开展三轴压缩剪切实验，其他试样开展三轴拉伸剪切实验。为便于比较，三轴压缩和拉伸实验均在非渗蚀试样上进行。剪切过程中未考虑重力，以和常规 DEM 模拟土体剪切保持一致。

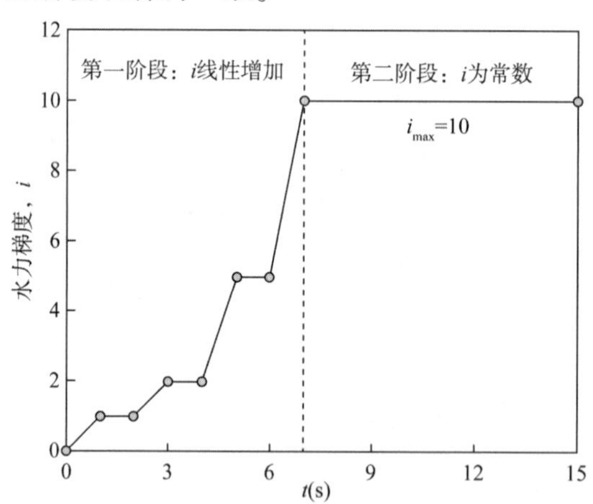

图 4.1.37　水力梯度随时间的变化

4.1.3.2　砂土渗蚀及三轴剪切宏观力学响应

1. 初始应力各向异性试样渗蚀发展过程

渗蚀过程中试样体积变形情况如图 4.1.38 所示，包括孔隙比 e、体积应变 ε_v、轴向应变 ε_a 和水平应变 ε_h。初始阶段，试样在渗流扰动作用下体积收缩、孔隙比减小[图 4.1.38(a)和图 4.1.38(b)]。达到临界水力梯度 i_{cr}后，细颗粒从试样内逐渐损失，导致试样细观结构变化及体积收缩。由于该阶段细颗粒快速损失，试样平均孔隙比快速增加。渗蚀后期，所有渗蚀试样的孔隙比和体积收缩较未渗蚀试样均显著增加，特别是初始应力比较大的试样，如T1和T5试样[图4.1.38(a)和图4.1.38(b)]。此外，当试样主应力与渗流主方向一致时(T5试样)，试样渗蚀发展最为剧烈，体应变和孔隙比变化均最大。对比渗蚀过程中各试样的轴向和径向应变演化可知[图4.1.38(c)和图4.1.38(d)]，初始压缩试样(T4和T5)的体积压缩主要由轴向应变引起[图4.1.38(b)]，而初始拉伸试样(T1和T2)的体积压缩则主要由径向应变引起。所有试样的轴向应变大小为径向应变的2~3倍。值得注意的是，各向同性试样(T3)在轴向应变、径向应变及体应变等方面均表现出最强的抗渗蚀性。试样的不同变形特征表明，渗蚀过程中的体积变形和细观结构变化与试样的初始应力状态密切相关，从而导致三轴剪切下的不同力学响应。渗蚀导致的结构细观边界将在4.1.3.3节说明。

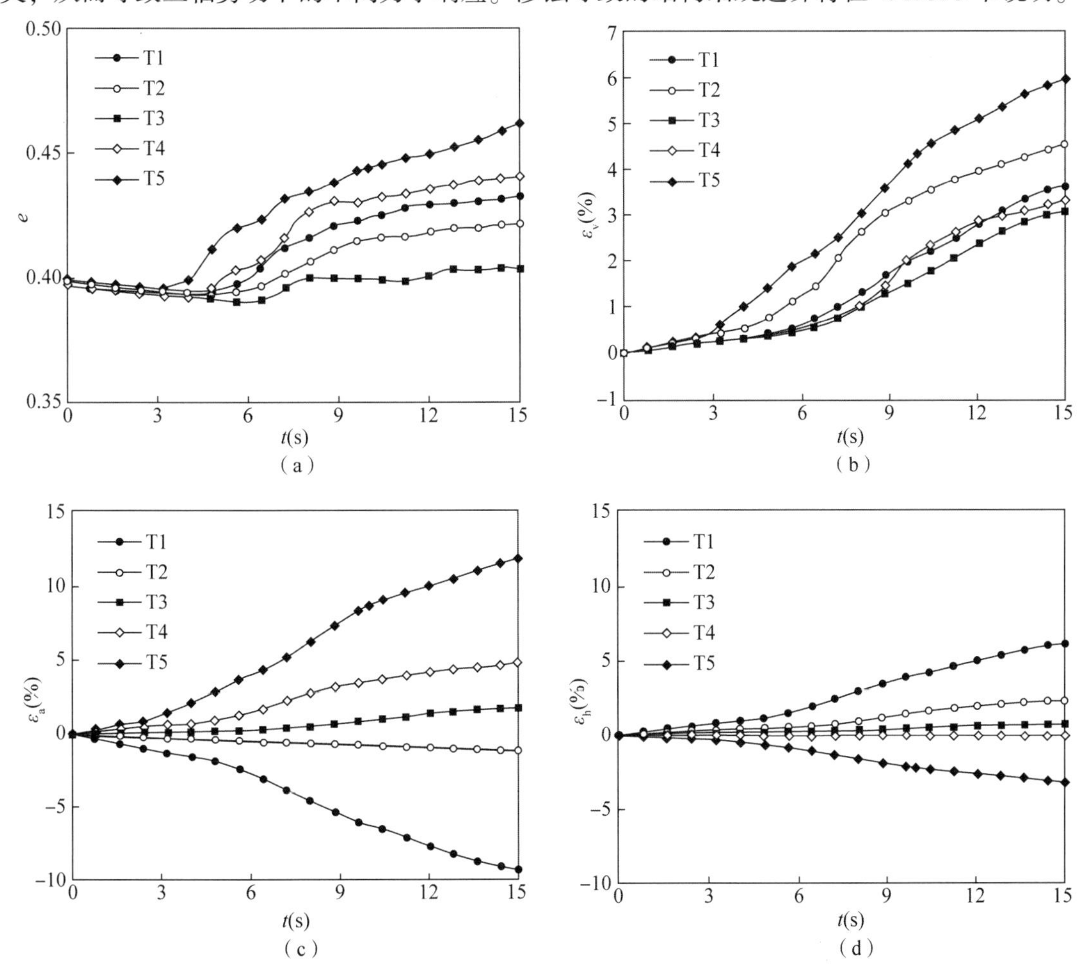

图4.1.38 渗蚀过程中试样体积变形情况

(a)孔隙比 e；(b)体应变 ε_v；(c)轴向应变 ε_a；(d)径向应变 ε_h

2. 初始应力各向异性试样三轴剪切实验结果

渗蚀前后试样在三轴排水条件下的应力-应变关系如图4.1.39所示。其中，对主应力位于垂直向的试样(T4和T5)进行三轴排水压缩剪切；对主应力位于水平方向的试样(T1和T2)进行三轴排水拉伸剪切；对无初始剪切的T3试样同时开展三轴排水压缩和拉伸剪切实验。对于图4.1.39(a)中的三轴拉伸实验，渗蚀试样的峰值偏应力 q 明显小于未渗蚀试样，而临界状态偏应力基本保持一致，这与许多室内实验结果吻合。在图 4.1.39(b)中，三轴压缩试样也同样有类似趋势。为进一步分析小应变下土体剪切响应的演化，引入对应于峰值剪切应力一半的割线模量 E_{50}，各试样渗蚀前后的 E_{50} 演化如图 4.1.40 所示。由图可知，三轴压缩条件下的割线模量 E_{50} 远大于三轴拉伸条件下的割线模量 E_{50}。例如，无论对于渗蚀或未渗蚀试样，T3-C 中的 E_{50} 都大概是 T3-E 的两倍。

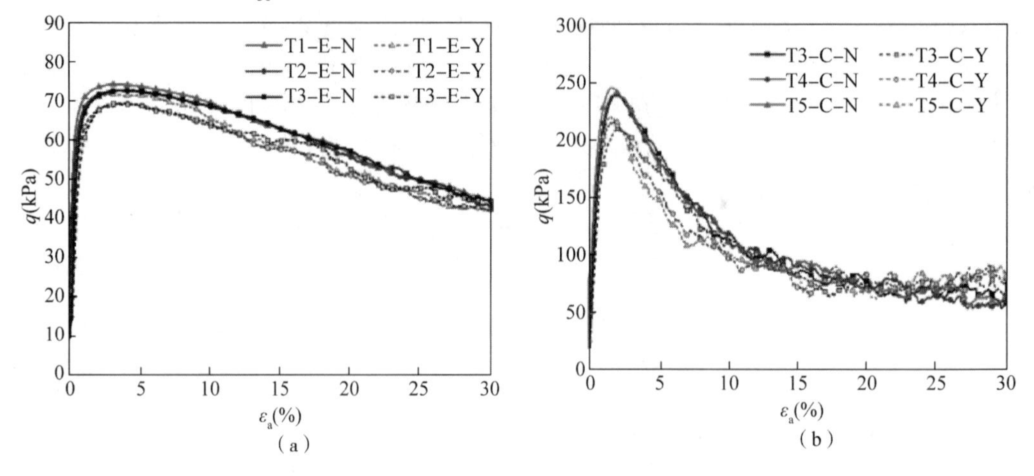

图 4.1.39　渗蚀前后试样在三轴排水条件下的应力-应变关系

(a)三轴拉伸剪切(T1~T3 试样)；(b)三轴压缩剪切(T3~T5 试样)

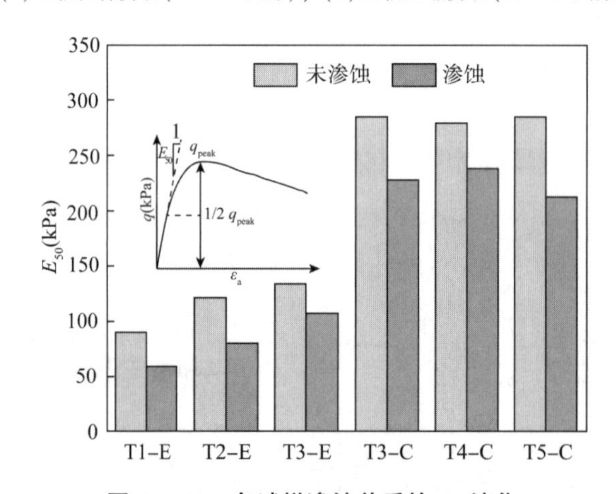

图 4.1.40　各试样渗蚀前后的 E_{50} 演化

4.1.3.3　砂土渗蚀及三轴剪切细观力学响应

1. 渗蚀阶段试样细观结构演化特征

渗蚀过程中所有试样配位数演化如图 4.1.41 所示。可以看出，渗蚀过程中试样配位数 Z 的变化较大，表现出较明显的波动，这可能是由于无接触或仅有一个接触的弱接触颗粒迁移导致的颗粒间断性接触。此外，试样力学配位数 Z_m 首先随着体积收缩而略微增加，接着随着细颗粒逐渐流失而减小，如图 4.1.41(b)所示。这表明，在较大的水力梯度($i_{max}=10$)下，部分具有两个及以上接触的强接触颗粒也被侵蚀，导致 Z_m 整体降低。渗蚀后期，应力比绝对值相同的试样，其力学配位数 Z_m 趋于一致。读者可扫描二维码查看彩图效果。

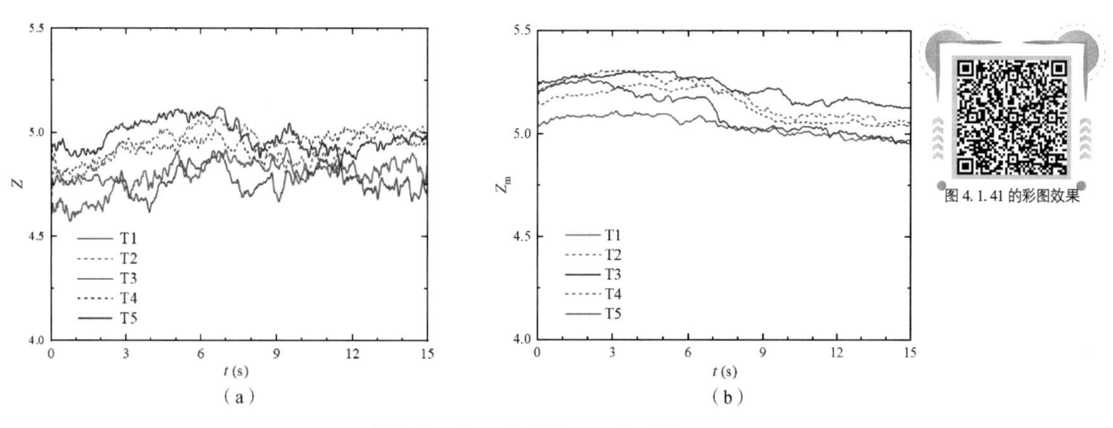

图 4.1.41　渗蚀过程中所有试样配位数演化

(a)配位数 Z 演化；(b)力学配位数 Z_m 演化

为进一步评价试样中粗细颗粒的接触情况，下面根据接触颗粒的粒径，将颗粒接触分为 3 种，包括粗颗粒间的接触(C-C 接触)、粗-细颗粒间的接触(C-F 接触)及细颗粒间的接触(F-F 接触)，相应的配位数分别为 Z_{C-C}、Z_{C-F} 和 Z_{F-F}。渗蚀过程中各配位数的演化如图 4.1.42 所示，可以看出，随着时间的推移，所有试样的 Z_{C-C}逐渐增大，而 Z_{C-F}则逐渐减小。这表明，一些 C-F 接触逐渐转变为 C-C 接触。在细颗粒损失和运移过程的阻塞作用下，Z_{F-F}整体保持稳定。读者可扫描二维码查看彩图效果。

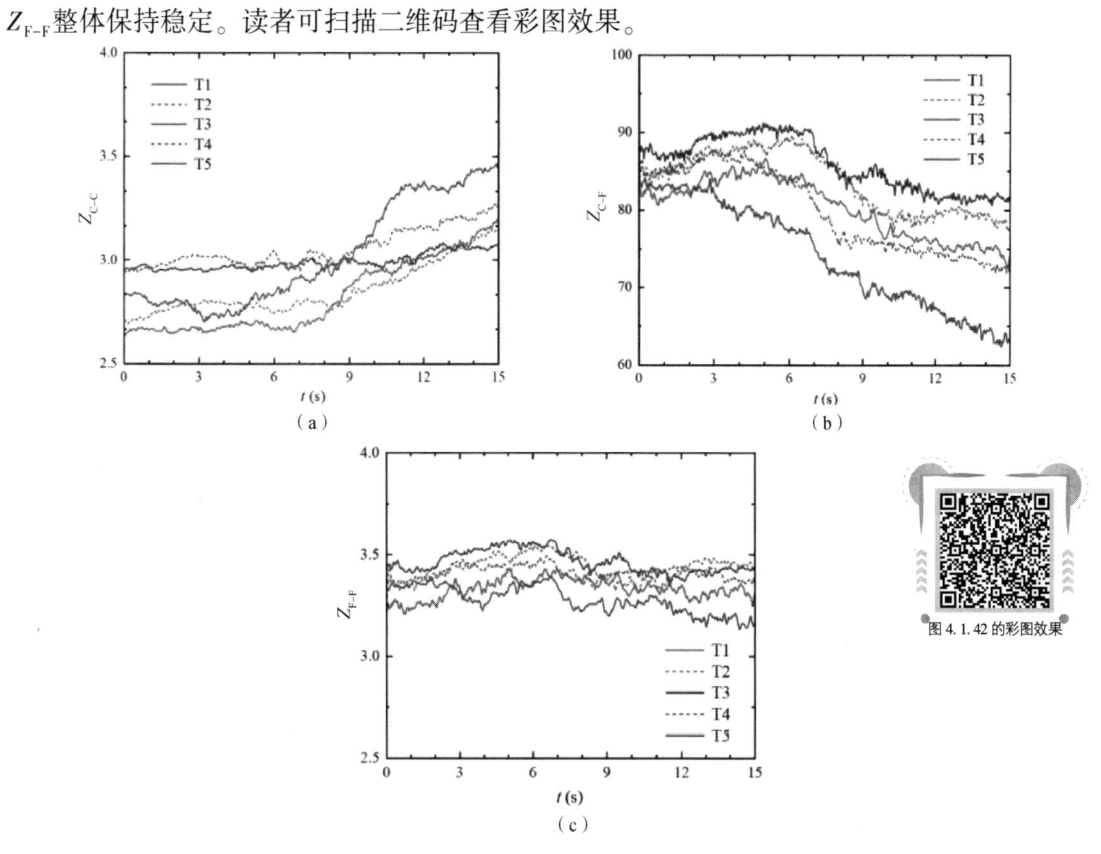

图 4.1.42　渗蚀过程中各配位数的演化

(a)Z_{C-C}；(b)Z_{C-F}；(c)Z_{F-F}

2. 剪切阶段试样细观结构演化特征

试样初始剪切导致的各向异性可通过法向接触和法向接触力分布表征，如图 4.1.43 所示。T1 试样的法向接触及法向接触力主方向均沿水平方向，与其第一主应力方向一致。与法向接触分布相比，法向接触力分布表现出更明显的各向异性。此外，由于应力条件不同，T5 试样的法向接触和法向接触力分布主方向均沿竖直方向。

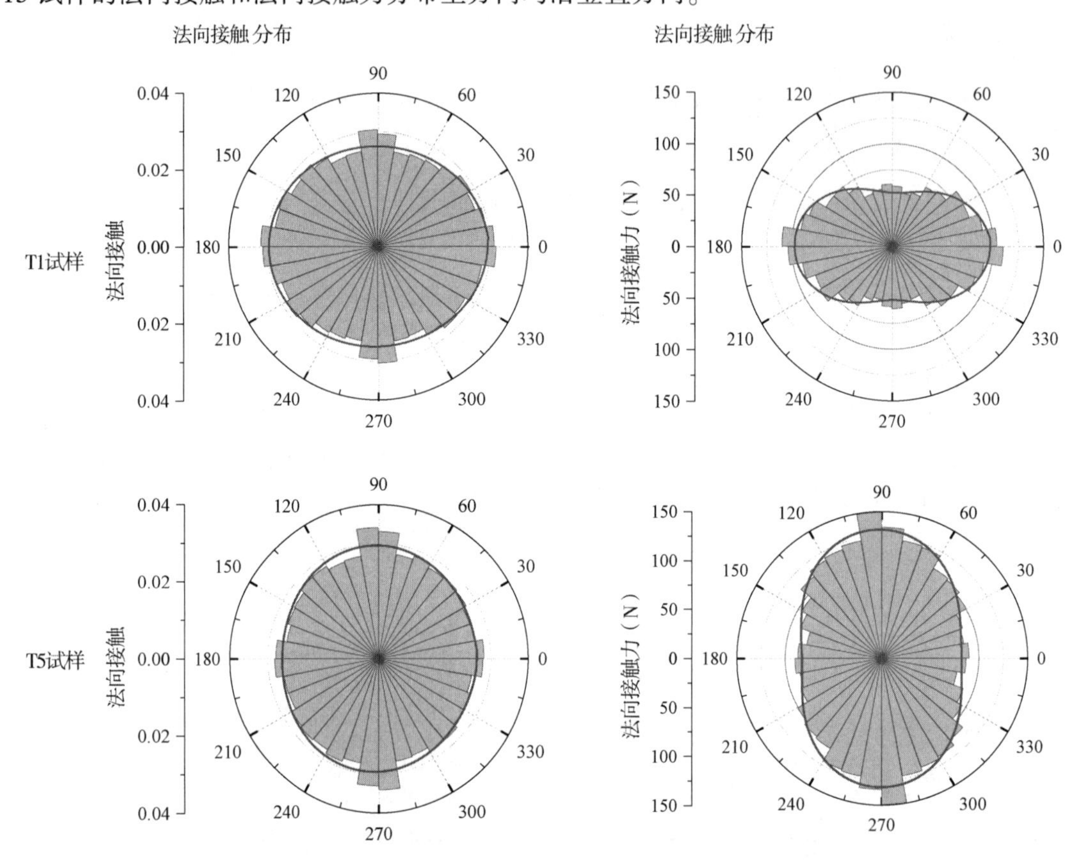

图 4.1.43　初始各向异性为渗蚀 T1 和 T5 试样的纵向法向接触和法向接触力分布

三轴压缩和拉伸过程试样配位数演化如图 4.1.44 所示。可以发现，剪切前（$\varepsilon_a=0$）未渗蚀试样的 Z 和 Z_m 值大致相同，表明未渗蚀试样内的颗粒接触较好。随着剪切过程的发展，Z 和 Z_m 均不断减小，表明一些强接触颗粒在剪切过程中逐渐演化为零接触或一个接触的弱接触颗粒。渗蚀试样的配位数 Z 明显小于未渗蚀试样，而两者的力学配位数 Z_m 差异较小，可忽略不计。剪切后期，Z 和 Z_m 均趋于稳定，表明剪切后试样的（力学）配位数取决于试样的级配和剪切条件。

在三轴剪切过程中，不同接触类型的配位数演化如图 4.1.45 所示，包括 Z_{C-C}、Z_{C-F} 和 Z_{F-F}。结果表明，虽然在相同剪切条件下，渗蚀试样的 Z 和 Z_m 收敛于相同值，但不同接触类型的配位数却存在明显差异。渗蚀试样的 Z_{C-C} 相对较高，但其 Z_{C-F} 和 Z_{F-F} 却远低于未渗蚀试样，这表明渗蚀试样在剪切过程中的接触力链主要由 C-C 接触承担，配位数演化所反映出的接触力链变化是试样剪切响应改变的主要原因之一。

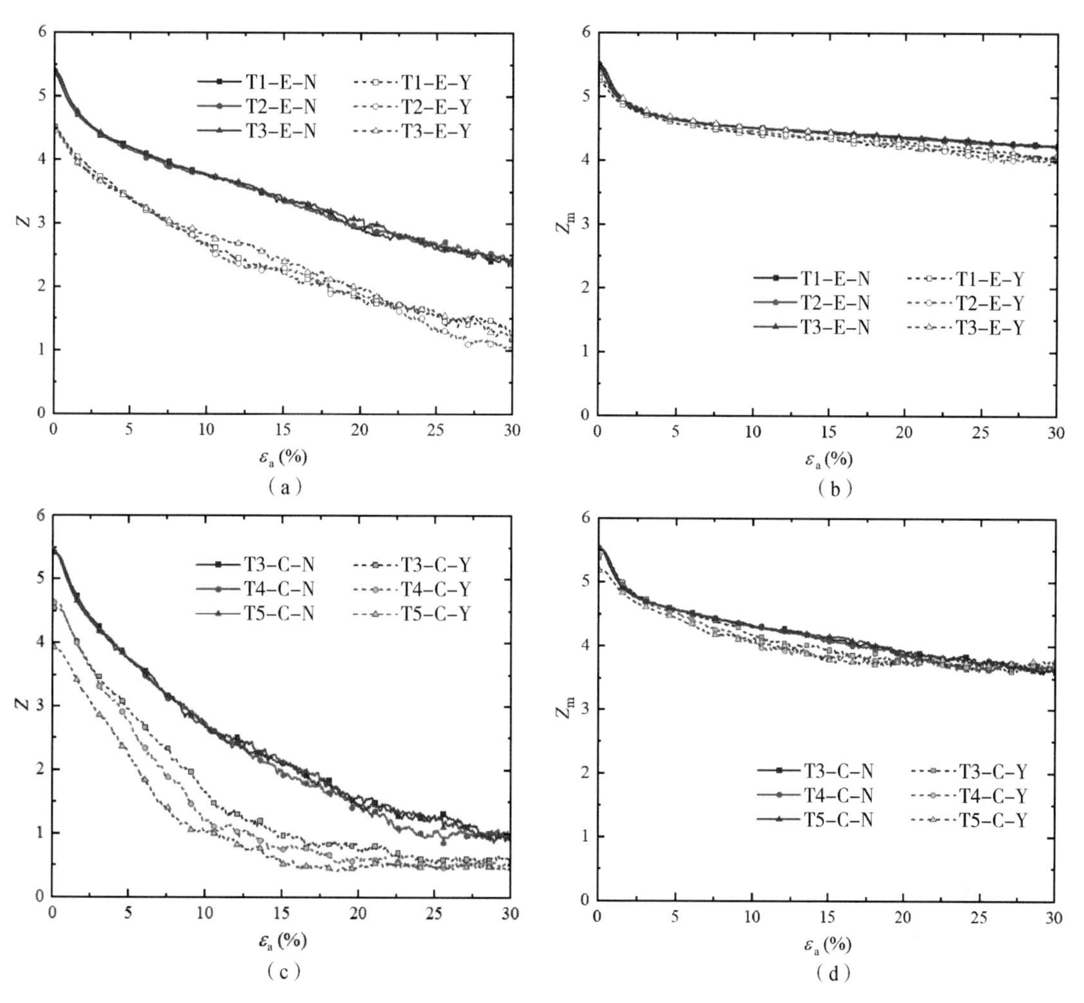

图 4.1.44　三轴压缩和拉伸过程试样配位数演化

(a)三轴拉伸条件下 Z；(b)三轴拉伸条件下 Z_m；(c)三轴压缩实验条件下 Z；(d)三轴压缩实验条件下 Z_m

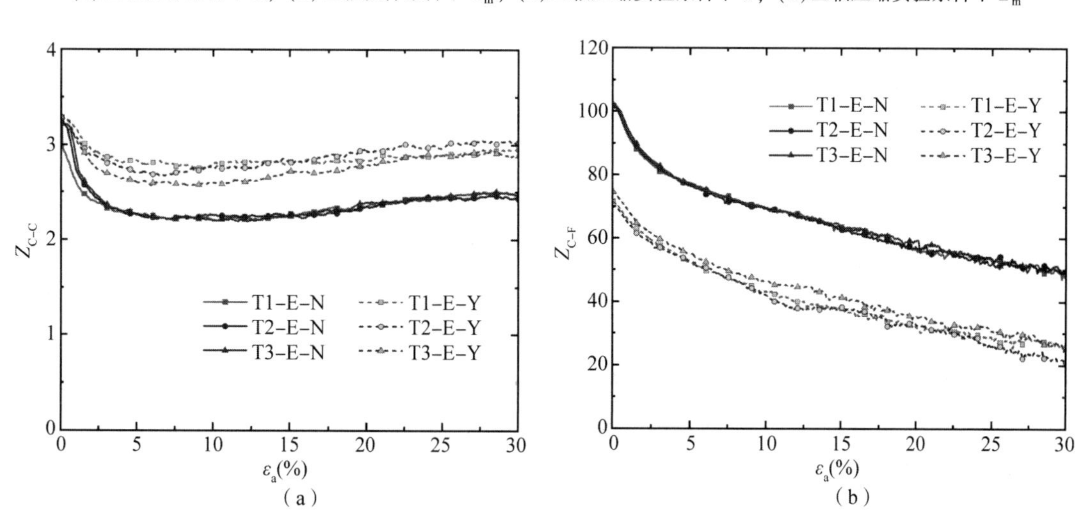

图 4.1.45　不同接触类型的配位数演化

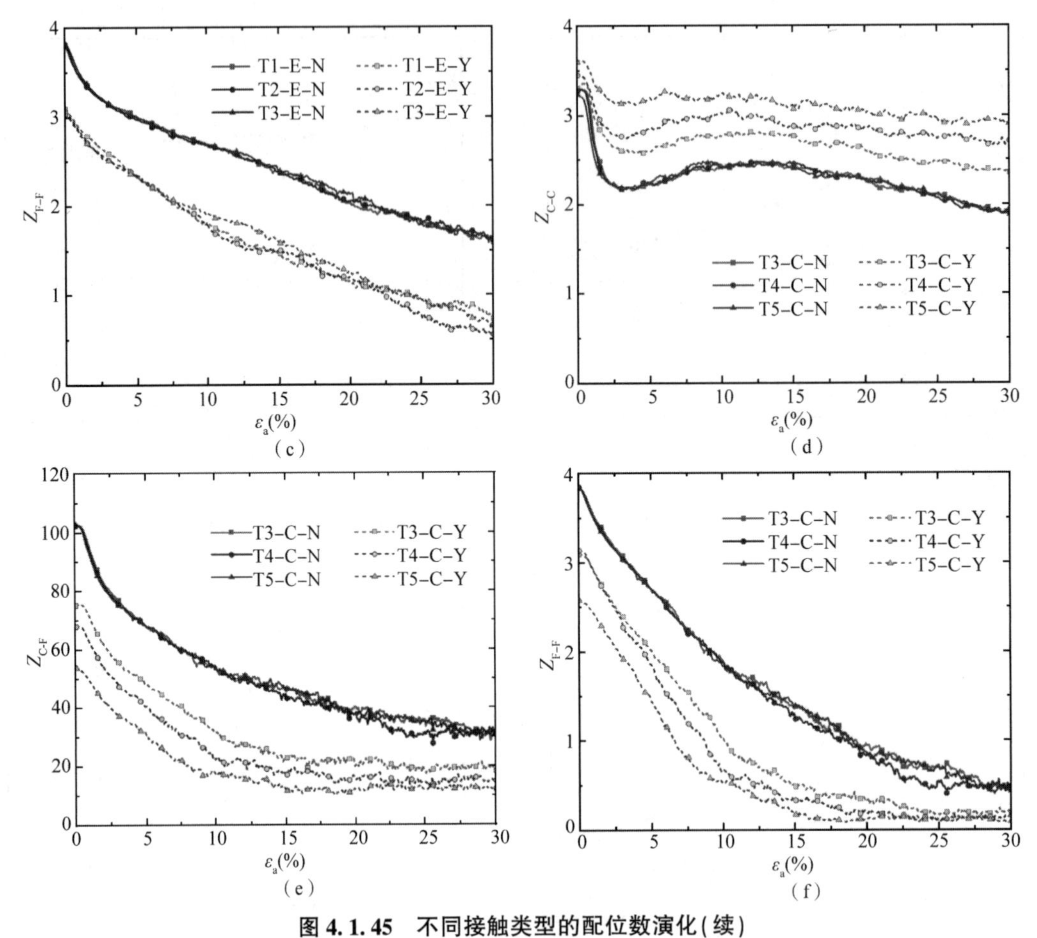

图 4.1.45　不同接触类型的配位数演化(续)

(a)三轴位伸条件下 Z_{C-C}；(b)三轴位伸条件下 Z_{C-F}；(c)三轴位伸条件下 Z_{F-F}；

(d)三轴压缩条件下 Z_{C-C}；(e)三轴压缩条件下 Z_{C-F}；(f)三轴压缩条件下 Z_{F-F}

3. 渗蚀和剪切过程中应力各向异性的演化

渗蚀前($t=0$)强、弱接触法向力分布如图 4.1.46 所示。结果表明，强接触法向力分布的主要方向与主应力方向基本一致，应力各向异性随初始应力比的增大而增大，而与弱接触力有关的应力各向异性十分微弱。这表明，应力主要由强接触力链支撑，故应力比的变化只会增强强接触的各向异性演化。

剪切过程中，各向异性渗蚀试样 T5 在纵剖面上的接触力链和法向接触力分布如图 4.1.47 所示。可以发现，强接触法向力分布展示出明显的各向异性，其玫瑰图呈椭圆形或花生形；而弱接触法向力分布则保持整体各向同性，仅在峰值状态($\varepsilon_a=2\%$)时演化出轻微的各向异性。此外，由不同接触类型(C-C 接触、C-F 接触和 F-F 接触)的接触法向力分布可得，所有接触类型均具有一定程度的初始接触法向力各向异性，这与初始应力状态一致，且这种各向异性会随着剪切过程发展更为明显，特别是在峰值状态($\varepsilon_a=2\%$)时。在所有接触类型中，C-C 接触和 C-F 接触的法向力各向异性较 F-F 接触更为明显。这表明，粗颗粒在 C-C 接触和 C-F 接触产生的强接触力链中起着主导作用。

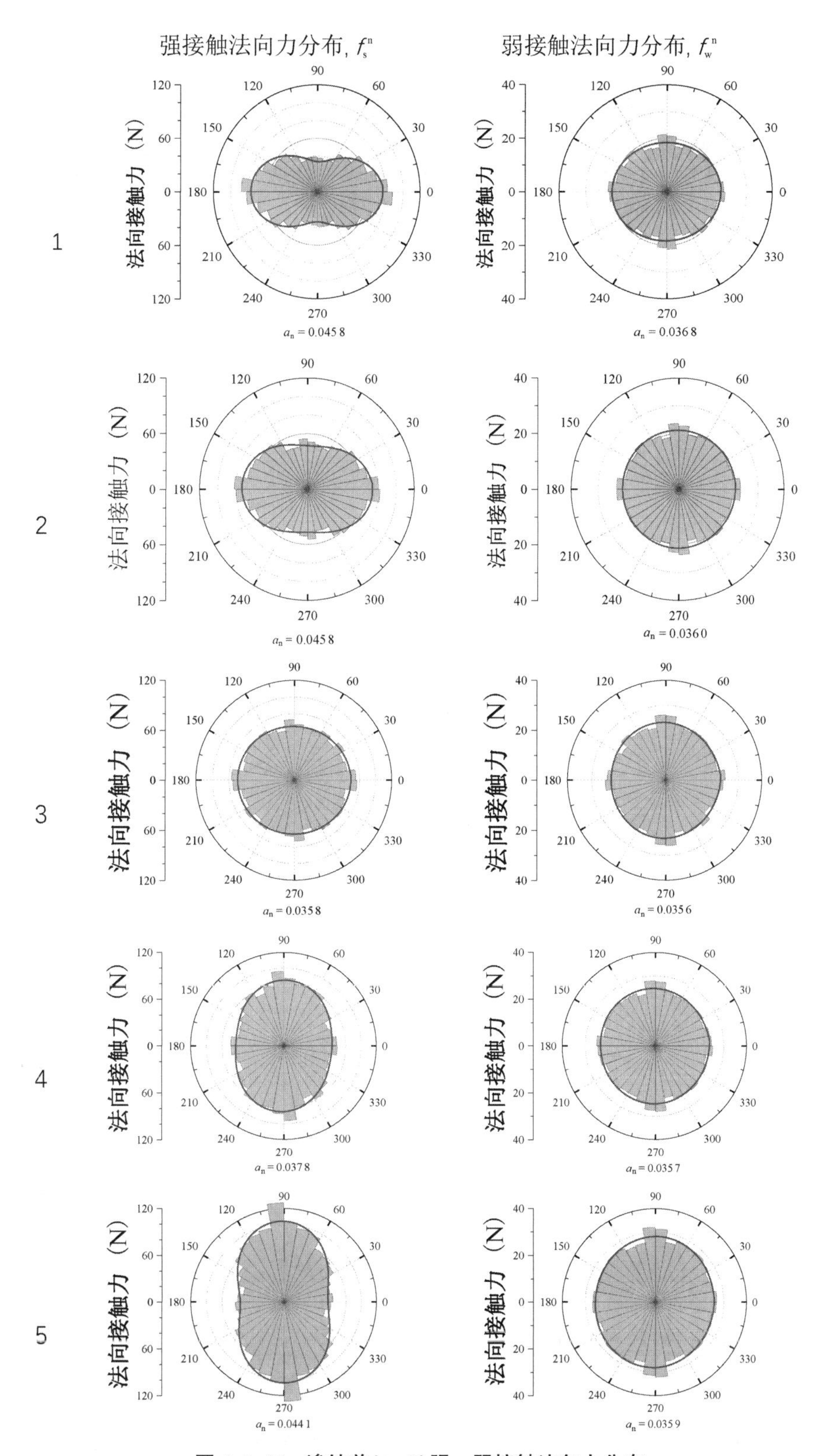

图 4.1.46　渗蚀前(t−0)强、弱接触法向力分布

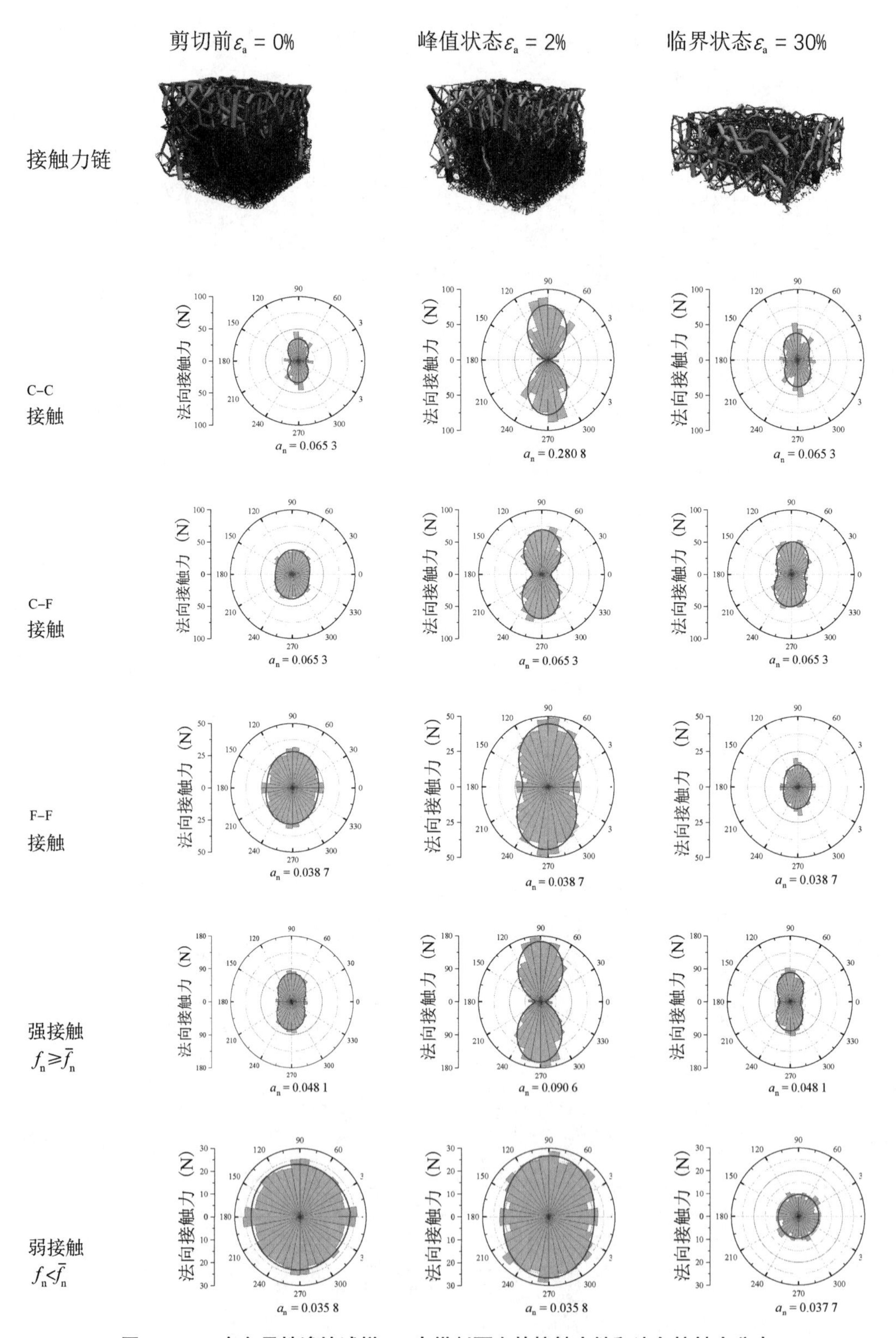

图 4.1.47　各向异性渗蚀试样 T5 在纵剖面上的接触力链和法向接触力分布

4.1.4　基于全解析 CFD-DEM 耦合的间断级配砂土渗蚀启动模拟

4.1.4.1　全解析 CFD-DEM 模型算法及优越性

1. 全解析 CFD-DEM 模型的控制方程

CFD-DEM 模型的基本原理及相关方程前面章节已经介绍，这里介绍全解析方法不同于非解析方法的部分。全解析方法示意图如图 4.1.48 所示，这种方法将流场区域 Ω 分为流体区域 Ω_F 和颗粒区域 Ω_P，Γ 是模型的计算边界，Γ_P是固相与液相的交界面，控制方程、边界条件和初始条件如式(4.4)~式(4.9)所示。

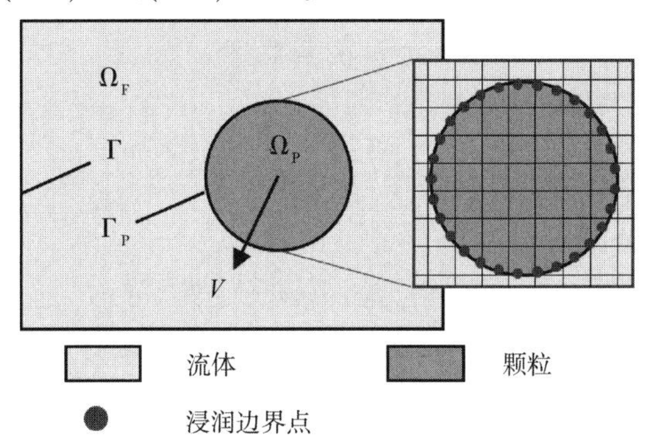

图 4.1.48　全解析模型示意图

$$\rho_f \frac{\partial \boldsymbol{u}_f}{\partial t} + \rho_f(\boldsymbol{u}_f \cdot \nabla)\boldsymbol{u}_f = -\nabla p + \mu \nabla^2 \boldsymbol{u}_f \quad \text{in}\Omega_F \tag{4.4}$$

$$\nabla \cdot \boldsymbol{u}_f = 0 \quad \text{in}\Omega_F \tag{4.5}$$

$$\boldsymbol{u}_f = \boldsymbol{u}_\Gamma \quad \text{on}\Gamma \tag{4.6}$$

$$\boldsymbol{u}_f(x,\ t=0) = \boldsymbol{u}_0(x) \quad \text{in}\Omega_F \tag{4.7}$$

$$\boldsymbol{u}_f = \boldsymbol{u}_p \quad \text{in}\Omega_P \tag{4.8}$$

$$\boldsymbol{\sigma} \cdot \hat{\boldsymbol{n}} = \boldsymbol{t}_{\Gamma_P} \quad \text{on}\Gamma_P \tag{4.9}$$

其中，ρ_f 为流体密度，μ 为流体的黏滞系数，$\boldsymbol{u}_f$、$\boldsymbol{u}_p$和 $\boldsymbol{u}_\Gamma$分别为流体、颗粒与计算边界的流速，$\boldsymbol{\sigma}$ 为流场的孔压，$\hat{\boldsymbol{n}}$ 为固液交界面的外法线方向，$\boldsymbol{t}_{\Gamma_P}$为流体作用在固液交界面的应力。式(4.4)和式(4.5)为不可压缩流体的动量守恒与质量守恒方程，式(4.6)和式(4.7)为边界条件与初始条件，式(4.8)将颗粒的运动传递给了流体，式(4.9)是固液交界面的平衡条件，能够计算出流体与颗粒的相互作用力。

2. 全解析 CFD-DEM 模型的耦合过程

全解析 CFD-DEM 模型的耦合过程可分为以下 3 个步骤。

(1)不考虑固相的存在，将流场离散为网格，采用 OpenFOAM 中的 PISO 求解器计算时间离散形式的 N-S 方程：

$$\rho_f \frac{\hat{\boldsymbol{u}}_f - \boldsymbol{u}_f^{n-1}}{\Delta t} + \rho_f(\boldsymbol{u}_f^{n-1} \cdot \nabla)\boldsymbol{u}_f^{n-1} = -\nabla \tilde{p} + \mu \nabla^2 \boldsymbol{u}_f^{n-1} \tag{4.10}$$

其中，$\widetilde{p}$ 为初始孔压，$\boldsymbol{u}_{\mathrm{f}}^{n-1}$ 为上一个计算步的流速，$\hat{\boldsymbol{u}}_{\mathrm{f}}$ 为当前计算步的临时流速。

(2)根据流场网格的孔隙率，将当前计算步的临时流速调整为对应颗粒流速 $\widetilde{\boldsymbol{u}}_{\mathrm{f}}$，这相当于在式(4.10)的左侧加上一项额外项 F^{e}：

$$F^{e}=\rho_{\mathrm{f}}\frac{\widetilde{\boldsymbol{u}}_{\mathrm{f}}-\hat{\boldsymbol{u}}_{\mathrm{f}}}{\Delta t} \tag{4.11}$$

(3)虽然液相与固相都满足无散速度场，但固液相交界面的速度是不连续的，因此将流速 $\widetilde{\boldsymbol{u}}_{\mathrm{f}}$ 投影至无散度空间，得到当前计算步的流速 $\boldsymbol{u}_{\mathrm{f}}^{n}$：

$$\boldsymbol{u}_{\mathrm{f}}^{n}=\widetilde{\boldsymbol{u}}_{\mathrm{f}}-\nabla\varphi \tag{4.12}$$

其中，φ 是一个满足泊松方程的标量场：

$$\nabla^{2}\varphi=\widetilde{\boldsymbol{u}}_{\mathrm{f}} \tag{4.13}$$

3. 全解析 CFD-DEM 模型的优越性

CFD-DEM 模型根据流场的不同求解方法可以分为非解析方法、半解析方法与全解析方法。其中非解析方法利用 N-S 方程计算流体网格的平均流速与压强，要求流场网格尺寸大于颗粒尺寸，颗粒与流体间的拖曳力、黏滞力与梯度力等相互作用力采用经验公式计算。因为非解析方法的网格划分粗糙，无法获取颗粒与流体间复杂的流场特性，所以会高估诱发渗蚀启动的临界水力梯度。全解析方法要求流场网格尺寸小于颗粒尺寸，在颗粒与流场接触面的应力积分得到相互作用力，克服了非解析方法精度较低的缺点。自适应网格可以实现高效的流体计算，颗粒周围的网格重划分为小于颗粒尺寸的网格，而距离颗粒较远的网格保持为粗略划分。移动颗粒边界的探测与更新需要消耗大量的计算资源，浸润边界法可以减少计算量。全解析方法可以绕过非解析方法中唯象的相互作用力模型，并且能够捕捉固液相互作用，例如孔喉附近孔隙水压力的增加、颗粒表面附近的不同流动模式。Haeri 等人[18]证明了全解析 CFD-DEM 模型在模拟颗粒流体相互作用问题中的准确性和稳定性。

4.1.4.2 全解析 CFD-DEM 模型的验证案例

1. 单个球形颗粒下沉

Zhao 等人[19]通过理论分析得出一个小球沉入水中的速度演化，小球会经历一个加速或减速的过程，并达到一个稳定速度。小球的速度由下式决定：

$$\frac{4}{3}\pi r_{\mathrm{p}}^{3}\rho_{\mathrm{s}}\frac{\partial\boldsymbol{U}_{\mathrm{r}}}{\partial t}=\frac{4}{3}\pi r_{\mathrm{p}}^{3}(\rho_{\mathrm{s}}-\rho_{\mathrm{f}})\boldsymbol{g}-\frac{1}{2}\pi r_{\mathrm{p}}^{2}\rho_{\mathrm{f}}C_{\mathrm{d}}\boldsymbol{U}_{\mathrm{r}}^{2} \tag{4.14}$$

其中，ρ_{s} 为小球的密度；r_{p} 为小球的半径；$\boldsymbol{U}_{\mathrm{r}}$ 为小球和水的相对流速；$\boldsymbol{g}$ 是重力加速度，为 9.81 m/s^{2}；C_{d} 为拖曳力系数，由 Brown 等人[20]提出：

$$C_{\mathrm{d}}=\frac{24}{Re_{\mathrm{p}}}(1+0.150\,Re_{\mathrm{p}}^{0.681})+\frac{0.407}{1+\dfrac{8710}{Re_{\mathrm{p}}}} \tag{4.15}$$

$$Re_{\mathrm{p}}=\frac{2n\rho_{\mathrm{f}}r_{\mathrm{p}}\left|U^{\mathrm{f}}-U^{\mathrm{p}}\right|}{\mu_{\mathrm{f}}} \tag{4.16}$$

其中，Re_{p} 为流体的雷诺数，n 为流体网格的孔隙率，μ_{f} 为运动黏滞系数。

在一个体积为 2×2×6(长×宽×高)cm^3 的立方水槽中，一个半径为 0.1 cm 的小球在距离上顶面 1 cm 处的位置释放，水的密度为 1 g/cm^3，小球密度为 2.65 g/cm^3，水的运动黏滞系数为 0.01 g/(cm · s)。接触模型采用 Hertz-Mindlin 模型，弹性模量 E 取为 70 MPa，泊松比 ν 取为 0.4，恢复系数 ξ 取为 0.2。模拟了小球速度 v_0 分别为 0、50 cm/s 的工况，模拟得到的小球速度与位移与由公式预测的结果一致(图 4.1.49)，这证明了全解析方法可以较好地模拟简单情况下的流体固体相互作用。

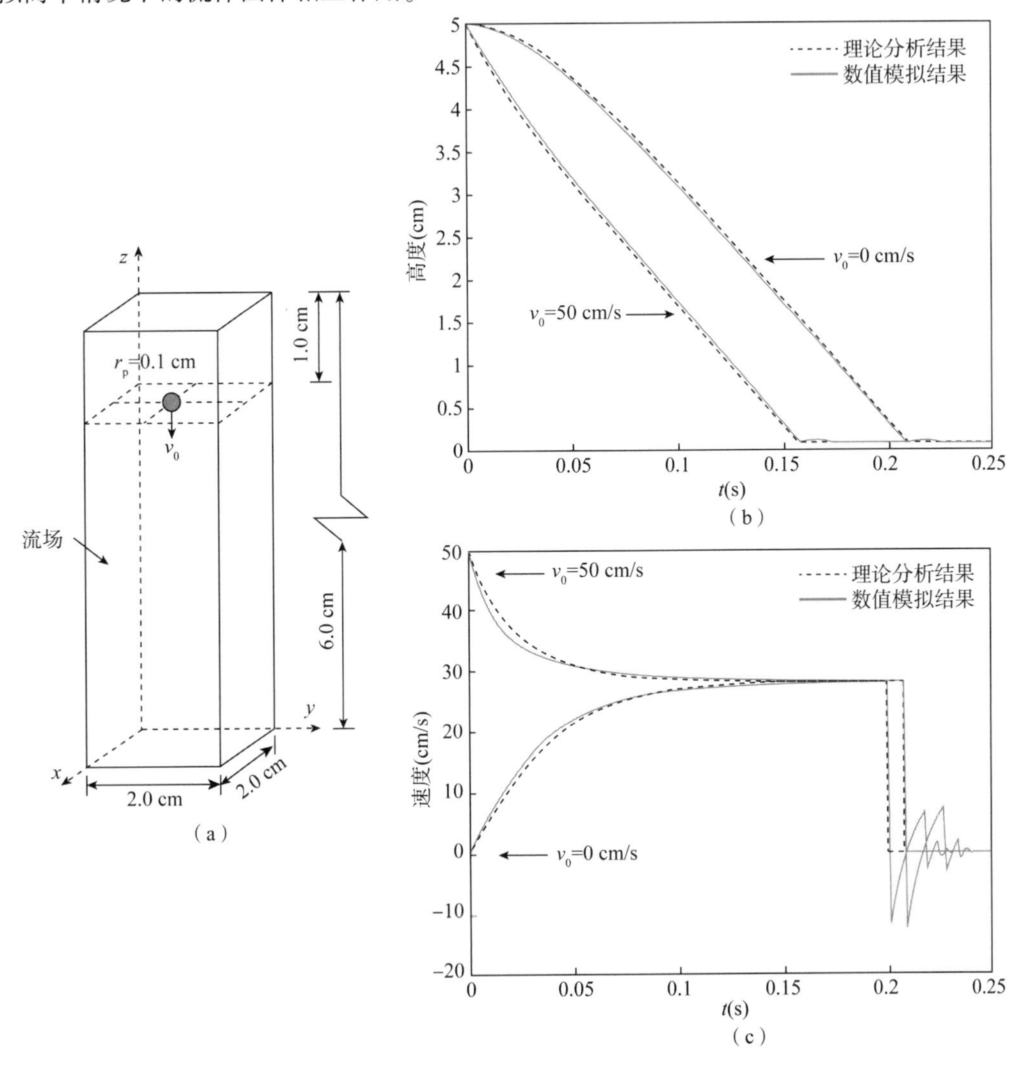

图 4.1.49　单个球形颗粒下沉预测与模拟

(a)单个小球下沉示意图；(b)小球位移演化曲线；(c)小球速度演化曲线

2. 两个球形颗粒下沉及相互作用

为了进一步验证全解析方法在预测颗粒间相互作用的准确性，下面模拟两个小球下沉至水中(图 4.1.50)。在一个体积为 2×2×6(长×宽×高) cm^3 的立方水槽中，两个半径为 0.125 cm 的小球同时从距离顶部1 cm、1.5 cm 的位置释放，其他参数与单个小球下沉案例相同。

从图上可以看出，在下沉初期(t<0.07 s)，两个小球速度几乎相同。随后，下方的小球逐渐减速，上方的小球不断加速。在 t=0.16 s，两个小球发生碰撞，并以相近的速度继续下

沉。小球的速度与位移与 Glowinski 等人[21]的模拟结果相近。由于碰撞后小球的运动变得混乱和不可预测，所以小球在 t>0. 25 s 的运动没有展示。

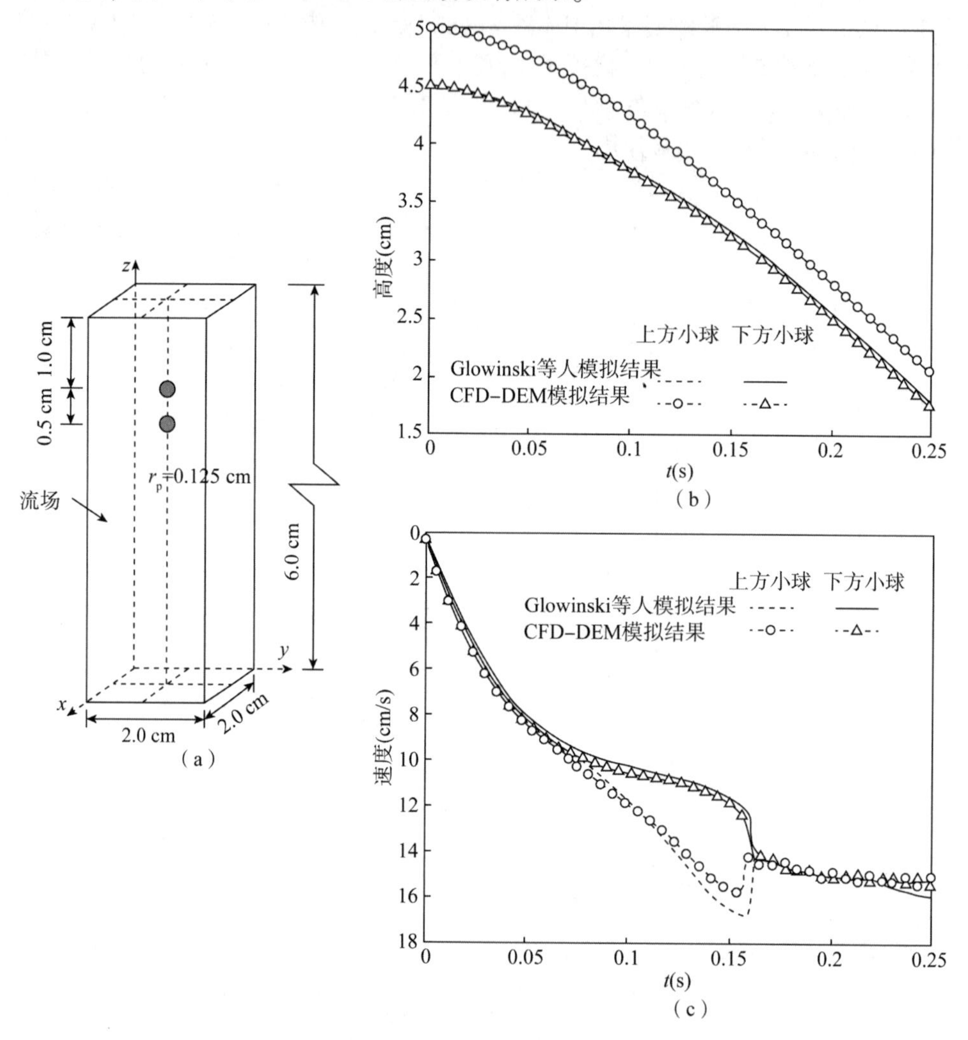

图 4. 1. 50　两个球形颗粒下沉预测与模拟

(a)两个小球下沉示意图；(b)小球位移演化曲线；(c)小球速度演化曲线

3. 一维固结

下面介绍经典一维固结实验，上边界为排水条件，其他边界为不排水条件，立方水槽的尺寸为 1×1×100 mm³，流场沿长宽高分别划分为 5×5×500 的网格，100 个半径为 0. 5 mm 的小球垂直排列，其他参数与小球下沉案例相同。

一开始，试样在重力和浮力的作用下固结。在 t=0. 2 s 时刻，顶部边界施加 100 kPa 压力。重力和压力引起的沉降通过理论计算可得：

$$\delta^g = \frac{N(N+1)}{2H_0}\frac{(F^g - F^b)}{k_n} \tag{4.17}$$

$$\delta^p = \frac{NF}{k_n} \tag{4.18}$$

其中，N 为小球数量，F^g 是重力，F^b 是浮力，H_0 为土样的初始高度，F 表示上覆压力，k_n 为颗粒的法向接触刚度。由图 4.1.51(a)可知，模拟得到的沉降与理论值相近。

图 4.1.51(b)所示为超孔隙水压力消散模拟值与太沙基(Terzaghi)理论值曲线。Terzaghi 理论值计算方式如下：

$$u = \sum_{m=1}^{\infty} \frac{2u_0}{m\pi}(1 - \cos m\pi)\sin \frac{m\pi z}{2H}\exp\left(-\frac{m^2\pi^2 T_v}{4}\right) \tag{4.19}$$

其中，u_0 为初始孔隙水压力，H 为试样在重力与浮力作用下沉降后的初始高度，m 为整数，$T_v = C_v t/H^2$ 为无量纲时间，C_v 为固结系数。全解析方法可以获得超孔隙水压力的消散规律，这再次证明了这种方法的准确性和可行性。

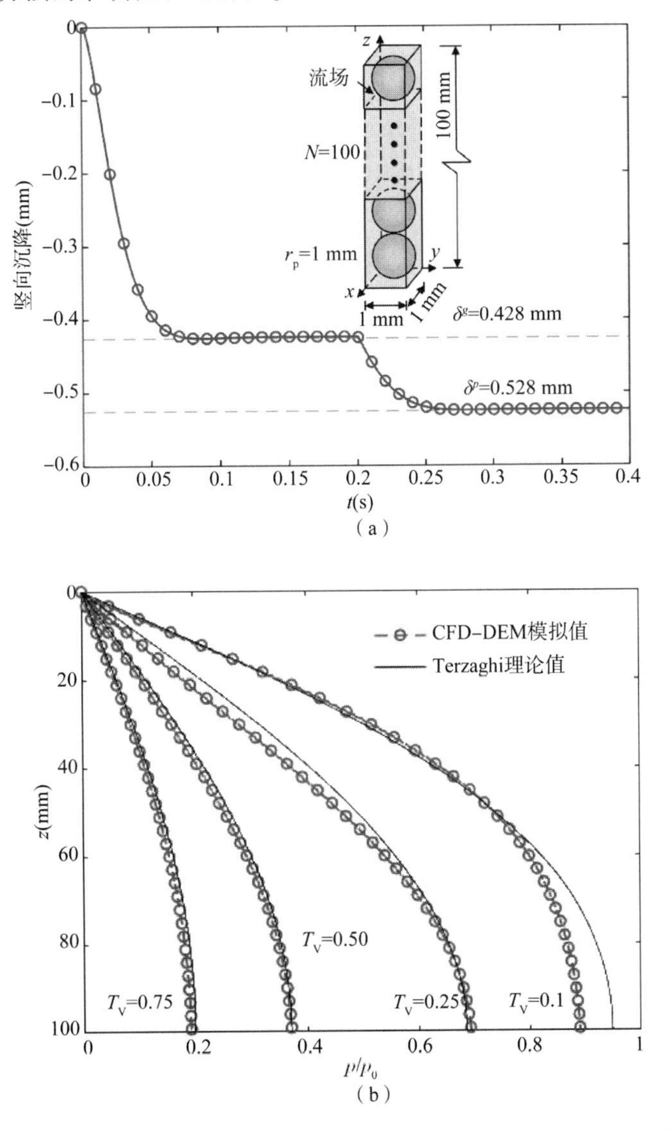

图 4.1.51　一维固结沉降随时间演化及超孔隙水压力消散数值模拟结果及太沙基理论值对比图

(a)一维固结沉降演化曲线；(b)超孔隙水压力消散曲线

4.1.4.3 渗蚀启动过程模拟流程

正方体试样包括25000个颗粒，墙为光滑的刚性墙，粗颗粒直径为2.28~2.64 mm，细颗粒直径为0.46~0.55 mm，细颗粒质量占比为35%。试样颗粒级配曲线如图4.1.52所示。根据Kezdi提出的判别准则，该试样为不良级配土，$d_{15}^{c}/d_{85}^{f}>4$，其中d_{15}^{c}表示小于该粒径的粗颗粒含量小于土样总量的15%，d_{85}^{f}表示小于该粒径的细颗粒含量小于土样总量的85%。流场区域的大小与压缩后试样相同，流场一开始离散为50×50×50的网格，随后根据颗粒位置动态重划分网格，所有网格尺寸都小于最小颗粒的尺寸。

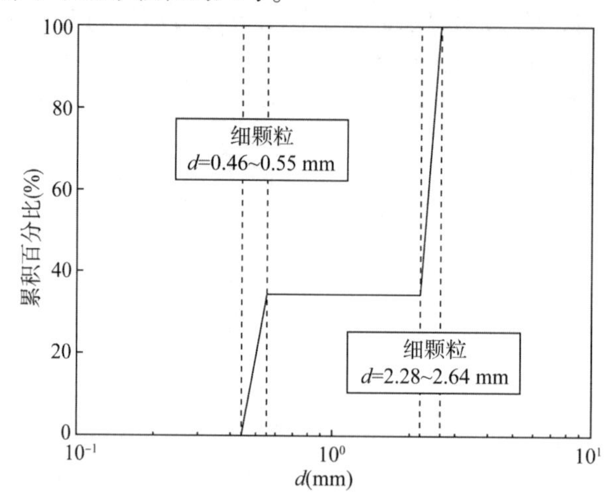

图4.1.52 试样颗粒级配曲线

渗蚀模拟分为固结、剪切、重固结与渗蚀等4个阶段，如图4.1.53所示。在固结阶段，试样各向同性固结至目标围压，该阶段没有施加重力场以获得各向同性试样。准静态条件要求惯性数$I=2\dot{\gamma}r_{p}\sqrt{P/\rho_{s}}<1.0\times10^{-4}$，其中$\dot{\gamma}$是应变率，$P$为相关压力。该模拟中，应变率$\dot{\gamma}$为0.01 s^{-1}，相关压力P为有效围压，以确保惯性数I始终小于1.0×10^{-4}。

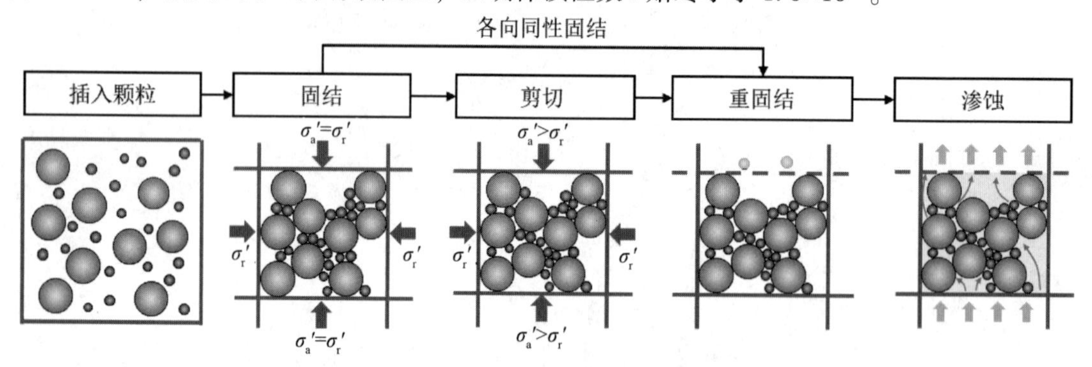

图4.1.53 试样制备与渗蚀模拟流程

在剪切阶段，试样三轴压缩至目标应力比$\eta=3(\sigma_{a}'-\sigma_{a}')/(\sigma_{a}'+2\sigma_{r}')$。其中，$\sigma_{a}'$为有效轴压(轴向应力)，$\sigma_{a}'$为有效围压，轴压范围为50~150 kPa，应力比范围为0~0.63(图4.1.54)。颗粒间摩擦系数μ_{f}取0.1，以生成相对密实的试样，所有试样的初始应力状态、孔隙比及临界水力梯度如表4.1.8所示。

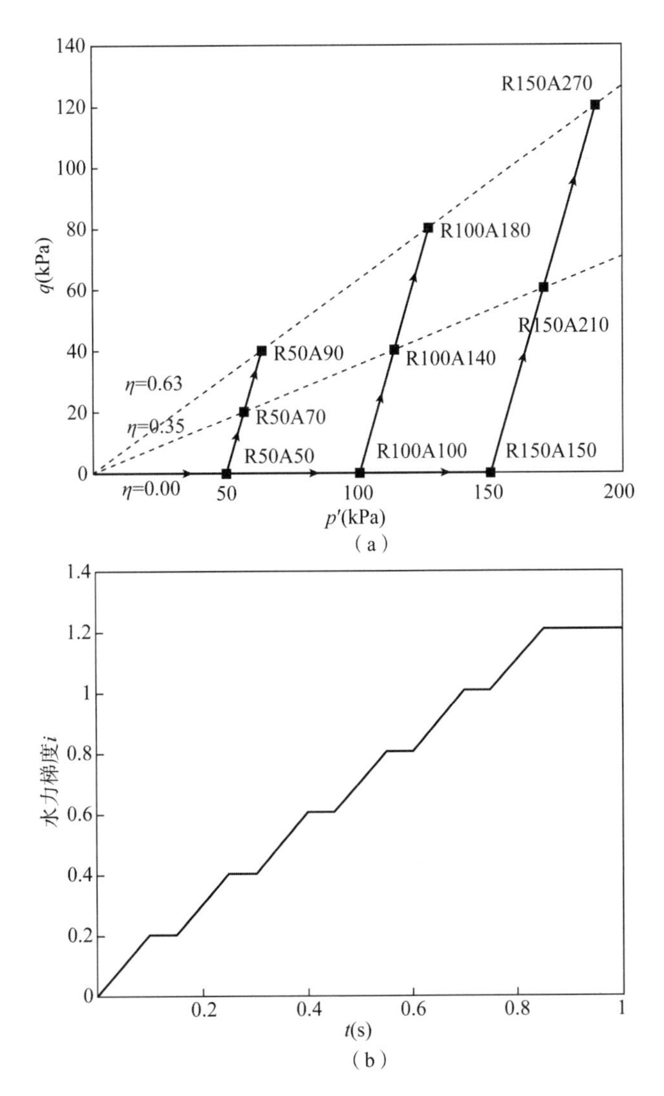

图 4.1.54　不同应力比 q-p' 及水力梯度 i 随时间演化图

（a）试样初始应力状态（红圈表示目标应力状态，带箭头实线表示应力路径）；（b）水力梯度

表 4.1.8　所有试样的初始应力状态、孔隙比及临界水力梯度

试样编号	径向应力 σ_r'(kPa)	轴向应力 σ_a'(kPa)	初始应力比 η_0	初始孔隙比 e_0	临界水力梯度 i_{cr}
R50A50	50	50	0	0. 407	0. 92
R50A70	50	70	0. 35	0. 406	0. 71
R50A90	50	90	0. 63	0. 400	0. 58
R100A100	100	100	0	0. 394	0. 83
R100A140	100	140	0. 35	0. 391	0. 64
R100A180	100	180	0. 63	0. 396	0. 55
R150A150	150	150	0	0. 388	0. 71

续表

试样编号	径向应力 σ_r'(kPa)	轴向应力 σ_a'(kPa)	初始应力比 η_0	初始孔隙比 e_0	临界水力梯度 i_{cr}
R150A210	150	210	0.35	0.387	0.61
R150A270	150	270	0.63	0.389	0.50

为模拟渗蚀细颗粒穿过粗颗粒逃离试样，将上边界更新为可透墙，细颗粒可以穿过上边界，而粗颗粒无法穿过上边界，这将导致上边界附近部分细颗粒损失及应力松弛，因此引入重固结阶段，确保细颗粒损失达到稳定状态、围压恢复至目标应力状态。在重固结阶段，颗粒滑动摩擦系数 μ_f 恢复至 0.5，滚动摩擦系数 μ_r 设置为 0.1，以考虑土颗粒之间的咬合效应。

在渗蚀阶段，在试样顶部和底部边界施加压力差。为了避免土骨架受到渗流的扰动，水力梯度 i 从 0 缓慢地增大至 1.2。因为不良级配土在较小的水力梯度下发生渗蚀，所以只模拟了 1 s 的渗蚀。渗蚀模拟所需的模型参数如表 4.1.9 所示。

表 4.1.9　渗蚀模拟所需的模型参数

计算模型	参数种类(单位)	参数取值
固相(DEM)	颗粒数(个)	2.5×10^4
	细颗粒尺寸(mm)	0.46~0.55
	粗颗粒尺寸(mm)	2.28~2.64
	颗粒密度(kg/m³)	2.65×10^3
	弹性模量(GPa)	70
	泊松比	0.3
	滑动摩擦系数	0.5
	恢复系数	0.2
	滚动摩擦系数	0.1
液相(CFD)	流体密度(kg/m³)	1×10^3
	动力黏度(Pa·s)	1×10^{-3}
	流体初始单元尺寸(mm)	0.4
	流体网格重划分间隔(s)	1×10^{-3}
流固相互作用(CFD-DEM)	DEM 时间步(s)	2×10^{-7}
	CFD 时间步(s)	2×10^{-4}
	耦合时间间隔(s)	2×10^{-4}
	模拟时间(s)	1

上述模拟能够捕捉土颗粒附近的流场分布，以及渗流作用下土颗粒的启动。例如，$\sigma_a'=100$ kPa 各向同性固结试样(R100A100)在渗蚀启动时刻($t=0.67$ s)的流速分布及粗颗粒附近孔喉的流速如图 4.1.55 所示。可以看出，流体在颗粒位置处变化明显，在颗粒孔喉处流速较大，这将诱发细颗粒在渗蚀启动前产生局部位移。

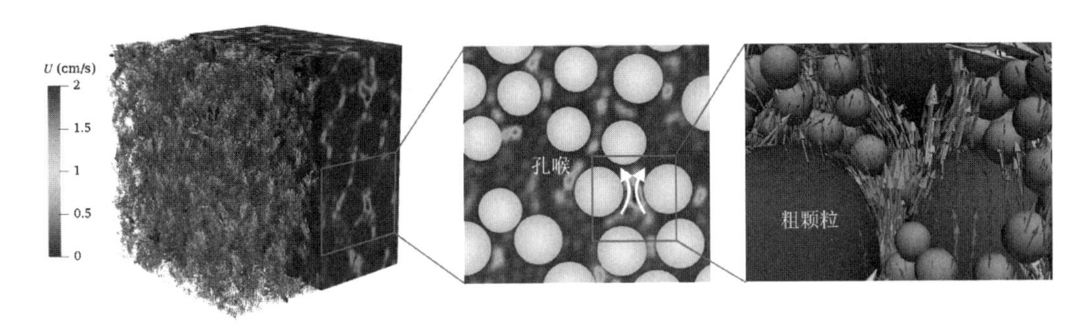

图 4.1.55　R100A100 在渗蚀启动时刻(t=0.67 s)的流速分布及粗颗粒附近孔喉的流速

4.1.4.4　宏观渗蚀启动条件

1. 临界水力梯度

渗蚀启动的宏观判别标准有许多，例如细颗粒体积损失、体应变和渗透系数的突变等。图 4.1.56 展示了正则化孔隙比 e/e_0 和细颗粒质量损失速率 v_e 的演化曲线，其中 e_0 为未渗蚀时试样的初始孔隙比，正则化孔隙比曲线的拐点与细颗粒质量损失速率 v_e = 0.01 %/s 可以视为渗蚀启动的标志。两种方法得到的临界水力梯度 i_{cr} 相近，这里采用孔隙比曲线的拐点来确定临界水力梯度。

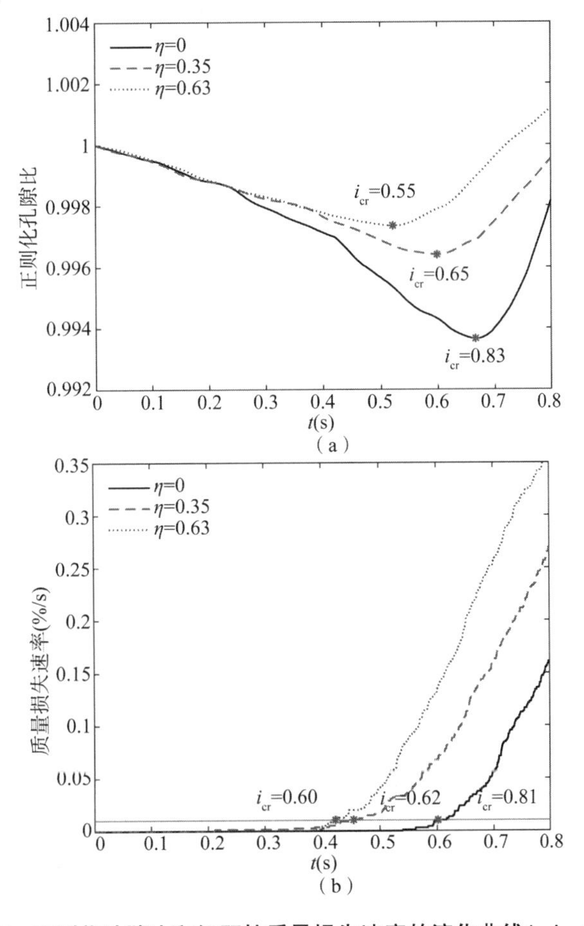

图 4.1.56　正则化孔隙比和细颗粒质量损失速率的演化曲线(σ'_a=100 kPa)

不同围压和初始应力各向异性下试样的临界水力梯度如图 4.1.57 所示，从图中可以看出不同围压与初始应力各向异性试样对渗蚀的抗性能力，临界水力梯度与应力各向异性和围压呈线性关系，围压 σ'_a = 100 kPa 时，当初始应力比从 0 增大至 0.63 时，临界水力梯度降低了 60%。

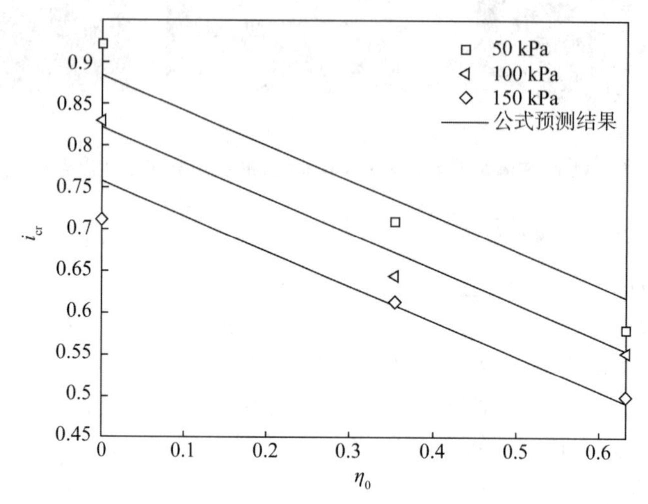

图 4.1.57　不同围压和初始应力各向异性下试样的临界水力梯度

2. 渗蚀启动判别标准

Skempton 等人[22]采用有效应力原理分析了考虑重力渗蚀的临界水力梯度，Li 等人[23]进一步考虑围压的影响后提出了以下标准：

$$i_{cr} = \alpha\left(0.5\frac{\gamma'}{\gamma_w} + \frac{\sigma'_c}{\gamma_w h}\right)$$

其中，α 是应力折减系数，由土体的结构决定，h 是试样的高度，γ' 和 γ_w 分别是土的有效重度和水的重度。该标准表明有效应力增强土体的抗侵蚀能力，这对于良好级配土较为适用，外荷载由所有土颗粒共同承担，但对于不良级配土，很大一部分细颗粒没有参与力链传递，因此高围压反而导致土颗粒更容易发生渗蚀。颗粒的渗蚀取决于颗粒的大小和试样的孔隙率，同时高围压诱发力链屈曲，从而导致颗粒更容易发生渗蚀。综上所述，不良级配土的临界水力梯度不同于 Li 等人[23]的理论预测。

综合考虑围压和应力各向异性的影响后，提出以下不良级配土的临界水力梯度判别标准：

$$i_{cr} = \alpha\left(\frac{\gamma'}{\gamma_w} - \beta\frac{\sigma'_c}{\gamma_w h} - \gamma\eta_0\right) \tag{4.20}$$

其中，β 和 γ 是与围压和应力各向异性相关的常数，采用模拟结果拟合得到 $\alpha = 0.79$，$\beta = 2.73\times10^{-4}$，$\gamma = 0.40$。公式预测和数值模拟得到的临界水力梯度吻合程度较高，且与 Tanaka 等人[24]、Skempton 等人[22]和 Liang 等人[25]的实验结果规律相同(图 4.1.58)。

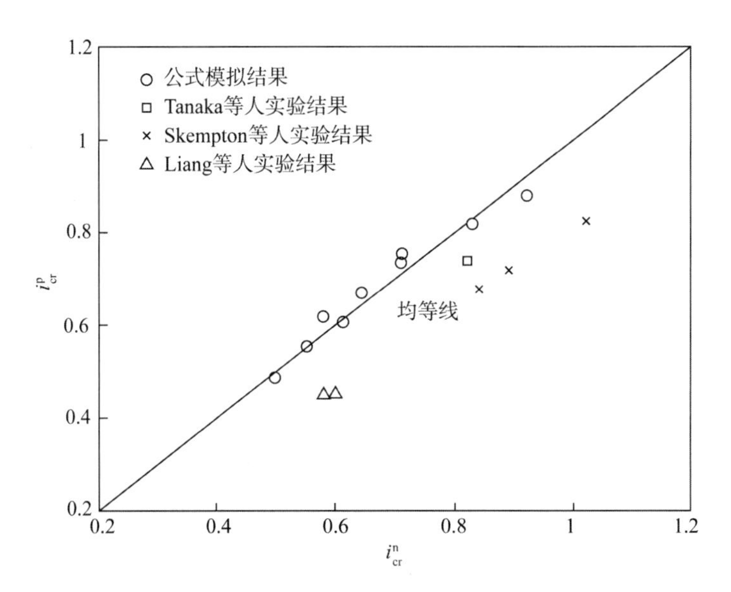

图 4.1.58　公式预测与模拟、实验结果的对比

4.1.4.5　细观渗蚀启动演化

1. 累积动能

细颗粒的累积动能可以反映细颗粒的运动，不同围压下细颗粒累积动能的演化如图 4.1.59(a)所示，在初始阶段(t=0~0.2 s)，各向同性试样围压越小，细颗粒累积动能越小，细颗粒越稳定，这表明尽管高围压试样中的细颗粒被限制在土骨架中，但却更容易启动。在 t>0.2 s 后，低围压试样的累积动能反而更大。图 4.1.59(b)展示了应力各向异性越大，细颗粒累积动能越大，更容易启动。例如，在 0.6 s 时，偏应力比 η=0.63 试样的累积动能是偏应力比 η=0 试样的 3 倍，这与图 4.1.57 中临界水力梯度随着偏应力比增大而减小的规律一致。

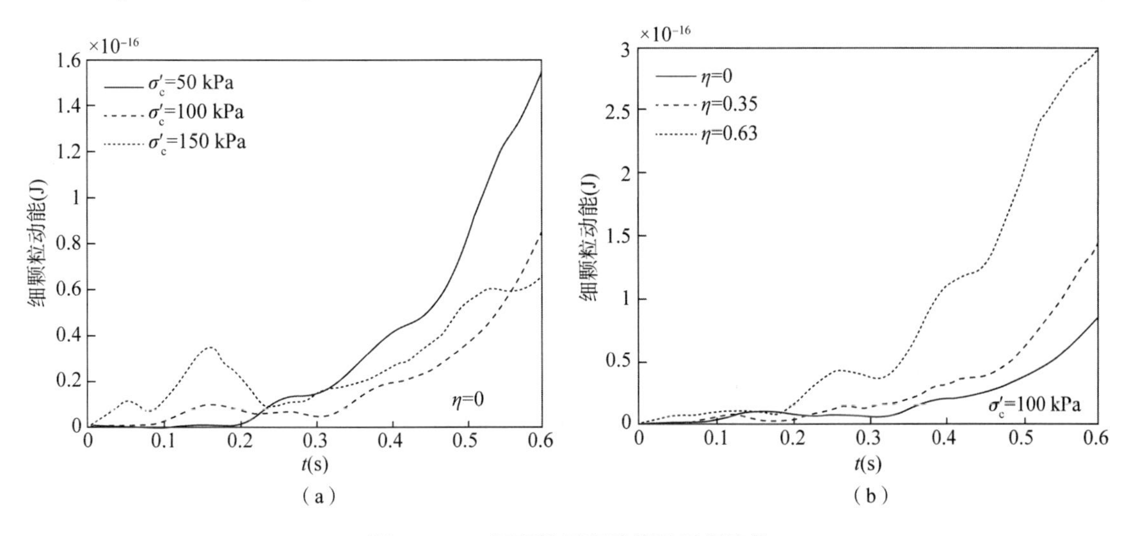

图 4.1.59　细颗粒累积动能随时间演化

(a)不同围压下细颗粒累积动能的演化；(b)不同初始应力各向异性下细颗粒累积动能的演化

为了进一步分析不同直径细颗粒的迁移运动，图 4.1.60 展示了不同直径细颗粒在渗蚀启动时刻的累积动能，采用最小直径颗粒(d=0.462 mm)的动能进行正则化。细颗粒动能随颗粒直径呈减小趋势，即小颗粒更容易渗蚀。例如，直径 0.462 mm 颗粒的正则化动能是直径 0.55 mm 颗粒的两倍，这可能是由于直径小颗粒与周围颗粒的连接较弱，这将在下一节进行论述。

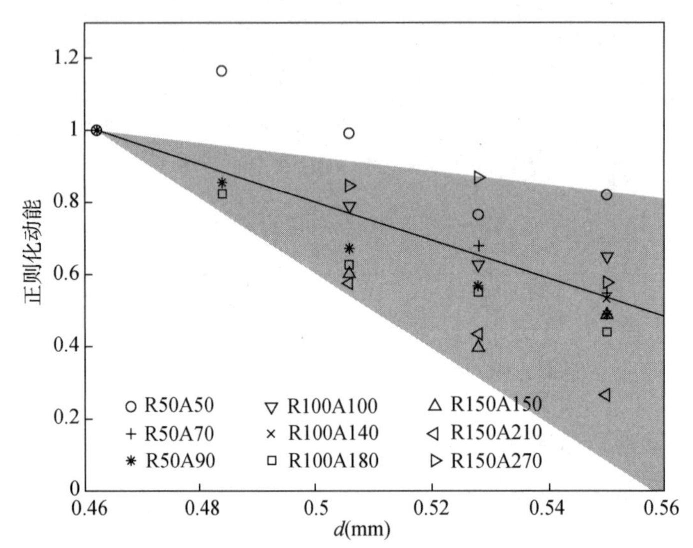

图 4.1.60　不同直径细颗粒在渗蚀启动时刻的累积动能

(实线和深色区域是所有试样细颗粒归一化动能的平均值和分布区域)

2. 颗粒位移

图 4.1.61(a)展示了各向同性试样 R100A100 中不同直径颗粒的平均位移演化曲线，位移采用的试样初始高度进行正则化。细颗粒在 0.2 s 左右开始移动，直径越小的细颗粒移动距离越大，这与图 4.1.60 中直径越小的细颗粒动能更大规律一致。在渗蚀全过程中，粗颗粒几乎不发生移动，这表示承受外荷载的土骨架保持稳定。图 4.1.61(b)展示了试样底部一个细颗粒的迁移路径，该颗粒在 0.2 s 时刻从初始位置启动，在 0.2~0.4 s 时间段内，水力梯度还较小，渗流力不足以克服土骨架的约束，因此该颗粒只有较小的速度和位移。当 t>0.4 s，水力梯度增大，细颗粒挣脱土骨架的约束，加速并快速穿过土骨架，有时受到迁移路径上其他颗粒的阻挡，会往回运动以在土骨架间的孔隙穿行，渗蚀路径为“之”字形，加速与减速体现了颗粒的疏通与堵塞。

图 4.1.62 展示了不同状态下细颗粒正则化位移的演化，低围压工况下细颗粒在模拟结束时移动了更远的距离，0~0.35 s 的位移发展表示细颗粒局部分离明显早于全局渗蚀启动。例如，σ_a'=150 kPa 试样中细颗粒局部分离发生在 0.05 s，这时的水力梯度只有 0.05。不同应力比下的细颗粒正则化位移的演化表明，应力比有利于细颗粒局部与全局的启动与迁移。

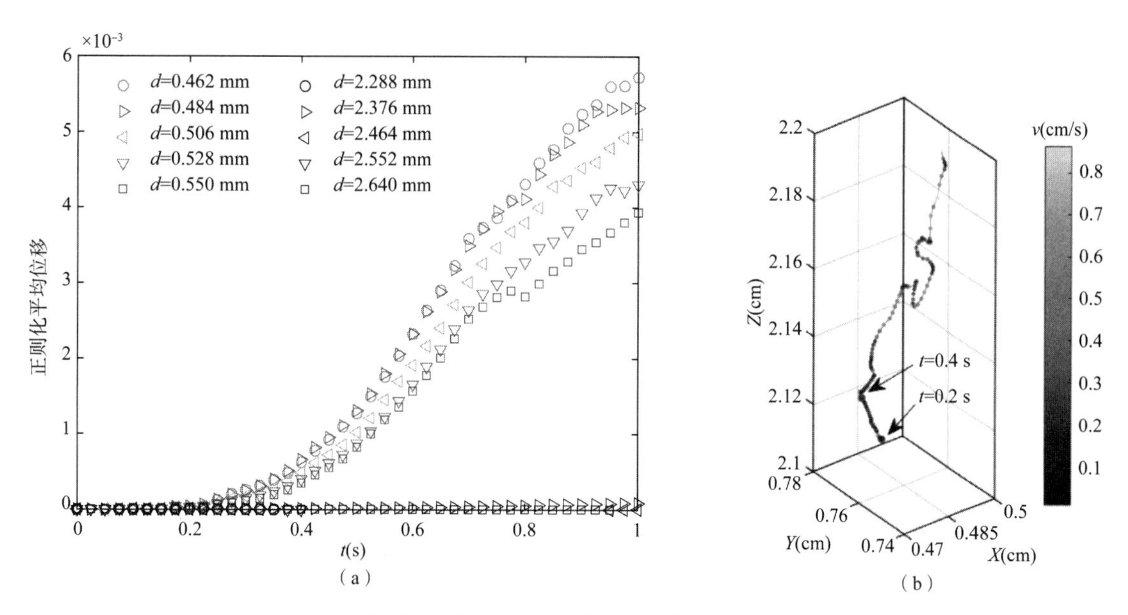

图 4.1.61 试样 R100A100 颗粒演化图

(a)不同直径颗粒正则化位移的演化曲线；(b)各向同性试样 $\sigma_a'=100$ kPa 的某一细颗粒的迁移路径

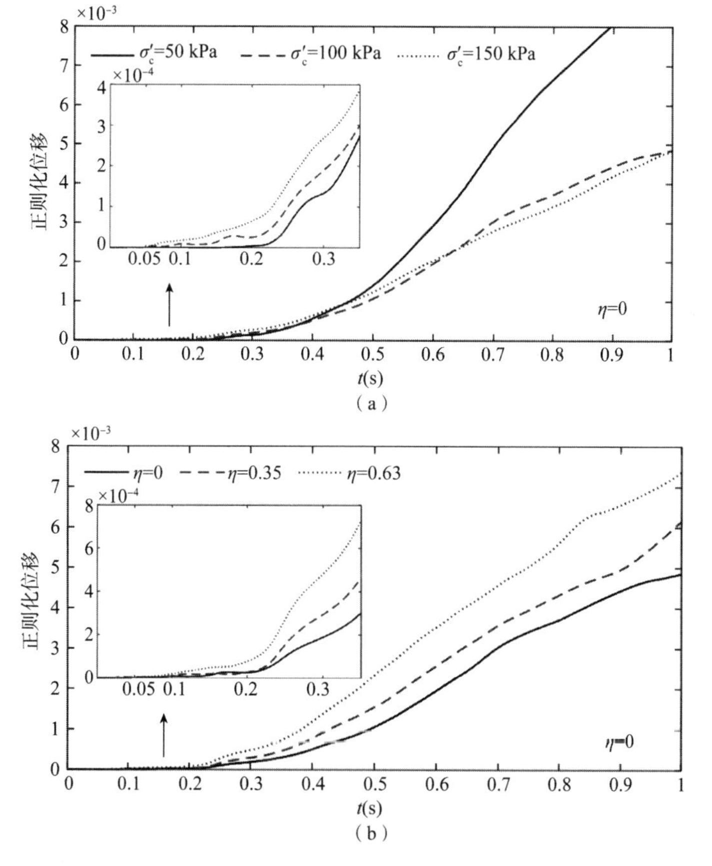

图 4.1.62 不同状态下细颗粒正则化位移演化

(a)不同围压下细颗粒正则化位移的演化曲线；(b)不同初始应力各向异性下细颗粒正则化位移的演化曲线

3. 配位数

颗粒材料对渗蚀的抵抗能力与颗粒间接触密切相关，图 4.1.63 展示了各向同性试样 $\sigma'_a=100$ kPa 的平均配位数 Z 与力学配位数 Z_m 的演化。可以看出，未渗蚀($t=0$)时，力学配位数大于平均配位数，表示存在一部分颗粒未参与力链的传递。施加水力梯度初始阶段($t<0.3$ s)，渗流导致平均配位数减小，力学配位数有微小的提升，这表明一些接触较少的颗粒从土骨架中被分离，不再承当传递荷载。在施加水力梯度后期($t>0.3$ s)，平均配位数与力学配位数都不断增大，平均配位数的拐点是颗粒启动与颗粒堵塞的动态平衡点。

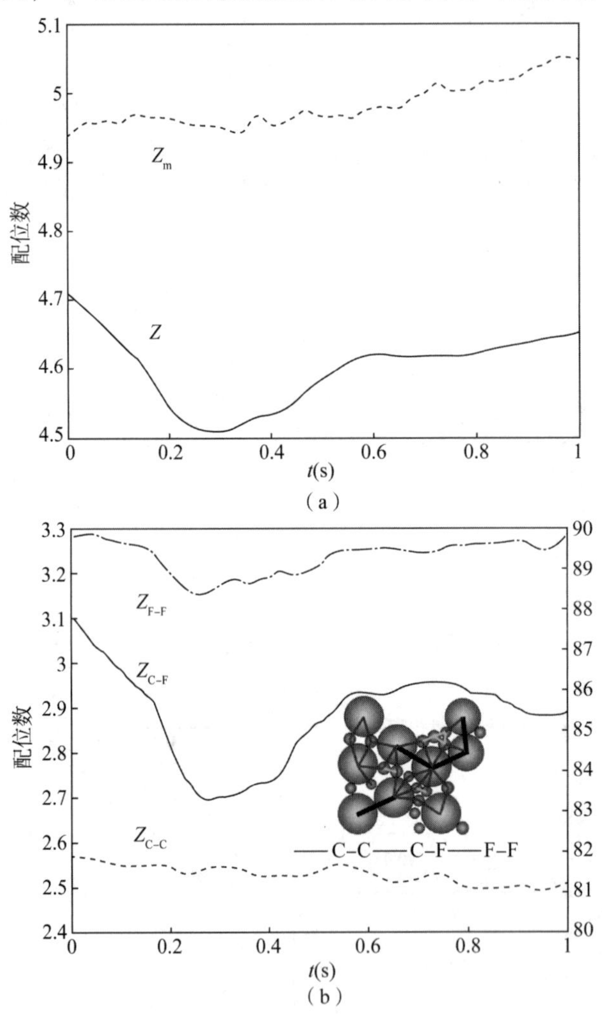

图 4.1.63　各向同性试样 $\sigma'_a=100$ kPa 的配位数演化

(a) Z_m，Z；(b) Z_{C-C}，Z_{C-F}，Z_{F-F}

为了区分细颗粒与粗颗粒的接触，将颗粒间的接触进一步分为以下 3 种类型：粗颗粒与粗颗粒间的 C-C 接触，粗颗粒与细颗粒间的 C-F 接触，细颗粒与细颗粒间的 F-F 接触，相应地，配位数可以分为以下 3 种类型：粗颗粒的平均 C-C 接触数 Z_{C-C}，粗颗粒的平均 C-F 接触数 Z_{C-F}，细颗粒的平均 F-F 接触数 Z_{F-F}，初始配位数 Z_{C-F}为 Z_{C-C}、Z_{F-F}的 30、20 倍。与图 4.1.63(a)中平均配位数 Z 的规律相同，Z_{C-F}和 Z_{F-F}先减小后增大，这表明细颗粒启动主要是由于 C-F 接触与 F-F 接触的破坏。Z_{C-C}变化较小，表明整个渗蚀过程中由粗颗粒组成的土骨架保持稳定。

4. 力链和局部孔隙率

为了评估各类接触在荷载传递中的不同角色，以平均接触力为界，将颗粒间接触分为强接触与弱接触，不同类型力链网络对应力张量$\boldsymbol{\sigma}_{\text{net}}$的贡献率可以用下式计算：

$$\boldsymbol{\sigma}_{\text{net}} = \frac{1}{V}\sum_{c \in \text{net}} \boldsymbol{F}^{c}\boldsymbol{d}^{c} \tag{4.21}$$

其中，net 指颗粒间的 C-C、F-F、C-F 接触或强、弱接触网络，V 是试样的总体积，$\boldsymbol{F}^{c}$ 是颗粒间的接触力，$\boldsymbol{d}^{c}$ 是两个接触颗粒中心的枝向量，各类接触网络对平均有效应力 p'与偏应力 q 的贡献率 C_{net}^{p} 和 C_{net}^{q} 可以采用下式计算：

$$c_{\text{net}}^{p} = p'_{\text{net}}/p',\quad c_{\text{net}}^{q} = q_{\text{net}}/q \tag{4.22}$$

$$p'_{\text{net}} = \frac{1}{3}\sigma_{ii,\text{ net}},\quad q_{\text{net}} = \sqrt{\frac{3}{2}\sigma'_{\text{net}}\sigma'_{\text{net}}} \tag{4.23}$$

$$p' = \frac{1}{3}\sigma_{ii},\quad q = \sqrt{\frac{3}{2}\sigma'\sigma'} \tag{4.24}$$

其中，$\boldsymbol{\sigma}'$、$\boldsymbol{\sigma}'_{\text{net}}$分别是应力张量$\boldsymbol{\sigma}$、$\boldsymbol{\sigma}_{\text{net}}$的偏量部分，$\sigma_{ii}$、$\sigma_{ii,\text{net}}$分别是$\boldsymbol{\sigma}$、$\boldsymbol{\sigma}_{\text{net}}$的对角线元素之和。

不同试样强、弱力链对平均有效应力 p'和偏应力 q 的贡献如图 4.1.64 所示，强力链承受了大部分的外荷载，未渗蚀前试样 R100A140 的强力链承受了大部分(84%)的平均有效应力和几乎所有(99%)偏应力。强力链对 p'的贡献率随着围压和应力比增大而减小，这表明在低围压和初始应力各向异性的应力状态下颗粒更不容易渗蚀。渗流诱发细颗粒建立弱接触，改变了土体力链结构，导致了强力链在力传递中的占比减小。初始应力状态与渗蚀对偏应力的影响十分微弱。

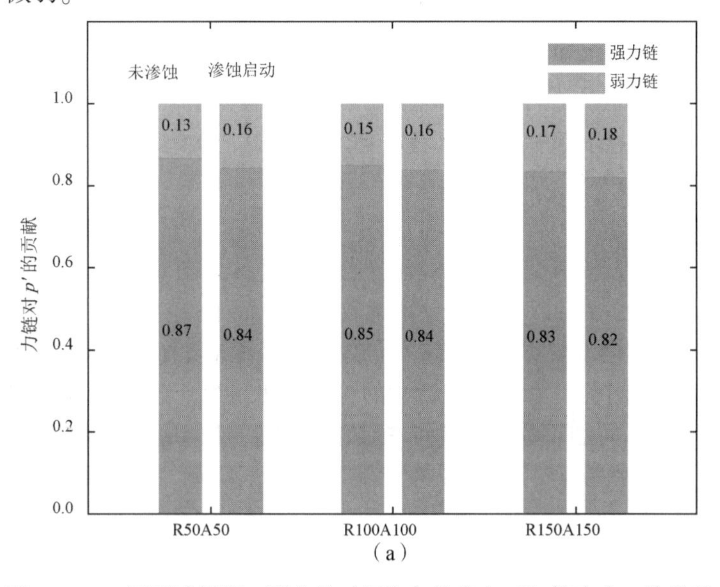

(a)

图 4.1.64　不同试样强、弱力链对平均有效应力 p'和偏应力 q 的贡献

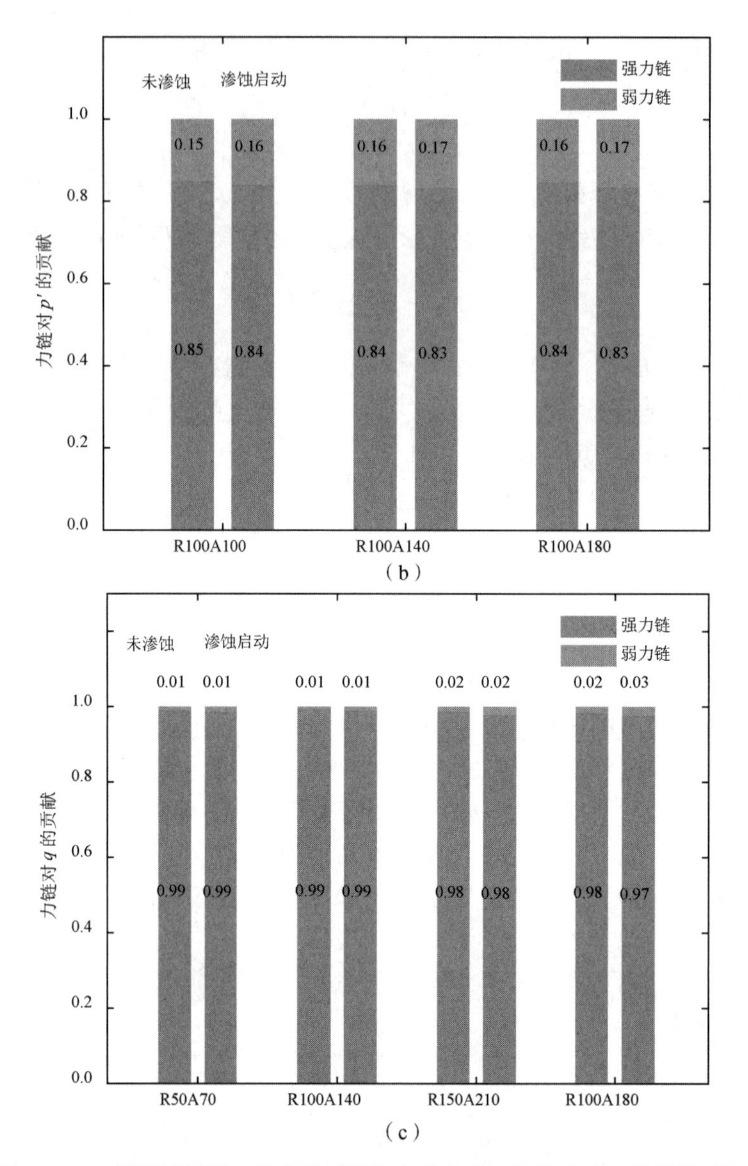

图 4.1.64 不同试样强、弱力链对平均有效应力 p' 和偏应力 q 的贡献(续)

(a)不同围压下强、弱力链对 p' 的贡献；(b)不同应力比下强、弱力链对 p' 的贡献；
(c)不同围压、应力比下强、弱力链对 q 的贡献

不同类型的接触对平均有效应力 p' 和偏应力 q 的贡献如图 4.1.65 所示。可以看出，C-F 接触对 p' 贡献最大，承受了将近一半的平均有效应力，而 F-F 接触的贡献相对较小。随着围压增大，C-F 和 F-F 接触对 p' 的贡献有一定的提升，相应地，C-C 接触对 p' 的贡献减小。初始应力各向异性对不同种类力链承担荷载的构成几乎没有影响，大部分偏应力 q 由粗颗粒之间的 C-C 接触承担，而细颗粒间的 F-F 接触几乎不传递偏应力 q。3 种类型接触的占比表明 F-F 接触承担了最少的荷载，最容易在渗流的作用下启动。渗蚀导致更多细颗粒参与到 p' 和 q 的传递。

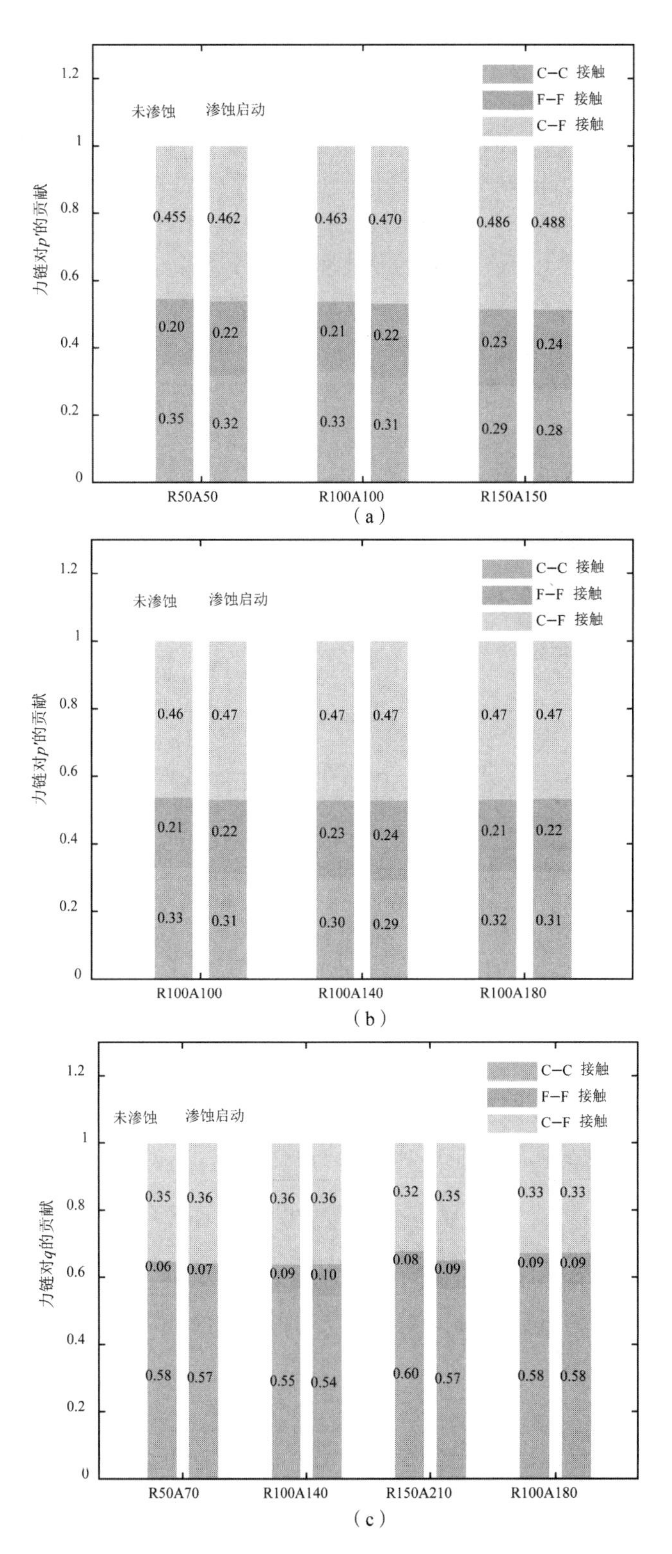

图 4.1.65　不同类型的接触对平均有效应力 p' 和偏应力 q 的贡献

(a)不同围压 C C、F F 和 C F 接触对平均有效应力 p' 的贡献；

(b)不同应力比下 C-C、F-F 和 C-F 接触对平均有效应力 p' 的贡献；

(c)不同围压、应力比下 C-C、F-F 和 C-F 接触对偏应力 q 的贡献

将试样离散成一系列维诺单元，每个单元有且只有一个颗粒，未渗蚀和渗蚀启动时刻的局部孔隙率可以采用下式计算：$n_1=(V-V_s)/V$，其中 V 和 V_s 分别是维诺单元和单元中颗粒的体积。各向同性试样 R100A100 在渗流前与渗流启动的局部孔隙率的概率密度函数如图 4.1.66 所示，概率密度函数曲线有两个峰值，分别对应不良级配土的粗颗粒与细颗粒。$n_1=0.52$ 附近的峰值对应细颗粒，$n_1=0.94$ 附近的峰值对应粗颗粒，这表明细颗粒相对于粗颗粒更密实。此外，在渗蚀作用下，细颗粒从土骨架中分离并在孔隙中迁移，部分密实的细颗粒($n_1=0.2\sim0.4$)变得较为松散($n_1=0.4\sim0.5$)。粗颗粒局部孔隙率的变化几乎可以忽略，这表明粗颗粒接触形成的土骨架较为稳定。

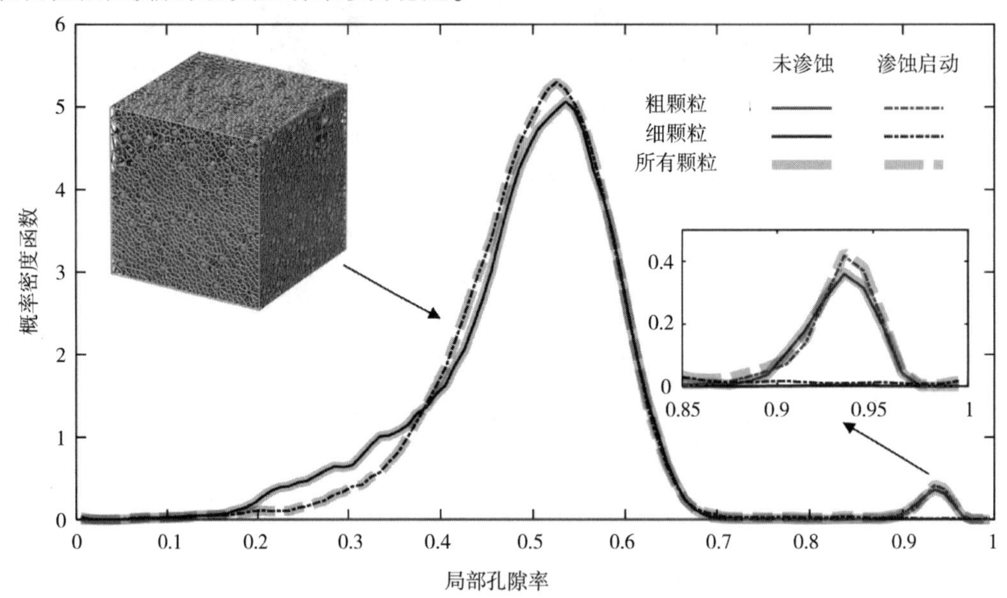

图 4.1.66　各向同性试样 R100A100 在渗流前与渗流启动的局部孔隙率的概率密度函数

5. 应力各向异性

初始应力状态和渗流会导致颗粒接触的分布和大小不同，这里采用 Oda[26] 提出的二阶张量来评估不同接触类型法向力贡献的应力各向异性：

$$\boldsymbol{f}_{\text{net}}=\frac{1}{N_c^{\text{net}}}\sum_{N_c^{\text{net}}}\boldsymbol{n}_i^{\text{net}}\boldsymbol{n}_j^{\text{net}} \tag{4.25}$$

其中，net 指不同类型接触形成的接触网络，包括 F-F、C-C 和 C-F 接触，$\boldsymbol{n}_i^{\text{net}}$ 和 $\boldsymbol{n}_j^{\text{net}}$ 分别是连接颗粒 i、j 中心的单位向量，N_c^{net} 是每种类型接触的数量，不同类型接触的应力各向异性程度可以用标量 a 来表征：

$$a_{\text{net}}=f_{11}^{\text{net}}-f_{33}^{\text{net}} \tag{4.26}$$

其中，f_{11}^{net} 和 f_{33}^{net} 分别是张量 f_{net} 的竖直和水平分量。相应地，$a>0$ 和 $a<0$ 分别表示最大主应力方向为竖直和水平方向。

未渗蚀与渗蚀启动时刻试样各向异性如图 4.1.67 所示，所有试样均表现出一定的各向异性，应力各向异性程度 a 与初始应力各向异性基本呈线性关系，最大主应力方向为竖直方向。对于各向同性试样 R100A100，重力导致部分细颗粒产生微小沉降，因此 F-F 和 C-F 接触表现出较小的正值，而 C-C 接触的为负值。在渗流作用下，竖直方向的接触逐渐演化至水平方向，导致试样的各向异性减弱，各向同性固结试样 R100A100 的各向异性程度在渗蚀启动时刻几乎消失（$a_{all}=0.01$）。试样的各向异性程度主要由 C-C 接触引起，这与图 4.1.65 表现出的粗颗粒承当大部分应力一致。渗流导致 F-F 接触的各向异性减弱，可能是由于细颗粒在渗流作用下分离。

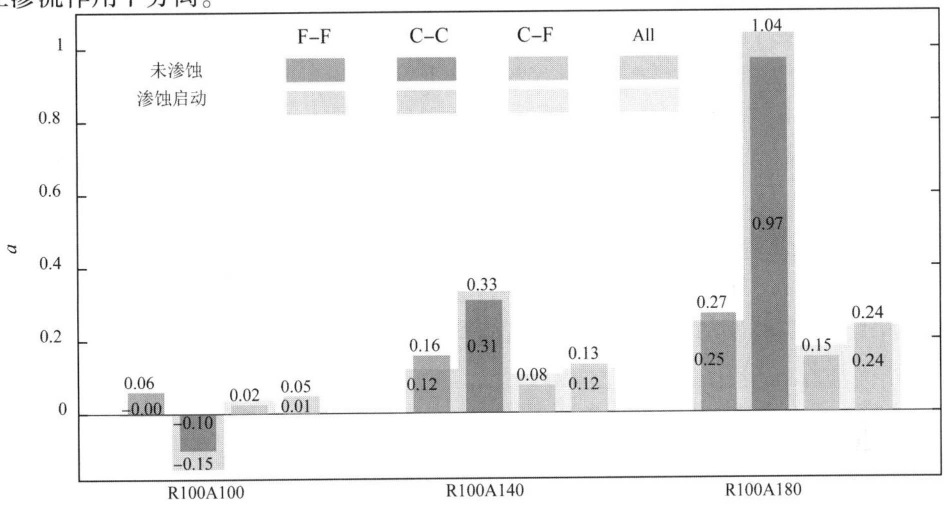

图 4.1.67　未渗蚀与渗蚀启动时刻试样各向异性

4.2　颗粒堵塞问题研究

对于颗粒系统，堵塞现象无处不在。当稠密颗粒流通过小孔口时，颗粒会在孔口处形成较为稳定的颗粒拱，阻塞孔口，停止颗粒先前的流动，如图 4.2.1(a)所示。例如，小麦和其他谷物会堵塞在料斗或筒仓，无法流出[27]；传送带上运送的颗粒有时会在生产线的缩颈处滞留，导致传送带发生堵塞，无法继续运输，如图 4.2.1(b)所示；软土地基处理技术中的塑料排水板、土工管带工作原理，也体现了土颗粒的堵塞特性。土颗粒在排水板、土工管带孔口处发生堵塞，土颗粒被拦截住，仅允许水流排出，即“排水不排土”。颗粒堵塞现象改变了颗粒流本身的运动方式，前人已对该现象开展了大量研究。

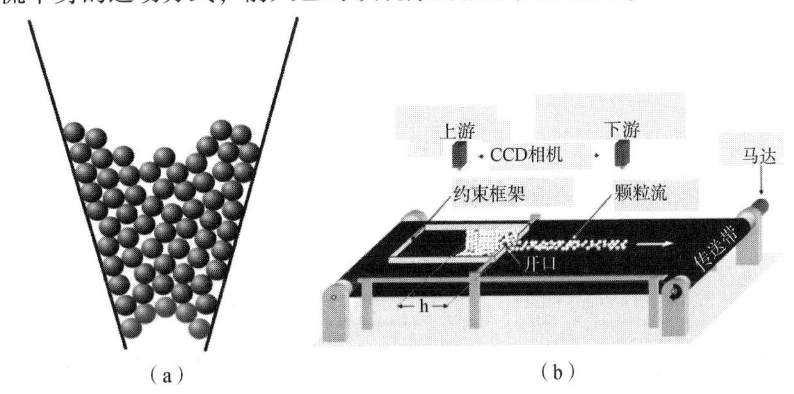

图 4.2.1　颗粒堵塞现象

(a)粮仓中颗粒拱形成、堵塞现象产生示意图；(b)传送带堵塞示意图

基于前人研究，颗粒堵塞现象根据驱动力大致可以分为以下两类：一类的驱动力是重力，如在重力作用下的粮仓和料斗中发生的堵塞；另一类的驱动力是流体作用力，如土颗粒在真空压力作用下移动到排水板处发生堵塞。目前，关于重力驱动堵塞现象，前人已采用实验和数值方法进行了广泛研究[28-31]，得到影响堵塞发生的一个重要因素就是孔口-颗粒尺寸比 R(定义为孔口尺寸 D_o 与颗粒直径 d_p 的比值，即 $R=D_o/d_p$)。随着孔口-颗粒尺寸比 R 的增加，堵塞概率明显减小[31,32]，当 R 增大到某一临界值 R_{cr}时，孔口和颗粒相比过大，颗粒堵塞现象就不会发生。另一类流体驱动的颗粒堵塞和重力驱动堵塞相比复杂很多：一是水流对颗粒的作用力，在颗粒堵塞发生过程中，随着颗粒-流体相对速度、颗粒浓度 φ_0 的变化而改变；二是水流驱动的颗粒流，孔口处颗粒浓度 φ_0 在不同工况下变幅很大。降低孔口处颗粒浓度，颗粒堵塞概率会大幅减小[33]，且临界孔口-颗粒尺寸比 R_{cr}的值也会增大。除了 φ_0 和 R，还有一个影响堵塞现象的因素就是水流速度 U_f。Dai 和 Grace[34]提出，堵塞概率随流体速度的增加而增大，并解释这是因为较高的流速会导致更多的颗粒同时通过孔口。

对于水流驱动的颗粒流堵塞现象，颗粒和流体的运动需要同时解析，采用耦合 CFD-DEM 模型研究该类问题较为合适。本节将具体介绍采用 CFD-DEM 模型研究三维水流驱动颗粒堵塞问题的两个实例。希望通过这两个实例的介绍，提高读者对于颗粒堵塞问题的认识，加深读者对耦合 CFD-DEM 模型应用的理解。

4.2.1 多粒径分布土颗粒的单孔堵塞现象研究

在众多影响颗粒堵塞行为的因素中，孔口-颗粒尺寸比 R 是一个决定颗粒堵塞是否发生的重要因素。对于土体这种多粒度分布颗粒系统，如何定义堵塞发生的孔口-颗粒尺寸比 R 是一个需要讨论的问题。Pournin[35]和 Lafond[32]研究了粒径差异较小的多粒度分布颗粒(最大颗粒与最小颗粒尺寸比小于 2)，提出堵塞概率与孔口-颗粒体积平均粒径 R_4^4/R_3^3 正相关 $\left(R_4^4/R_3^3=\dfrac{D_o}{\sum d_{p,i}^4/\sum d_{p,i}^3}\right)$。然而，对于粒径分布范围很大的土颗粒系统[36]，研究发现颗粒系统的堵塞概率不再与体积平均粒径 R_4^4/R_3^3 一一对应(具体见图 4.2.8)。需要提出一个更为合理的物理量来描述多粒径分布颗粒系统的堵塞行为。因此，本节采用 CFD-DEM 模型模拟多粒径分布土颗粒的水流驱动堵塞现象，采用基于扩散方程的颗粒平均方法来处理单个颗粒尺寸大于流体网格尺寸的情况。基于模拟结果，提出适合多粒径分布土颗粒的孔隙-颗粒尺寸比定义方法。

4.2.1.1 模型介绍与数值验证

多粒度颗粒堵塞的模拟计算域示意图如图 4.2.2 所示，CFD 和 DEM 模拟边界条件如表 4.2.1 所示。数值模拟的参数如表 4.2.2 所示。流体入口面为恒定流速，速度大小呈抛物面分布(稳定的管道层流)。孔口和圆管壁的颗粒边界条件用固定颗粒来模拟(构造颗粒墙的颗粒直径 d_{pf} = 0.18 mm)，被水流驱动的移动颗粒随机均匀地分布在方形管计算区域内，颗粒初始速度和流体“入口”面平均速度保持一致。堵塞问题模拟示意图如图 4.2.3 所示。

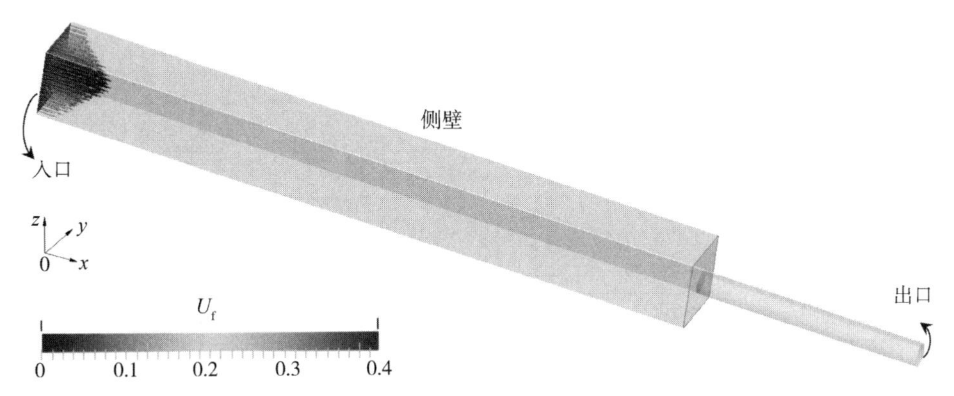

图 4.2.2　多粒度颗粒堵塞的模拟计算域示意图

表 4.2.1　CFD 和 DEM 模拟边界条件

边界的名称	CFD 边界条件	DEM 边界条件
入口面	U_f：恒定流速(呈三维抛物面型分布)	周期
	p：零梯度	
出口面	U_f：零梯度	周期
	p：恒定为 0	
四周边墙	U_f：无滑移边界	有摩擦的壁面墙/颗粒墙
	p：零梯度	

表 4.2.2　数值模拟的参数

物理量		数值
CFD 计算域尺寸	方管的长、宽、高度 $l_x \times l_y \times l_z$ (mm)	72×7.2×7.2
	圆管长度和直径 $l_o \times D_o$ (mm)	36×2.4
CFD 网格精度	方管长、宽、高方向 $N_{lx} \times N_{ly} \times N_{lz}$	72×9×9
	圆管轴向和径向 $N_{lo} \times N_{Do}$	36×3
流体性质和运动条件	运动黏度 ν ($\times 10^{-6}$ m²/s)	1
	密度 ρ_f ($\times 10^3$ kg/m³)	1
	平均流速 U_f (m/s)	0.2
颗粒性质	固定颗粒直径 d_{pf} (mm)	0.18
	移动颗粒 d_{50} (mm)	0.68，0.66，0.64，0.62，0.60，0.58，0.56
	移动颗粒 d_{84}/d_{16}	1.4，1.5，1.6，1.7，1.8，1.9，2.0，2.1，2.2，2.4，2.6
	初始颗粒体积浓度 φ_0	0.5
	模拟颗粒的数量(个)	30404~71420

续表

物理量		数值
颗粒性质	密度 ρ_s ($\times 10^3$ kg/m^3)	2.65
	杨氏模量 E (Pa)	1×10^7
	泊松比	0.3
	法向恢复系数	0.1
	摩擦系数	0.4

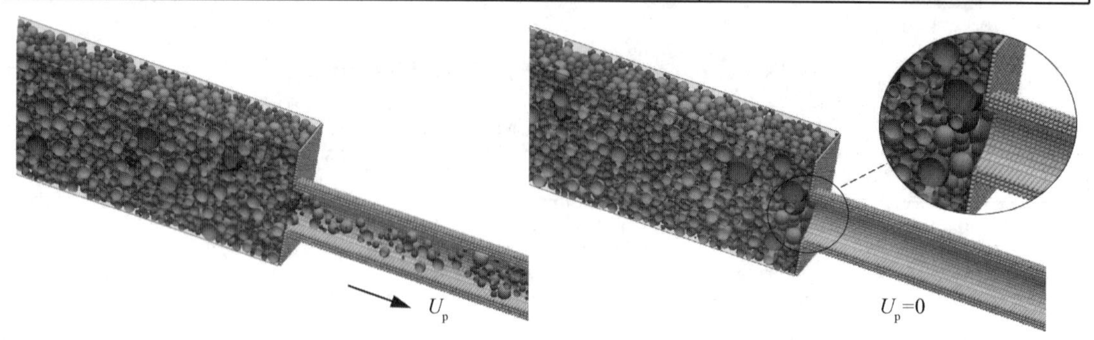

图 4.2.3　堵塞问题模拟示意图

基于现有的大量现场和实验室数据[37]，沉积土颗粒直径呈对数正态分布，即 $\ln(d_p) \sim N(\mu, \sigma^2)$。因此，本节采用颗粒系统的均值粒径 μ 以及粒径的几何标准差 σ 来构造土颗粒系统。μ 和 σ 与颗粒系统的特征粒径存在如下转换关系：$\mu = \ln(d_{50})$，$\sigma = \ln(\sqrt{d_{84}/d_{16}})$。在构造颗粒系统时，可根据 Python 自带的 numpy. random. lognormal 函数随机生成符合正态分布的颗粒直径。值得注意的是，numpy. random. lognormal 函数生成的颗粒直径，是根据粒径的数量，即粒径的零次方计算累积百分数的。土颗粒的级配曲线上的累积百分数是根据粒径的重量，即粒径的三次方计算的。尽管粒径的任何次方都呈对数正态分布，且具有相同的标准差[36]，但不同次方的中值粒径不同，Hatch-Choate 公式给出了不同次方中值粒径的转换关系：$d_{50_{num}} = d_{50} \cdot e^{-3\sigma^2}$，其中 $d_{50_{num}}$ 是基于颗粒数量的中值直径，d_{50} 是基于颗粒重量的中值粒径。为了避免直接使用 numpy. random. lognormal 函数会生成非常大的粒径范围，在研究中设置颗粒最大、最小直径为 1.9 和 0.1mm。当生成的颗粒直径超出这个范围的时候，重新生成随机数。颗粒直径最小值的设置是为了防止颗粒直径过小，导致过小的 DEM 计算时间步和高昂的计算成本。尽管施加了粒径极值的限制，在本模拟中采用的所有土样粒径仍然符合对数正态分布，土样粒径分布图如图 4.2.4 所示。

在流体驱动的流动中，颗粒主要受流体-颗粒相互作用驱动，与流体-颗粒相互作用相比，重力对颗粒运动的影响可以忽略。因此，模拟中不考虑颗粒和流体的重力。模拟中的其他参数，例如流体和颗粒的物理属性、模拟域的大小和网格分辨率等都可参见表 4.2.2。由于颗粒堵塞的发生具有随机性，为了研究颗粒堵塞概率，每一种粒径分布（μ、σ 一致）均开展 10 次模拟，在这 10 次模拟中随机生成的颗粒直径和位置不同。Mondal[33] 将观察堵塞发生的计算时间 T_s^* 设为颗粒从入口到孔口运动时间 T_o 的 2.5 倍（$T_o = l_x/U_f$）。在此模拟中，

将观察时间 T_s^* 设置为 T_o 的 4 倍。

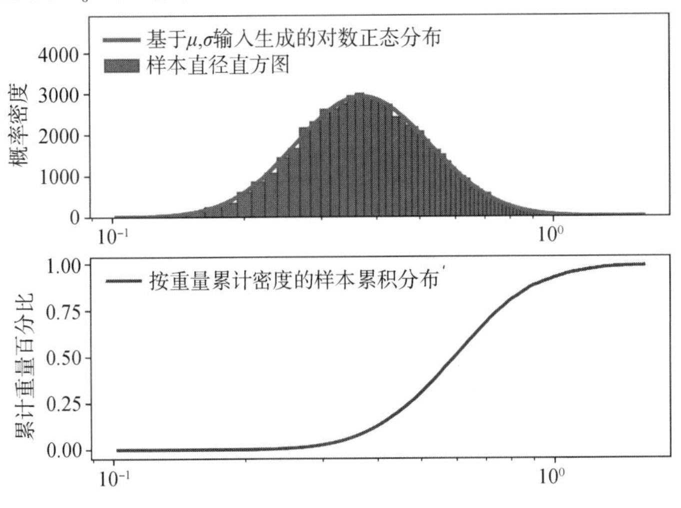

图 4.2.4　土样粒径分布图（d_{50} = 0.60 mm，σ = 2）

由于土颗粒粒径分布差异较大，必然会出现部分大颗粒尺寸大于流体网格的情况。本书第 3 章已详细介绍了目前常用的几种颗粒平均方法。本节采用 Xiao 提出的基于扩散方程的颗粒平均方法得到颗粒物理量的欧拉场信息，即 CFD 计算网格上的固相体积分数 φ_s、固相速度 U_s 和流体-固体相互力 F^{fp}，该方法在颗粒大于流体网格时已显示出强大的鲁棒性和有效性[38-40]。

为了验证数值模型的准确性，人们用 CFD-DEM 模拟重现 Lafond 的实验[32]。在 Lafond 的实验中，颗粒系统由 3 种不同直径的聚苯乙烯球组成，颗粒直径分别是 14.88 mm、12.70 mm 和 9.55 mm。颗粒被倒入了有流动水流(NaCl 溶液)的水槽中，由水流驱动着，在下游的圆形孔口处发生堵塞。模拟中采用的流体和颗粒物理性质和实验完全相同，基于 Lafond 实验的数值模拟验证算例如表 4.2.3 所示。将模拟结果与实验结果进行对比，可从堵塞发生前颗粒溢出数量与孔口-颗粒粒径比关系图(图 4.2.5)中看出模拟得到的 N_p 与实验结果吻合良好，证明了采用的 CFD-DEM 模型及颗粒平均方法的可行性和准确性。

表 4.2.3　基于 Lafond 实验的数值模拟验证算例

物理量	数值
水渠的长、宽、高度(m)	1.458×0.106×0.106
网格精度	108×9×9
圆孔的直径(m)	0.0241，0.0267，0.033
流体性质和运动条件	—
运动黏度 ν_{NaCl} = ($\times 10^{-6}$ m^2/s)	1.074
密度 ρ_f($\times 10^3$ kg/m^3)	1.05
平均流速 U_f(m/s)	0.24

续表

物理量	数值
颗粒性质	—
颗粒直径(m)	$d_1=0.01588$, $d_2=0.0127$, $d_3=0.00955$
颗粒数量(个)	198(d_1), 396(d_2), 952(d_3)
密度 ρ_f($\times 10^3$ kg/m^3)	1.05

注：NaCl 水溶液的运动黏度值根据 Lafond 实验中给出的温度、浓度条件，以及 Kestin[41] 提出的公式计算得到。

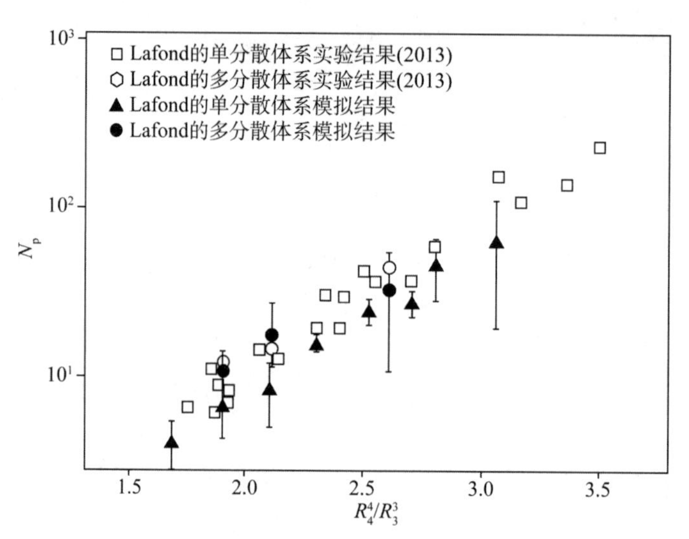

图 4.2.5 模拟得到的 $N_p - R_4^4/R_3^3$ 关系图对比

4.2.1.2 多粒度分布颗粒系统的堵塞直径定义

本节首先讨论颗粒系统堵塞概率与特征粒径 d_{50} 和 d_{84}/d_{16} 的关系，如图 4.2.6 所示，堵塞概率随 d_{50}、d_{84}/d_{16} 的增加而增加。对于相同的 d_{50}，d_{84}/d_{16} 的增加意味着颗粒系统中大颗粒(例如 $d_p > d_{84}$)直径的增加及小颗粒(例如 $d_p < d_{16}$)直径的减小。堵塞概率的增大，说明颗粒系统中大颗粒直径对堵塞概率影响更大。为了更好地展示 d_{50} 和 d_{84}/d_{16} 对堵塞概率的影响，在 $d_{50} - d_{84}/d_{16}$ 坐标平面上绘制了堵塞概率的等值线图，如图 4.2.7 所示。该图可根据堵塞概率分成 3 个区域：不发生堵塞区域($P_{jam}=0$)，一定发生堵塞区域($P_{jam}=1$)和可能发生堵塞区域($0 < P_{jam} < 1$)。

在 Pournin[35] 的研究中，堵塞概率为 0.5 的孔隙尺寸与颗粒系统的体积平均粒径 R_4^4/R_3^3 正相关。然而，从本节模拟结果可以得出，堵塞概率与 R_4^4/R_3^3 并不是一一对应的，它们之间的关系如图 4.2.8 所示，在 $R_4^4/R_3^3=3.71$ 的情况下，不同 d_{50} 颗粒系统的 P_{jam} 差异很大：$d_{50}=0.62$ mm 时，$P_{jam}=0.2$；当 $d_{50}=0.60$ mm 时，$P_{jam}=0.9$。

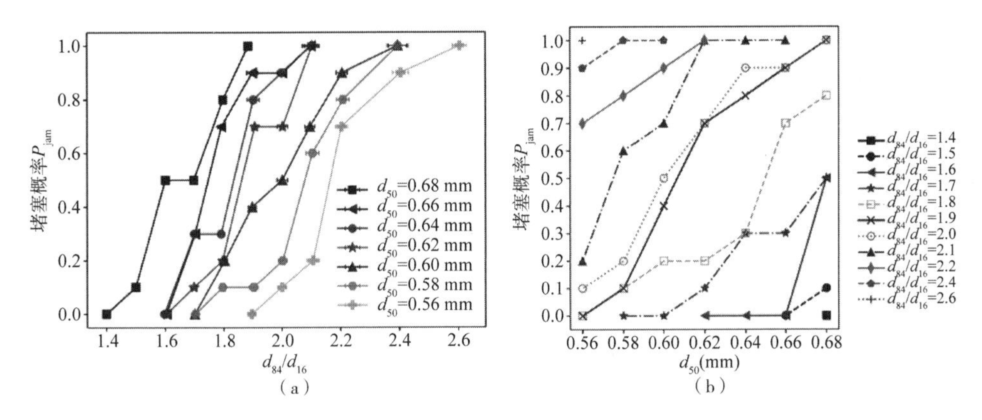

图 4.2.6　堵塞概率与 d_{50}、d_{84}/d_{16} 的关系

(a)堵塞概率 P_{jam} 随 d_{84}/d_{16} 变化图；(b)堵塞概率 P_{jam} 随 d_{50} 变化图

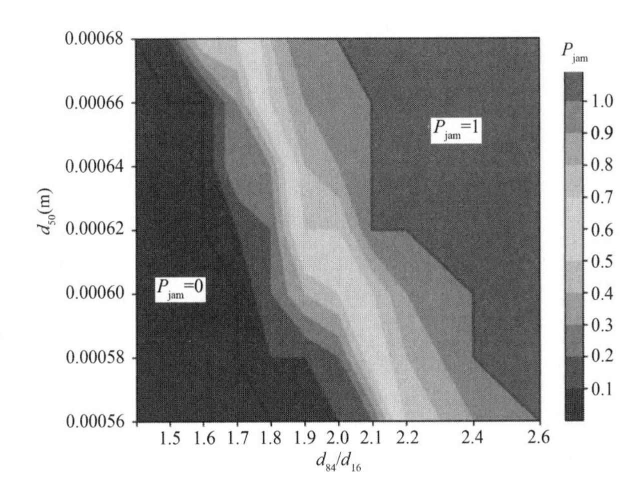

图 4.2.7　$d_{50}-d_{84}/d_{16}$ 坐标平面上堵塞概率等值线图

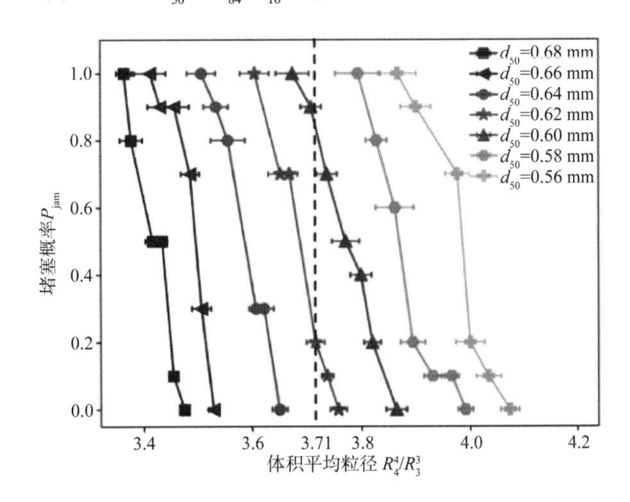

图 4.2.8　颗粒系统的堵塞概率 P_{jam} 与体积平均粒径 R_4^4/R_3^3 之间的关系

因此，对于宽粒径分布范围的颗粒系统，需要提出一种新的定义孔口-颗粒尺寸比的方法。鉴于当 d_{50} 相同时，堵塞概率 P_{jam} 随着 d_{84}/d_{16} 的增大而增大，因此可以推断颗粒系统中的大颗粒尺寸对堵塞概率有较大影响。选取颗粒系统中大颗粒的尺寸作为代表粒径 d_r，并绘制出堵塞概率和这些代表粒径的关系图。选择出的代表粒径 d_r 有 d_{84}、d_{90} 和 d_{95}，相应的孔口-颗粒尺寸比分别是 D_o/d_{84}、D_o/d_{90} 和 D_o/d_{95}。尺寸 d_{84} 表示粒径正态分布比中值粒径 d_{50} 大一个标准偏差的粒径大小。d_{90} 的选取是基于大量水槽实验和现场数据分析，能够较好地表征沉积床的粗糙度[42]；粒径 d_{95} 表示"远离平均直径"的颗粒直径范围占全部颗粒集合的90%。不同孔口-颗粒尺寸比下的堵塞概率如图4.2.9所示。在对模拟结果的后处理中，对每个 P_{jam} 值(从0到1)计算 D_o/d_r 的标准偏差 σ_{D_o/d_r}，并获得 σ_{D_o/d_r} 的均值 $\overline{\sigma_{D_o/d_r}}$，用来量化 D_o/d_r 的分散程度。从图中可以发现，堵塞概率与 D_o/d_r 对应关系较好。当尺寸比定义为 D_o/d_{90} 时，堵塞概率和 D_o/d_{90} 一一对应关系最明显，$\overline{\sigma_{D_o/d_r}}$ 的值最小。对于具有相同 d_{90} 的不同颗粒系统，堵塞概率相同。

此外，在单粒径颗粒堵塞问题中，孔口-颗粒尺寸比 R 存在堵塞发生的阈值 R_t（$P_{jam}=0$）和临界值 R_c（$P_{jam}=1$）[30,31,43]。在针对多粒径分布颗粒系统堵塞问题的研究中，基于新提出的孔口-颗粒尺寸比 D_o/d_{90}，发现也存在堵塞发生的尺寸比阈值 $\frac{D_o}{d_{90\,t}}$ 与临界值 $\frac{D_o}{d_{90\,c}}$，如图4.2.10所示。尽管颗粒系统粒径分布不同（d_{50} 和 d_{84}/d_{16} 不同），但是一旦 $\frac{D_o}{d_{90}}$ 达到2.79，就有可能发生堵塞（P_{jam} 开始大于0）。而当 $\frac{D_o}{d_{90}}$ 小于2.27时，就一定会发生堵塞。此外，本节还比较了单粒径与多粒径分布颗粒系统的 $\frac{D_o}{d_{90\,c}}$ 和 $\frac{D_o}{d_{90\,t}}$ 值（见图4.2.10），发现单、多粒径颗粒系统的 R_t（$P_{jam}=0$）和 R_c 值非常接近。

除了 P_{jam} 由孔口-颗粒尺寸比 D_o/d_{90} 决定之外，堵塞时间 T^*_{jam} 也受孔口-颗粒尺寸比 D_o/d_{90} 的影响。对于堵塞一定发生的算例，即 $P_{jam}=1$，后处理得到堵塞发生之前需要的时间 T_{jam}，并将其无量纲化为 $T^*_{jam}=T_{jam}/T_o$，T_o 代表颗粒跟随水流从入口运动到出口需要的时间，$T_o=l_x/U_f$。如图4.2.11所示，随着 D_o/d_{90} 的增加，T^*_{jam} 呈增大趋势，即在恒定孔口尺寸下，随着 d_{90} 的减小，堵塞发生越来越慢。Chevoir[44]在研究中观察到了类似的结果，即随着双粒径颗粒系统中大颗粒比例的减小，堵塞时间 T^*_{jam} 增大。图4.2.11中堵塞时间误差棒较大，是因为堵塞发生的随机性。由于10次模拟中初始颗粒位置和粒径不同，导致堵塞发生时间有较大的差异。但是堵塞时间的平均值还是与孔口-颗粒尺寸比 D_o/d_{90} 呈现出相关关系。

图4.2.9描述了堵塞概率与孔口-颗粒尺寸比 D_o/d_r 的关系。图中黑线代表堵塞概率 P_{jam} 和孔口-颗粒尺寸比平均值 $\overline{D_o/d_r}$ 的关系。阴影区域代表 P_{jam} 和 $\overline{D_o/d_r}$ 关系边界。3个分图分别计算每个堵塞概率对应的孔口-颗粒尺寸比的标准差 σ_{D_o/d_r}，并求均值 $\overline{\sigma_{D_o/d_r}}$。当代表性颗粒粒径 d_r 取 d_{84}、d_{90} 和 d_{95} 时，$\overline{\sigma_{D_o/d_r}}$ 的值分别是0.0245、0.0189和0.0275。粒径 d_r 取 d_{90} 时，σ_{D_o/d_r} 最小，堵塞概率与孔口-颗粒尺寸比一一对应关系最显著。

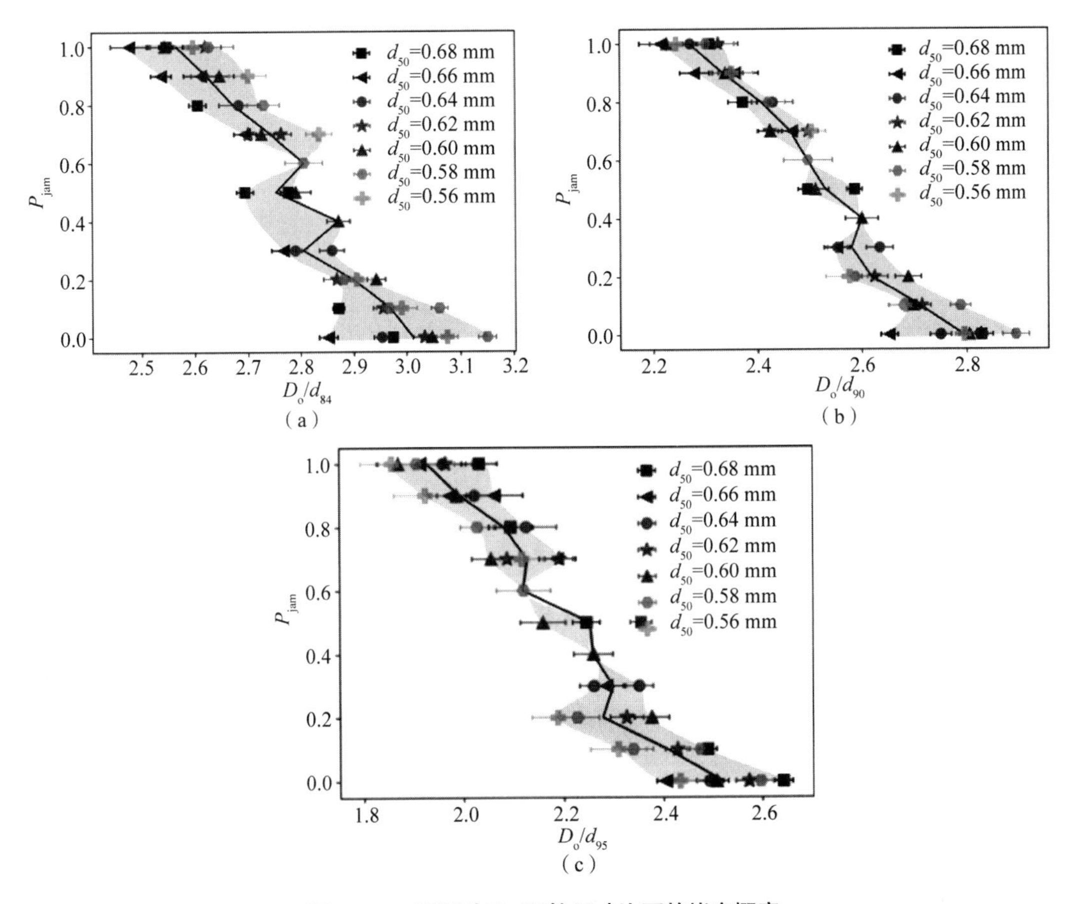

图 4.2.9　不同孔口-颗粒尺寸比下的堵塞概率

(a)孔口-颗粒尺寸比定义为 D_o/d_{84}；(b)孔口-颗粒尺寸比定义为 D_o/d_{90}；(c)孔口-颗粒尺寸比定义为 D_o/d_{95}

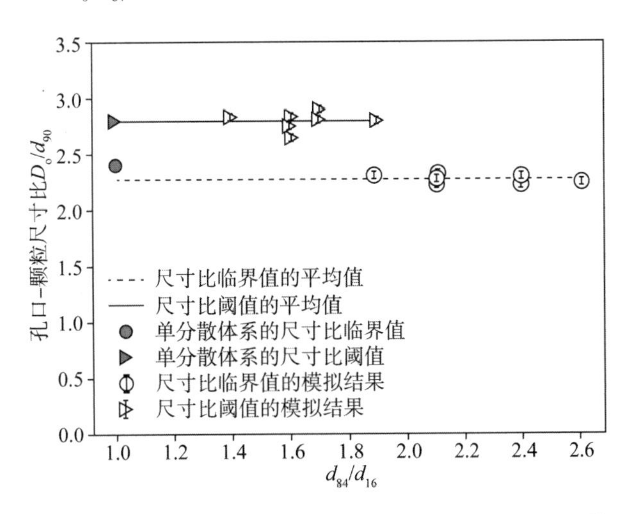

图 4.2.10　孔口-颗粒尺寸比 D_o/d_{90} 的堵塞阈值与临界值

对不同颗粒系统的模拟结果进行后处理，得到堵塞阈值与临界值的均值分别是 2.27、2.79，标准差分别是 0.0399、0.0702，均值与最大值的误差分别为 2.44%、3.66%。

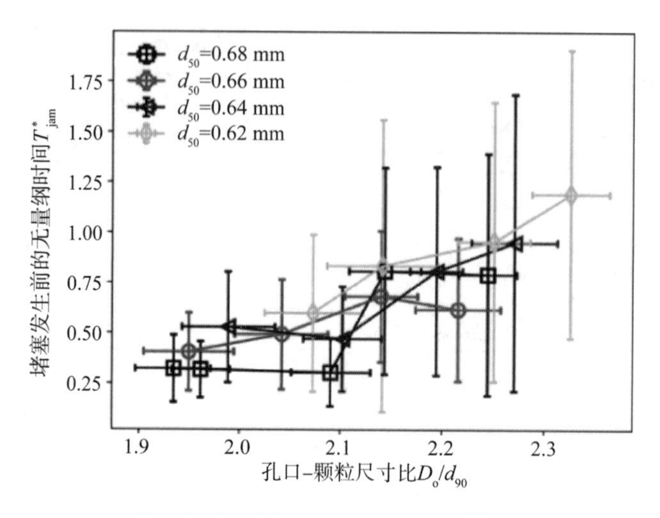

图 4.2.11 不同 D_o/d_{90} 与 T^*_{jam} 对比图

4.2.1.3 从颗粒拱角度解释大颗粒尺寸影响

本节取堵塞孔口附近的颗粒信息来分析多粒径分布颗粒堵塞拱的特征。图 4.2.12 所示是孔口处颗粒位置的三维视图，图 4.2.13 所示是孔口处横截面和三维视图，由图可见，孔口附近大颗粒数量较多，且颗粒拱三维形状较复杂。根据之前对单粒径分布颗粒拱的研究，颗粒拱二维形状可用抛物线来描述[45-47]。但是，对于多粒径分布颗粒拱，其二维剖面非常不规则，也有“缺陷”[48]存在[颗粒与它接触的两个颗粒之间的夹角 θ 大于 180 度，见图 4.2.16(b)]，无法用抛物线来描述颗粒拱形状。由于颗粒拱形状非常复杂，难以区分颗粒拱具体由哪些颗粒组成，本节采取一种近似方法获取多粒径分布颗粒拱的颗粒组成。基于先前对单粒径颗粒拱形状的研究，将拟合得到的抛物线[47]绕管中心轴旋转得到抛物面，捕获位于该抛物面下游的颗粒，如图 4.2.13(a)和图 4.2.13(b)所示。近似认为这些捕获到的颗粒组成了多粒径颗粒拱，并对其粒径进行分析。

将颗粒粒径分为以下 5 组：(a) $d_p < d_{16}$；(b) $d_p \in [d_{16}, d_{50}]$；(c) $d_p \in [d_{50}, d_{84}]$；(d) $d_p \in [d_{84}, d_{90}]$；(e) $d_p > d_{90}$。模拟发现，组成颗粒拱的(a)、(b)、(c)这 3 组颗粒与输入颗粒相比比例降低；(d)组比例无明显变化；包含 $d_p > d_{90}$ 的大颗粒组(e)比例大大增加，这意味着更多大颗粒($d_p > d_{90}$)滞留在孔口并形成颗粒拱。初始颗粒和颗粒拱颗粒粒径组成对比图如图 4.2.14 所示。大颗粒形成堵塞拱的原因之一是颗粒排出速度的差异。孔口排放的颗粒速度 dn/dt 随尺寸比 R 的减小而降低，大颗粒与小颗粒相比具有更低的排出速率，因此更容易滞留在孔口。大颗粒形成堵塞拱的另一个可能的原因是由大颗粒形成的颗粒拱比由小颗粒形成的颗粒拱更稳定。从颗粒拱崩塌实验研究中可以看出，打破颗粒拱所需的力随形成颗粒拱颗粒数量的减少而减小。随着拱中颗粒数量的减少，拱“缺陷”处夹角 θ 的最大值减小，继而颗粒拱断裂需要的外力减小[48]。由大颗粒形成的颗粒拱比由小颗粒形成的颗粒拱能够承受更大的外力，更加稳定。堵塞拱主要由大颗粒形成，大颗粒尺寸对堵塞的发生起着决定性作用。因此，堵塞现象的很多特性依赖于孔口-颗粒尺寸比 D_o/d_{90}。

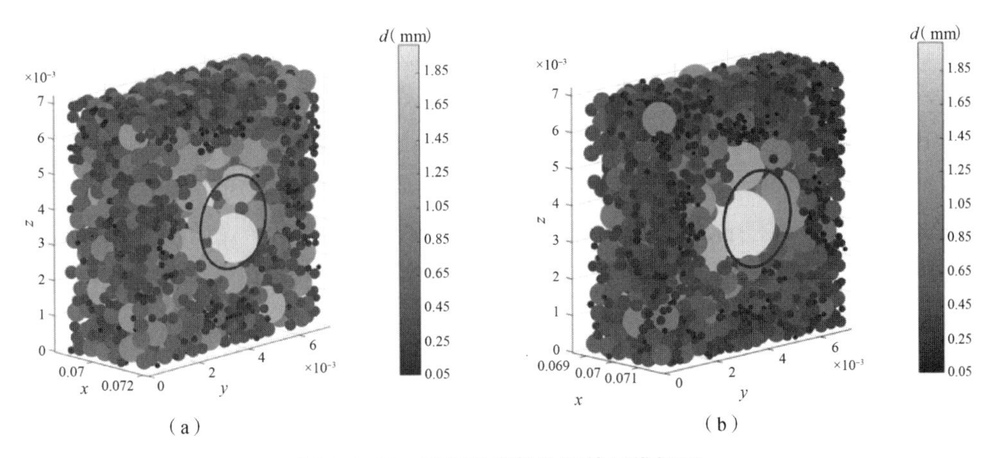

图 4.2.12　孔口处颗粒位置的三维视图

(a)算例 1, d_{50} = 0.62 mm, d_{84}/d_{16} = 2.2；(b)算例 2, d_{50} = 0.62 mm, d_{84}/d_{16} = 2.2

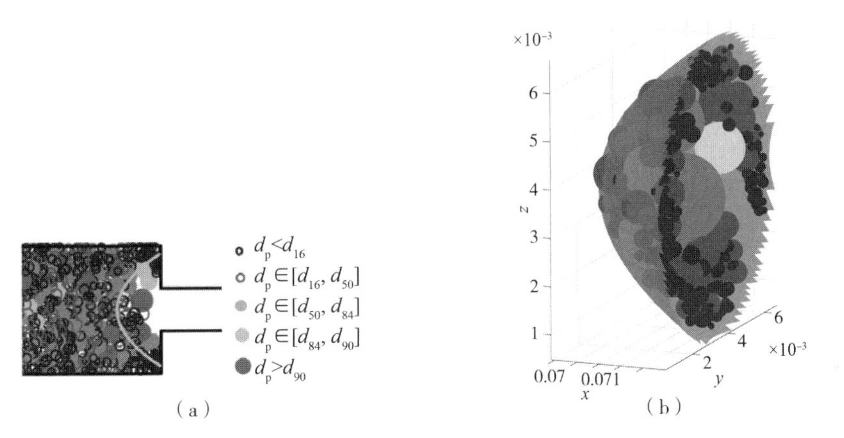

图 4.2.13　孔口处横截面和三维视图

(a)孔口处颗粒的横剖面图；(b)孔口附近抛物面内颗粒三维视图

不规则颗粒拱组成的近似计算方法为：抛物面由抛物线绕管中心轴旋转得到，抛物线形状根据 R =2.4 的单粒径分布颗粒系统，在水流速度等于 0.2 m/s 时形成的颗粒拱拟合得到[49]。

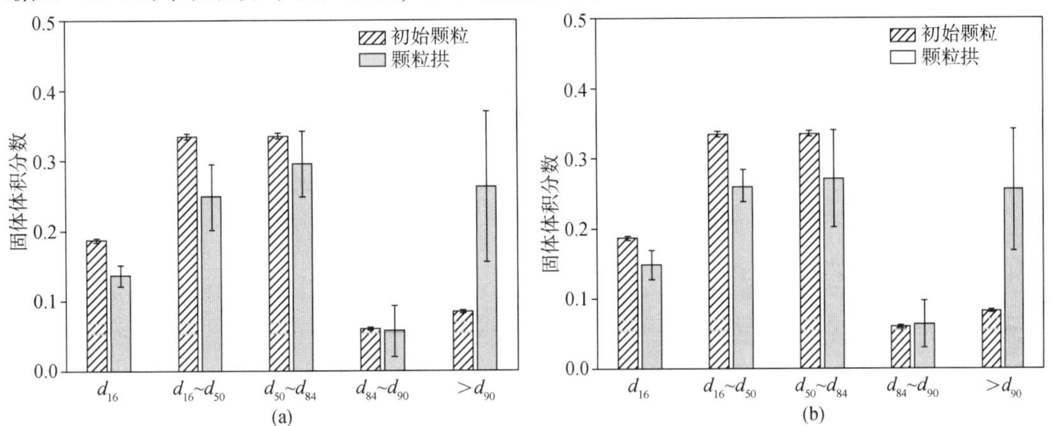

图 4.2.14　初始颗粒和颗粒拱颗粒粒径组成对比图

(a) d_{50} = 0.62 mm, d_{84}/d_{16} = 2.2；(b) d_{50} = 0.62 mm, d_{84}/d_{16} = 2.6

4.2.1.4 多粒径分布颗粒拱的自崩溃现象及其原因分析

与单粒径分布颗粒拱不同，多粒径分布颗粒拱在最终稳定之前经历了自崩溃过程，这个现象同样也在不规则颗粒[34]的流体驱动堵塞实验中观察到了。颗粒会在短时间内堵塞孔口，但是形成的颗粒拱又会崩溃断裂，随后颗粒重新排放、堵塞，直到最终生成稳定结构为止。图 4.2.15 所示为颗粒堵塞拱的自崩溃现象，算例 1 和算例 8 的颗粒在排放一段时间后，会停止一段时间（N_p 的第一个平台值），然后又开始排放，直到最后堵塞发生为止，这期间 N_p 值不再变化。

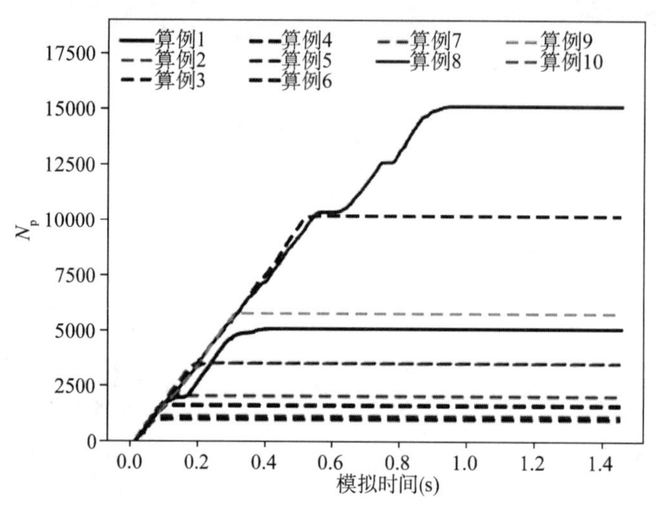

图 4.2.15 颗粒堵塞拱的自崩溃现象（各算例颗粒的 d_{50} = 0.62 mm，d_{84}/d_{16} = 2.4）

模拟过程中，不同时间颗粒运动截图如图 4.2.16 所示。图中数据来源于算例 1，d_{50} = 0.62 mm，d_{84}/d_{16} = 2.4；不同颜色代表的颗粒尺寸范围和图 4.2.12(a)相同。颗粒拱中"缺陷"定义为颗粒夹角 θ 大于 180°的情况。

根据前人对颗粒拱断裂机理的研究，颗粒拱的断裂和拱中"缺陷"结构关系密切。颗粒拱破裂所需的力取决于"缺陷"处夹角 θ 的最大值。夹角 θ 的最大值越大，则打破颗粒拱[48,50]所需的力就越小。在堵塞拱的模拟中，可以推断出，由于颗粒摩擦和粒径分布中大颗粒的存在，多粒径分布颗粒容易形成不稳定的颗粒拱，并具有较大的"缺陷"。"缺陷"的存在使得形成的颗粒拱易于被破坏。从图 4.2.16 中可以观察到临时堵塞拱往往具有较大的缺陷[见图 4.2.16(a)和图 4.2.16(b)]，处于最大缺陷的颗粒受到上游逐渐累积颗粒的压力后开始滑动，导致颗粒拱自崩溃[见图 4.2.16(c)]。在颗粒重新排放以及再次堵塞后，最终稳定的颗粒拱中并没有明显的"缺陷"存在[见图 4.2.16(d)]。

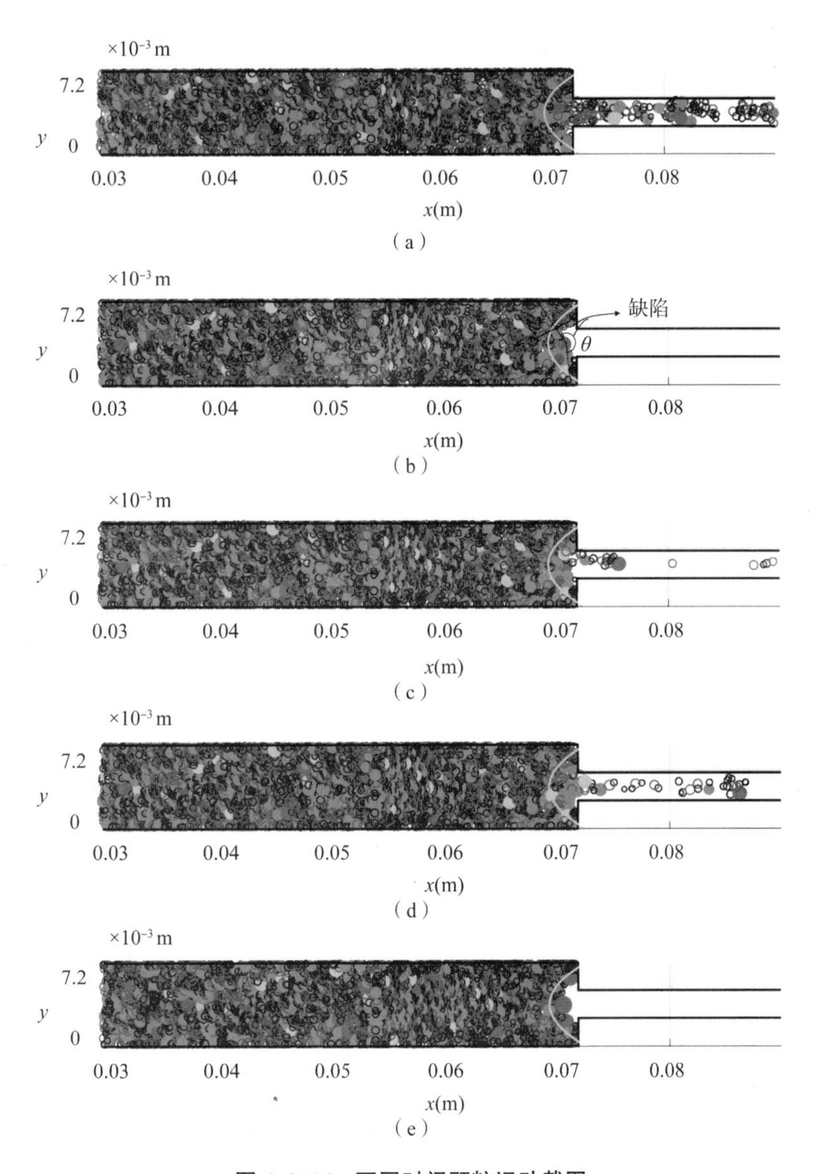

图 4.2.16　不同时间颗粒运动截图

(a) $t=0.050$ s；(b) $t=0.150$ s；(c) $t=0.155$ s；(d) $t=0.160$ s；(e) $t=0.600$ s

4.2.2　黏土颗粒排水板淤堵现象及缓解措施效果研究

随着我国沿海城市的快速发展和人口增加，土地资源稀缺成了制约经济发展的重要因素。为了解决土地资源的紧缺问题，我国某些沿海地区正在进行大规模的人工吹填海涂淤泥工程。在典型的高含水率淤泥工程案例中，因为新吹填的淤泥土含水率极高(80%～200%)，土体颗粒基本呈流动悬浮状态，几乎不具备强度。通常要设置排水板，采用真空预压排水固结的方式对其进行加固处理，以满足后续施工的需要。设置排水板滤膜的用意是“过水不过砂”，即在保留土体的同时排出淤泥中大量的水。然而，在采用排水板对吹填的淤泥进行真空预压抽水处理时，会出现排水板淤堵失效情况，即排水板周围会逐渐形成致密的土柱区域，阻碍排水。这大大降低了高含水率淤泥的排水固结效率，阻碍了后续工程的开展。基于已有对淤泥淤堵现象的研究以及一些改进淤堵措施，淤堵现象的产生与排水板滤膜、真空压力的加载速度以及土体颗粒本身的物理性质(颗粒大小、黏性颗粒比例等)有关。然而，排水板淤堵以及土柱形成原因尚不明晰，上述影响因素的作用机理也无法解释。基于此，本节采用无量纲化的 CFD-DEM 模型对真空荷载作用下的淤泥颗粒的运动以及淤堵情况进行模拟，从土颗粒运动角度解释排水板堵塞、土柱形成的原因，并重点分析不同工程措施的效果，为工程上解决排水板淤堵问题、提高淤泥排水固结效率提供理论依据。

4.2.2.1 CFD-DEM 模拟的无量纲分析与相似原理

在 CFD-DEM 模拟中，颗粒的直径决定着颗粒弹性碰撞的时间，继而影响 DEM 和 CFD 模拟时间步。根据《土的工程分类标准》(GB/T 50145—2007)，细颗粒(粒径 $d_p \leqslant 0.075$ mm)含量大于或等于 50%，位于塑性图 A 线或 A 线以上和塑性指数 $I_p \geqslant 7$ 的土被定义为黏土。一些富含黏粒($d_p \leqslant 0.005$ mm)的黏土，颗粒直径在微米级别，导致离散元模拟时间步及 CFD 时间步非常小，计算成本高。为此，本节采用拓尺模拟思路，在 CFD-DEM 模拟中采用大颗粒来代表实际非常微小的颗粒，增大计算时间步，加速微小颗粒的 CFD-DEM 模拟。

除了要保证几何相似、运动相似、初始和边界条件相似外，最重要的是保证模拟的大颗粒与实际微米级颗粒的动力相似。在仅考虑流体的 CFD 模拟中，若流体的黏滞力决定着流体运动，可采用雷诺准则，即使模型和原型的雷诺数相等来保证动力相似；若重力起主要作用，可采用弗劳德准则，即保证流体模型和原型的弗劳德数相等来保证动力相似。在 CFD-DEM 模拟中，由于颗粒-流体之间的阻力作用对颗粒流动起着决定性作用，在模拟中保持颗粒-流体阻力相似十分关键。前文已介绍过颗粒-流体阻力根据颗粒雷诺数 Re_p 计算得到。因此，本章采用颗粒雷诺数相似准则，即在 CFD-DEM 模拟中通过保证颗粒雷诺数和原型颗粒雷诺数一致来开展拓尺模拟。颗粒雷诺数公式如下：

$$Re_p = \rho_f d_p |\Delta U| / \nu \tag{4.27}$$

其中，ν 是运动黏度，d_p 是颗粒直径，ΔU 表示颗粒和流体的相对速度。在本节的模拟中，采用相同的颗粒和流体材料，即颗粒、流体的密度，流体的黏度系数相同，则根据雷诺准则，长度比尺和速度比尺存在式(4.28)的关系。这样一来，时间比尺、加速度比尺、力与压强的比尺都可用长度比尺来表示，见式(4.29)。

$$\begin{gathered}
(Re_p)_p = (Re_p)_m \\
\frac{\rho_p d_p |\Delta U|_p}{\nu_p} = \frac{\rho_m d_m |\Delta U|_m}{\nu_m} \\
\frac{d_p}{d_m} = \frac{|\Delta U|_m}{|\Delta U|_p} \\
\lambda_l = \frac{1}{\lambda_u}
\end{gathered} \tag{4.28}$$

$$\begin{gathered}\lambda_u = \lambda_l^{-1} \\ \lambda_t = \frac{\lambda_l}{\lambda_u} = \lambda_l^2 \\ \lambda_a = \lambda_l \lambda_t^{-2} = \lambda_l^{-3} \\ \lambda_F = \lambda_m \lambda_a = \lambda_l^3 \lambda_l^{-3} = 1 \\ \lambda_P = \frac{\lambda_F}{\lambda_a} = \frac{\lambda_F}{\lambda_l^2} = \lambda_l^{-2}\end{gathered} \tag{4.29}$$

其中，下标 p 表示模型物理量，m 表示原型物理量，λ_l、λ_u、λ_t、λ_a、λ_F、λ_P 分别代表长度比尺(原型/模型)、速度比尺、时间比尺、加速度比尺、力的比尺和压强比尺。

为了验证 CFD-DEM 拓尺模拟思路的准确性，下面开展微小颗粒在水中下落过程模拟，通过比较原型模拟和拓尺模拟得到的微米级颗粒下落速度，验证无量纲模拟的正确性。原型 CFD-DEM 模拟与无量纲拓尺模拟算例设置参数如表 4.2.4 所示。无量纲拓尺模拟的长度比尺采用 0.01，其他物理量比尺如表 4.2.5 所示。将原型模拟得到的稳定下落速度与拓尺模拟得到的下落速度(乘以速度比尺后)进行比较，如图 4.2.17 所示。可以看出，无量纲拓尺模拟得到的颗粒下落速度与原型模拟得到的颗粒下落速度吻合良好，说明了采用雷诺准则对 CFD-DEM 模拟进行无量纲化处理的正确性。

表 4.2.4　拓尺模拟算例设置参数

参数	原型模拟算例	拓尺模拟算例
计算域大小（μm）	50×50	5000×5000
计算域网格精度	10×10	10×10
流体的密度 ρ_f（kg/m^3）	1000	1000
流体的黏度 ν（×10^{-6} m^2/s）	1	1
重力加速度(m^2/s)	9.8	9.8×10^{-6}
颗粒的密度 ρ_p（kg/m^3）	2650	2650
颗粒的直径(μm)	1，2，3，4，5，6	100，200，300，400，500，600
颗粒的刚度系数 k_n/k_t（N/m）	500/143	50/14
颗粒的阻尼系数 γ_n/γ_t（s^{-1}）	1×10^9/5×10^8	1×10^7/5×10^6
颗粒的摩擦系数	0.4	0.4
颗粒的恢复系数	0.1	0.1
CFD 时间步(s)	1×10^{-7}	1×10^{-5}
DEM 时间步(s)	1×10^{-9}	1×10^{-7}

表 4.2.5　各种物理量比尺

物理量	长度	速度	时间	加速度	力	压强
比尺(原型/模型)	10	0.1	100	0.001	1	10000

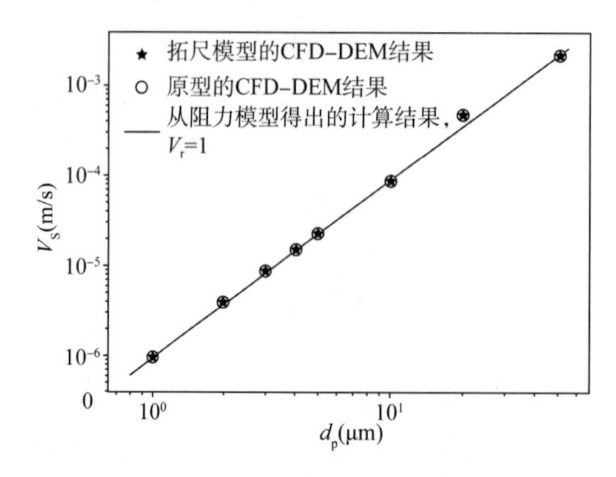

图 4. 2. 17　拓尺模拟微米级颗粒下落速度比较

此外，本章基于 Deng[51] 的真空预压模型桶实验，进行拓尺真空预压排水过程模拟。将模拟测得的孔隙水压衰减梯度和水流速度与 Deng[51] 的实验结果进行对比，验证淤堵算例的正确性。Deng 的室内实验桶装置如图 4. 2. 18 所示，实验桶半径为 14 cm，采用 100 kPa 恒定的真空压力对淤泥进行排水板抽水处理，实验桶壁真空压力为 0 kPa。在模拟中，颗粒和流体的性质完全依照实验设置，模拟参数如表 4. 2. 6 所示，模拟粒度分布如图 4. 2. 19 所示。计算域长度取 1 mm，初始压力梯度 $\Delta P/\Delta x$ 与实验一致，即 $\Delta P/\Delta x$ = 714 kPa/m。模拟采用的边界条件如表 4. 2. 7 所示。

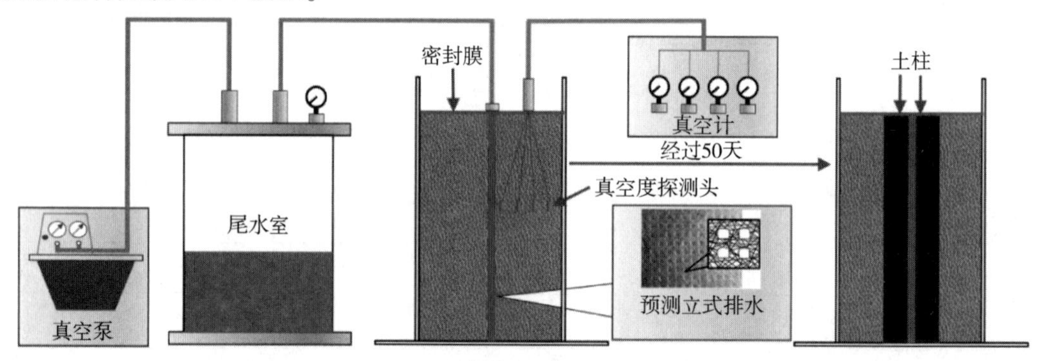

图 4. 2. 18　Deng 的室内实验桶装置

表 4. 2. 6　模拟参数

参数	算例 1(验证算例)	算例 2	
几何尺寸	计算域大小(μm)，$l_x \times l_y \times l_z$	1000×240×240	
	网格精度	25×6×6	
	排水板的横坐标(μm)	780	
	施加的真空压力(kPa)	100，80，60，40，20	100
	排水板孔口直径 D_o(μm)	36	12，36，60，84
	排水板不透水部分宽度(μm)	24	

续表

参数	算例 1(验证算例)	算例 2
颗粒和流体的性质	移动颗粒直径(μm)	10~120($\overline{d_{pm}}$ = 10.9 μm)
	固定颗粒直径(μm)	12
	颗粒密度 ρ_p (kg/m³)	2650
	颗粒刚度系数 k_n/k_t (N/m)	5000/1428
	颗粒阻尼系数 γ_n/γ_t (s^{-1})	$8.82\times10^7/4.41\times10^7$
	摩擦系数	0.4
	初始孔隙比	0.36
	流体密度 ρ_f (kg/m³)	1000
	流体黏度 ν (m²/s)	1.01×10^{-6}

表 4.2.7　模拟采用的边界条件(拓尺模型值)

边界的名称	CFD 边界条件	DEM 边界条件
入口面 U_f	流体流入时为零梯度边界，流出时速度为 0	周期
入口面 P	固定值 0 Pa	—
出口面 U_f	零梯度	周期
出口面 P	固定负压力值-7.14 Pa	—
四周边墙 U_f	有摩擦的壁面墙/颗粒墙	无摩擦的壁面墙
四周边墙 P	零梯度	—

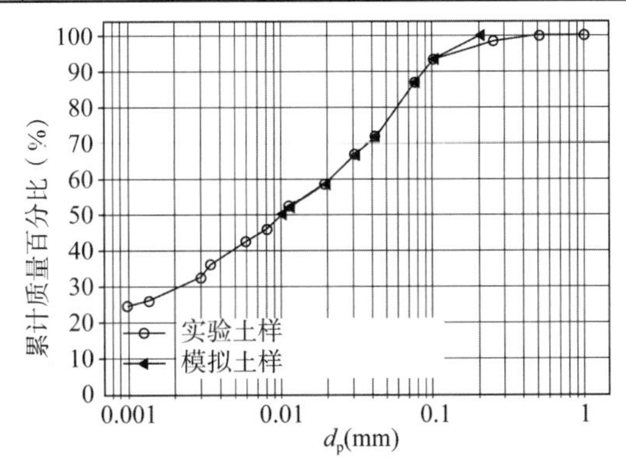

图 4.2.19　模拟粒度分布

土体颗粒初速度为 0 m/s，在出口真空压力作用下逐渐向排水板方向移动。颗粒通过排水板时，逐渐堵塞住排水板孔口，土柱(颗粒堆积体)逐渐形成。流体在通过颗粒堆积体时，由于颗粒对流体阻力以及碰撞带来的能量损失，导致水压力衰减[52]。Ergun 提出了通过颗粒堆积体的水压衰减计算公式：

$$\frac{\Delta P}{\Delta x}=150\frac{(1-\varphi_f)^2}{\varphi_f^3}\frac{\mu_f U_f}{d_p^2}+1.75\frac{1-\varphi_f}{\varphi_f^3}\frac{\rho_f U_f^2}{d_p} \tag{4.30}$$

其中，U_f 和 μ_f 代表了水流的平均速度和动力黏度；Δx 代表了颗粒堆积体的长度；φ_f 是堆积颗粒中流体的体积率，$\varphi_f = 1 - \varphi_s$（土颗粒的堆积浓度）。根据 Deng[51] 的粒度实验数据 $\bar{d}_p = 10.9\ \mu m$、颗粒堆积体浓度 $\bar{\varphi}_s = 0.49994$(由实验含水率和式 4.31 换算)和模拟得到的土柱内压力衰减梯度 $\Delta P/\Delta x = 1033\ kPa/m$，可以计算得到通过土柱的平均水流速度为 $3.55 \times 10^{-4}\ m/s$。土颗粒的堆积浓度计算公式如下：

$$\varphi_s = 1/ds/(1/ds + \omega) \tag{4.31}$$

其中，ds 为土粒容重；ω 为淤泥含水率。在拓尺模拟中，采用的土粒粒径如图 4.2.19 所示，采用的长度比尺为 10。排水板堵塞模拟示意图如图 4.2.20 所示。图中的右侧的灰色固定颗粒表示 PVD 排水板，左侧的红棕色颗粒表示可移动的土颗粒。颗粒堵塞发生后，处理模拟结果，得到断面平均流速为 $3.34 \times 10^{-5}\ m/s$(拓尺模拟结果)，乘以速度比尺 10，可得到水流速度原型值为 $3.34 \times 10^{-4}\ m/s$，与根据实验结果和压力衰减公式计算得到的 $3.55 \times 10^{-4}\ m/s$ 吻合良好(图 4.2.21)，验证了 CFD-DEM 模型对土柱中真空度衰减规律的模拟能力。

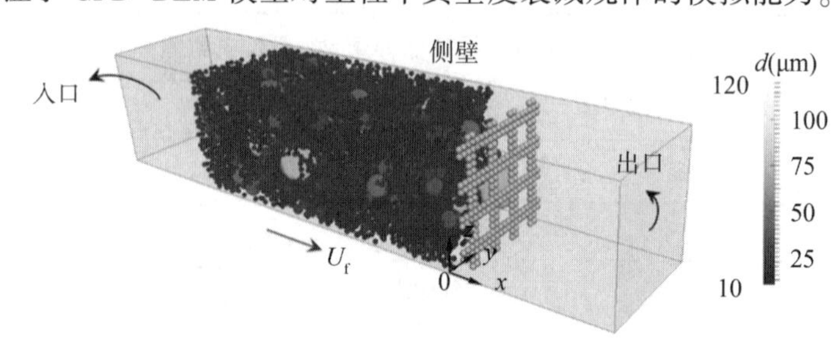

图 4.2.20 排水板堵塞模拟示意图

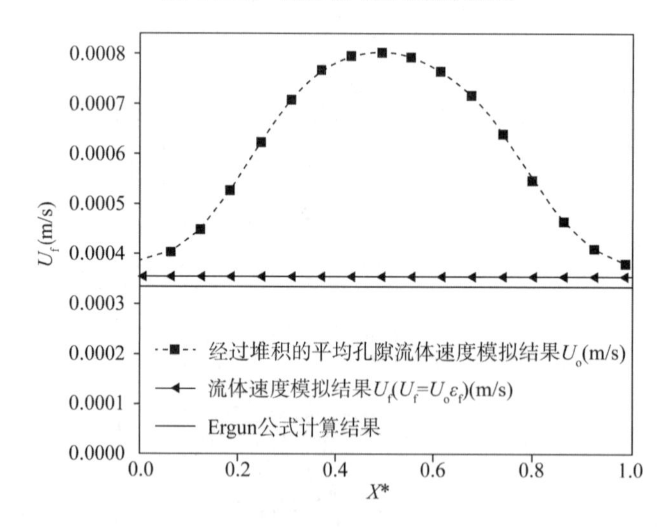

图 4.2.21 经过颗粒堆积体的平均流体速度

4.2.2.2 堵塞过程模拟与淤堵机理解释

本节通过两个系列算例，研究压力、排水板孔口尺寸对土柱形成的影响。在算例 1 中，讨论不同真空压力(20、40、60、80、100 kPa)对堵塞过程的影响。在算例 2 中，研究不同排水板孔口尺寸的影响。颗粒在排水板附近的堵塞过程如图 4.2.22 所示，出口剖面的水流平均速度随时间变化图如图 4.2.23 所示。

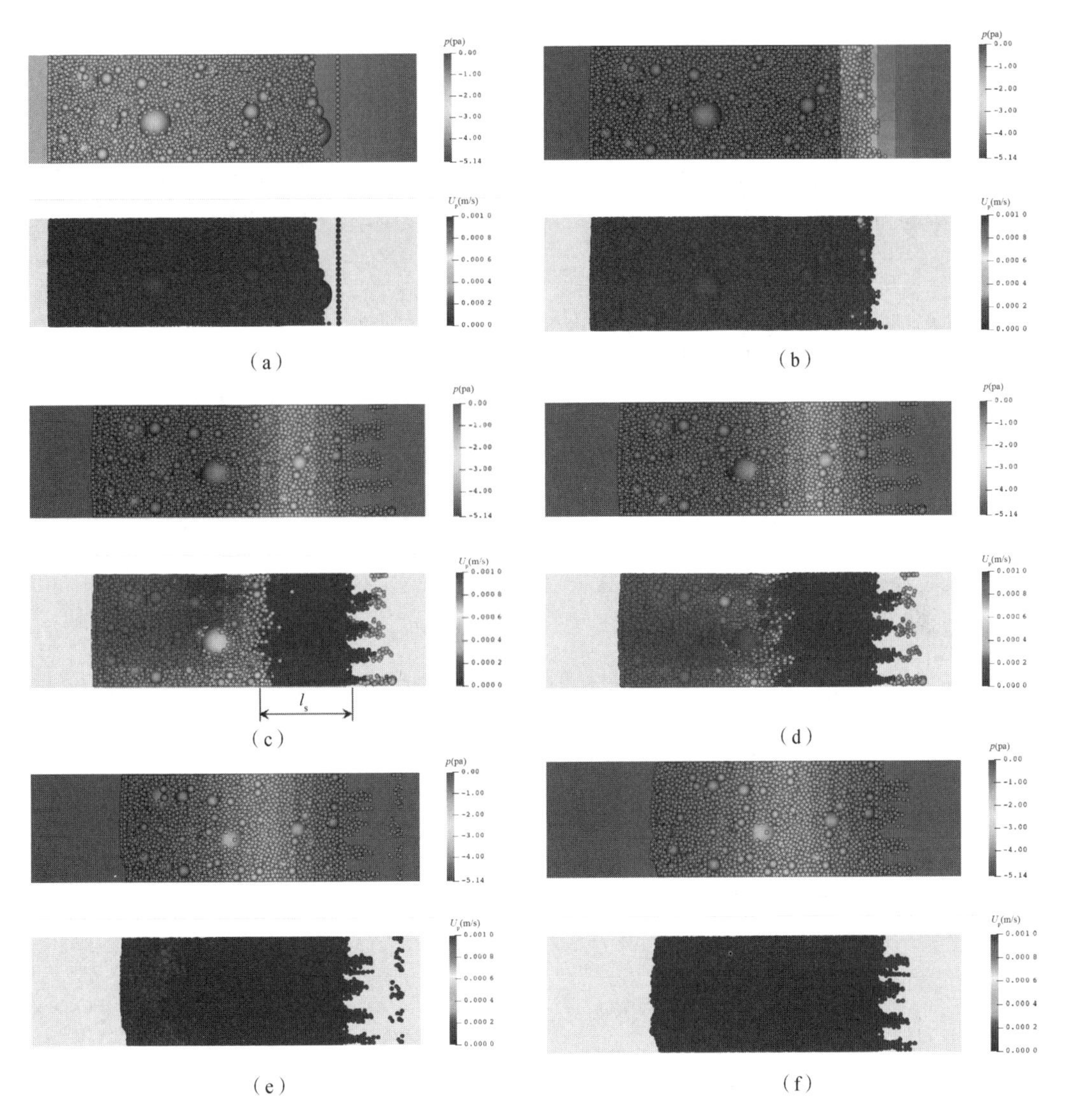

图 4.2.22 颗粒在排水板附近的堵塞过程

(a) t_s =0.05; (b) t_s =0.1; (c) t_s =0.5; (d) t_s =1; (e) t_s =5; (f) t_s =10

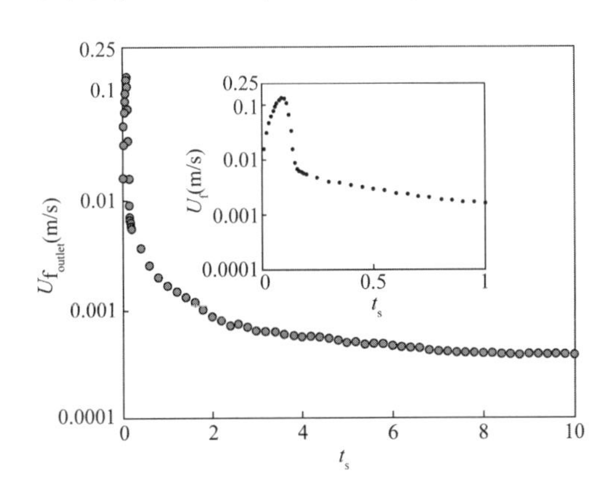

图 4.2.23 出口剖面的水流平均速度随时间变化图

在图 4.2.22(算例 1)中，t_s 为无量纲时间。$t_s=0.05$ 时，颗粒由流体驱动并加速；$t_s=0.1$ 时，颗粒通过排水板；$t_s=0.5$ 时，一些颗粒在排水板开口处被堵塞，土柱开始形成，其中 l_s 代表形成的土柱的长度；$t_s=1$ 时，土柱更加明显；$t_s=5$，$t_s=10$，土柱稳定。

堵塞随时间发展情况如图 4.2.24 所示，其中纵坐标代表不同位置处(x 坐标)颗粒的水平速度，l^* 代表距离排水板的无量纲距离。$l^*=l/l_0$，l_0 为初始土样长度。

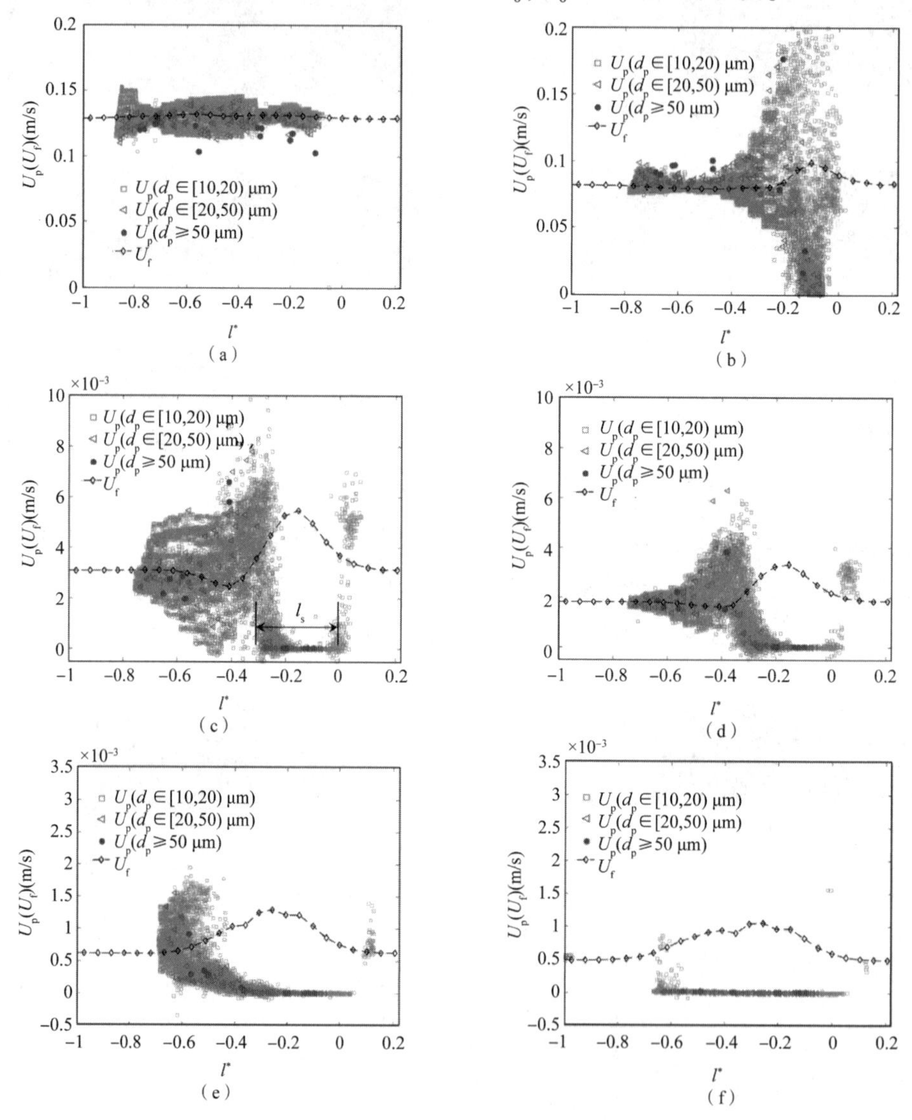

图 4.2.24　堵塞随时间发展情况

(a) $t_s=0.05$；(b) $t_s=0.1$；(c) $t_s=0.5$；(d) $t_s=1$；(e) $t_s=5$；(f) $t_s=10$

施加真空压力后，水流带动颗粒逐渐移动到孔口，如图 4.2.24(a)所示。部分颗粒被限制在排水板孔口处，发生局部堵塞。部分颗粒从局部孔口处溢出，分别如图 4.2.24(b)～图 4.2.24(f)所示。在这个过程中，被堵塞的颗粒在排水板上逐渐堆积，增大了对水流的阻碍。可以观察到出口面水流速度逐渐减小，如图 4.2.23 所示。颗粒速度也随着排水板堵塞现象的加剧逐渐减小，如图 4.2.24(b)所示。待所有颗粒都堆积在排水板处，颗粒堆积体会几乎衰减完所有的负水压力，如图 4.2.24(f)所示，水流最终保持一个非常低的速度流出。

颗粒堵塞过程中的水压衰减变化如图 4.2.25 所示。随着颗粒在排水板上堵塞和堆积加密，颗粒堆积体对水流的阻碍作用增强，水压衰减梯度增大，排水速度减小。根据水压衰减公式，水压衰减梯度 $\Delta P/\Delta x$ 随颗粒直径减小显著增大，微小颗粒对水流会有更大的阻碍作用和能量耗散。将研究数据代入水压衰减梯度公式中，可以得到水压衰减梯度与土颗粒直径的关系，如图 4.2.26 所示。从图中可以看出，随着 d_p 减小，$\Delta P/\Delta x$ 显著增大。当颗粒直径小于 10 μm 时，水压衰减梯度随着颗粒粒径的减小呈近指数倍的增大。此外，流经颗粒堆积体的水压衰减和颗粒堆积体的堆积浓度也有关，随着堆积体的加密(含水量减小)，水压衰减梯度显著增大。

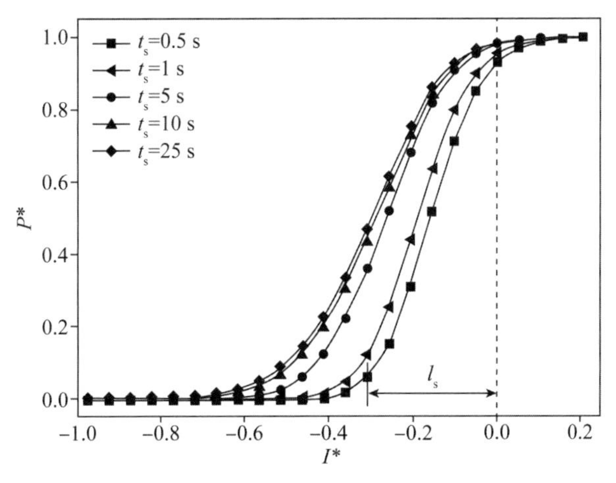

图 4.2.25　颗粒堵塞过程中的水压衰减变化

综上所述，微小直径土颗粒堆积体对水流有极大的阻碍作用(水压衰减)。在采用排水板对淤泥进行真空预压排水过程中，随着排水板附近微小土颗粒的逐渐堆积(“土柱”)，对水流的阻碍作用和能量耗散增大，导致过流水速降低，真空压力衰减梯度增大。真空压力在“土柱”范围急剧衰减，无法向更远的位置传递。水压衰减和过流速度的降低意味着排水失效，即排水板发生了“淤堵”现象。

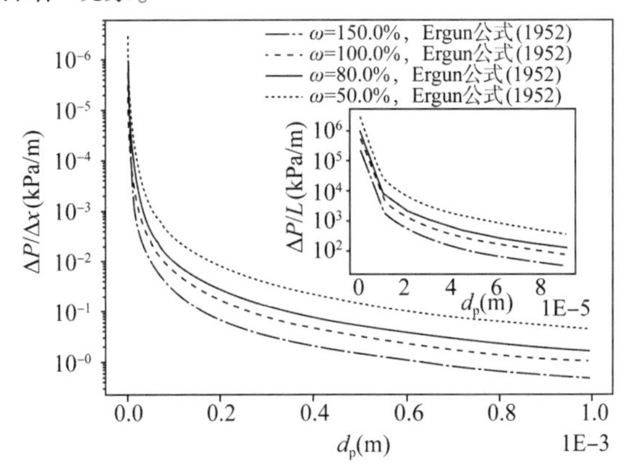

图 4.2.26　水压衰减梯度与土颗粒直径的关系

4.2.2.3 工程措施效果模拟

本节模拟分析不同真空压力对堵塞过程的影响。不同真空压力下排水速度及排水量随时间变化关系如图 4.2.27 所示，随着真空压力由 100 kPa 减小为 20 kPa，堵塞发生时间(对应水流速度开始降低)稍微推迟。这意味着在实际工程施工过程中，可先采取较低的初始真空压力延缓排水板淤堵发生的时间。峰值排水速度随着真空压力的增加非线性增大。因此，建议实际施工过程逐渐增大真空压力，以获得较大的排水量和最终排水速度，如图 4.2.28 所示。

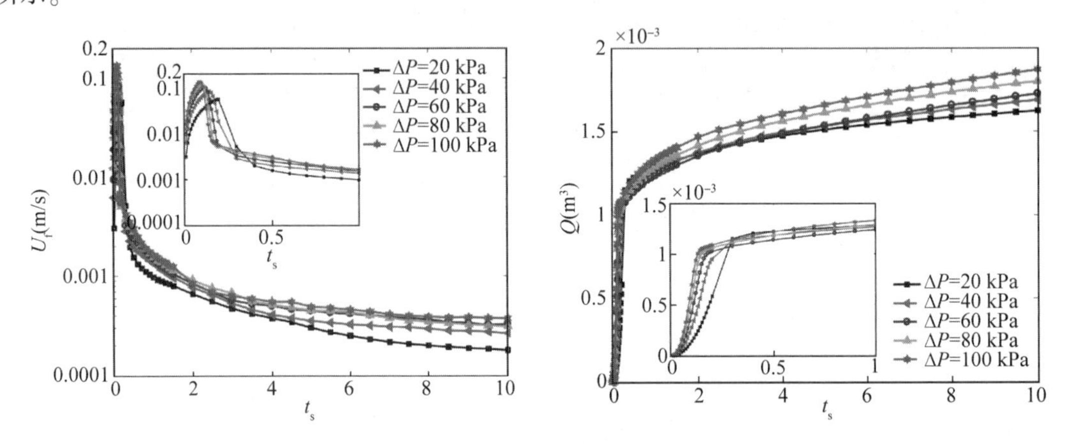

图 4.2.27 不同真空压力下排水速度、排水量随时间变化关系

工程上使用的排水板有各种类型、编织模式和孔口尺寸。本模拟采用最简单的排水板孔口类型，评估孔口尺寸对排水的影响。排水板不透水部分用固定颗粒模拟，宽度为 24 μm。排水板孔口尺寸为 12~84 μm，如图 4.2.29 所示。由模拟结果可知(见图 4.2.30)，随着排水板孔口尺寸增大，排水速度和排水量增大。这是由于大孔口允许的颗粒排放速度更大，堵塞发生得更慢。因此，在保证排水板孔口一定堵塞的基础上[$D \leqslant D_c$，D_c 为临界堵塞尺寸，由式(4.32)计算]，可选用较大的排水板孔径($D = D_c$)，允许部分颗粒溢出，使颗粒堵塞和密堆积过程发生较慢，排出更多的水量：

$$D_c = R_c d_{90} \tag{4.32}$$

其中，R_c 为堵塞发生的临界孔口-颗粒尺寸比，本节模拟算例中 $R_c = 2.79$。

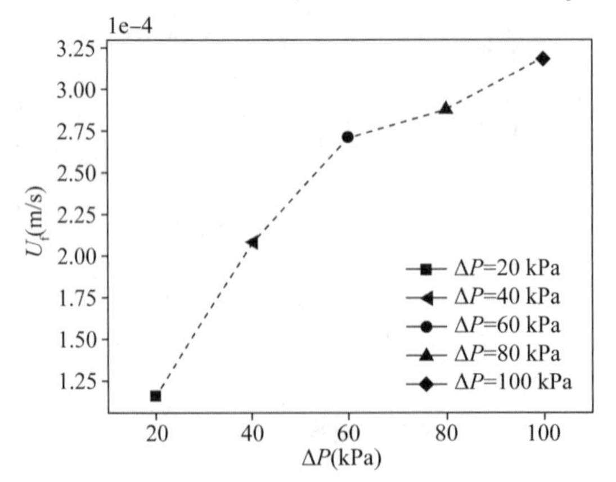

图 4.2.28 堵塞发生后最终排水速度

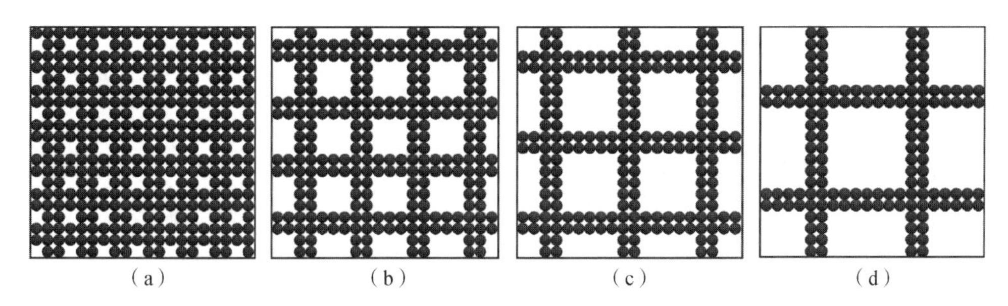

图 4.2.29　排水板孔口示意图

(a) $D_o = 12\ \mu m$；(b) $D_o = 36\ \mu m$；(c) $D_o = 60\ \mu m$；(d) $D_o = 84\ \mu m$

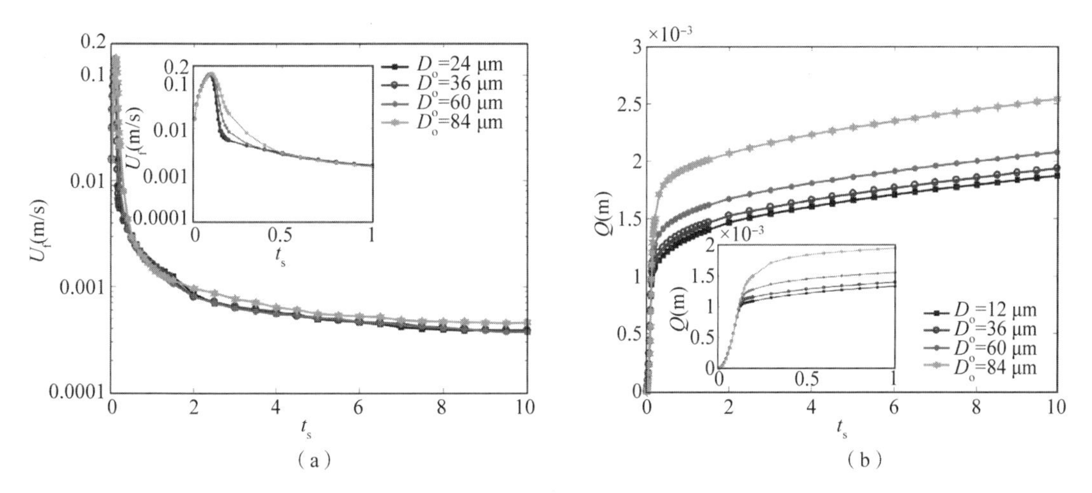

图 4.2.30　不同孔径排水板排水速度、排水量随时间变化关系

(a) 排水速度随时间变化图；(b) 排水量随时间变化图

4.2.3　本节小结

本节采用 CFD-DEM 数值模拟方法，首次研究了以土颗粒为代表的多粒径分布颗粒的堵塞过程，探讨了颗粒堵塞概率和多粒径分布颗粒系统代表性粒径的关系，提出了多粒径分布颗粒系统的孔口-颗粒尺寸比的定义方法，并从颗粒拱组成的角度分析了颗粒系统中大颗粒对堵塞概率的重要影响。此外，本节还提出 CFD-DEM 模拟无量纲化方法，对真空荷载作用下的微米级土颗粒运动及其淤堵情况进行了拓尺模拟，分析了颗粒在排水板堵塞过程中，颗粒速度、排水速度、水压衰减时空变化规律，解释了排水板淤堵机理，给出了改变真空压力、排水板孔口直径对真空预压排水过程的影响。

本节主要结论总结如下。

(1) 对于具有较宽粒度分布的颗粒系统，堵塞概率 P_{jam} 与系统的代表性粒径 d_{90} 呈现出强相关关系。对于不同颗粒系统，D_o/d_{90} 相同时，堵塞概率相近。由此提出多粒径分布颗粒系统的孔口-颗粒尺寸比定义方法，即 $R = D_o/d_{90}$。

(2) 多粒径分布颗粒系统也存在堵塞发生的孔口-颗粒尺寸比的阈值 R_r 和临界值 R_c，且多粒径分布颗粒系统的阈值和临界值与单粒径分布颗粒系统相近。

(3)本节讨论了多粒径分布颗粒堵塞拱的组成。与初始颗粒样本相比，颗粒拱中 $d_p > d_{90}$ 的大颗粒比例增加。正是由于颗粒拱主要由大颗粒组成，因此大颗粒直径 d_{90} 决定着多粒径分布颗粒系统的堵塞概率。

(4)与单粒径分布颗粒堵塞现象不同，在多粒径分布颗粒堵塞过程中可以观察到自崩溃现象。这是由于颗粒的多粒径分布，会导致具有“缺陷”的不规则颗粒拱形成。这些颗粒拱无法承受上游逐渐增加的因颗粒堆积带来的作用力，颗粒拱中颗粒会在缺陷处发生滑动，造成颗粒拱的自崩溃现象。

(5)本节基于颗粒雷诺数相似的准则，提出了无量纲化的 CFD-DEM 模型。采用拓尺模拟的思路，在 CFD-DEM 模拟中使用大颗粒来代表实际非常微小的颗粒，从而增大计算时间步，实现微米级颗粒的 CFD-DEM 模拟。

(6)再现颗粒在真空压力作用下，堵塞排水板和堆积形成“土柱”的过程。随着颗粒堆积体形成，排水速度逐渐减小，水压衰减梯度增大。水压衰减梯度随着颗粒粒径的减小和堆积浓度的增加显著增大，故排水板附近堆积的土体颗粒(“土柱”)在短距离内衰减完施加的真空压力，降低过流速度，导致排水板“淤堵”失效。淤堵现象的本质是微小土颗粒堆积体对水流的阻碍作用。因此，通过黏土改性提高黏土渗透系数，将有助于降低真空压力衰减，提高排水固结效率。

(7)采取较低的真空压力可以延缓堵塞的发生，但是当颗粒堵塞发生后，高真空压力下的出流量大。在实际工程施工过程中，可先采取较低的初始真空压力延缓排水板淤堵发生的时间，之后逐渐增大真空压力，以获得较大的排水量。

(8)在保证排水板孔口一定堵塞的基础上[$D \leqslant D_c$，D_c 为临界堵塞尺寸，由式(4.32)计算]，可选用较大的排水板孔径($D = D_c$)，允许部分颗粒溢出，使颗粒堵塞和密堆积过程发生变慢，排水量增大。堵塞研究得到的临界孔口-颗粒尺寸比对排水板选型具有重要意义。

4.3 其他应用

本节进一步介绍采用耦合 CFD-DEM 模型在岩土工程领域中的其他应用，从颗粒尺度模拟研究渗流、泥沙沉降、泥沙输送和冲刷问题，并揭示其细观机理。

4.3.1 常水头渗透实验模拟

作为建筑材料、坝体反滤料、地基处理用料，砂土在现实的生活和生产过程中应用得非常广泛。渗透性是砂土的重要工程性质之一，也是分析土中水压力及土工结构物渗透稳定性的重要参数。影响砂土渗透性的因素有很多，如土体密实程度、土颗粒粒径、流体性质等。确定渗透系数方法有实验法、理论和经验公式法等。通过渗透实验测定渗透系数的过程相对复杂，且可能会因为试样饱和不完全、实验操作不当等导致较大实验误差。比起实验法，理论和经验公式法应用起来更简便，但已有理论和经验公式均有一定假设和适用范围，无法充分考虑砂土复杂粒径分布特性对渗透系数的影响，因此需要对其进一步完善，提出能够全面考虑砂土特性的渗透系数计算公式。CFD-DEM 模拟能够求解每个颗粒和流体之间的相互作用，能够分析流体流经土颗粒时的孔隙水压力衰减，从而得到准确的土体渗透系数，且数值模拟可以克服实验中单一变量不易控制的缺点，如在粒径级配变化时，孔隙率随之变化。因此，本节将介绍如何采用 CFD-DEM 模型来模拟常水头渗透实验[53]，确定宽级配土体的渗透系数，基于模拟结果，提出能够考虑砂土宽粒径分布的渗透系数计算公式。

4.3.1.1　**模型设置与验证**

CFD-DEM 模拟常水头渗透实验示意图如图 4.3.1 所示，图中 x、y、z 方向数值分别为计算区域的长、宽、高，模型中具体参数信息如表 4.3.1 所示。在进出口水压力差作用下，流体经过土体后流出。

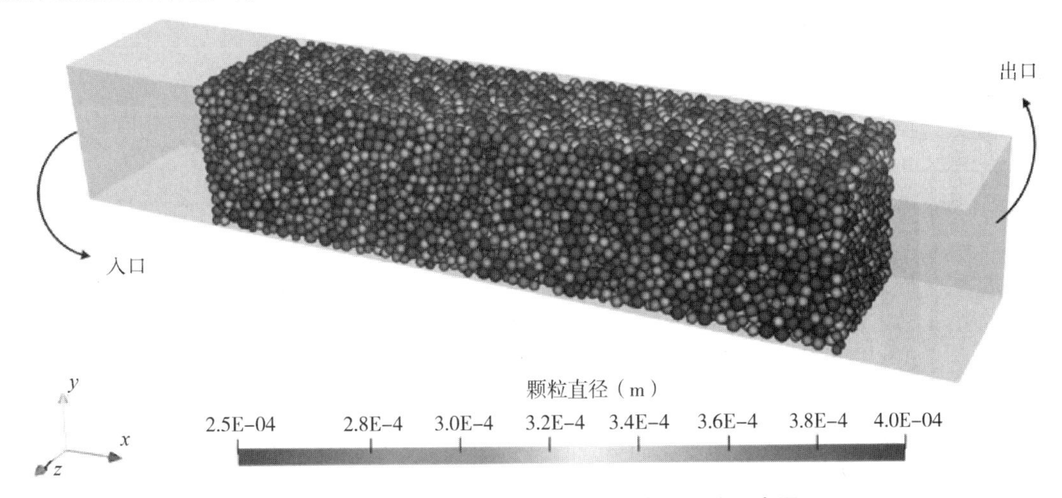

图 4.3.1　CFD-DEM 模拟常水头渗透实验示意图

表 4.3.1　模型中具体参数信息

物理量		常水头渗透实验算例
CFD 计算域尺寸和网格精度	长 l_x、宽 l_y、高度 l_z(mm)	40×10×10
	网格精度	40×10×10
颗粒性质	颗粒直径 d_p(mm)	0.25~0.4，0.4~0.7，0.6~1.1，0.7，0.1~2
	密度 ρ_s($\times10^3$ kg/m^3)	2.65
	杨氏模量 E(Pa)	1×10^9
	泊松比	0.3
	摩擦系数 μ	0.4
	法向恢复系数	0.1
流体性质	运动黏度 ν($\times10^{-6}$ m^2/s)	1.0
	密度 ρ_f($\times10^3$ kg/m^3)	1.0

本节将采用 3 种不同的拖曳力模型模拟 Loudon [54]所做的常水头渗透实验(图 4.3.2)，

分别为 Syamlal-O′Brien、Di Felice 和 Gidaspow 模型(计算公式见 3.2.4.1 节)。根据达西定律计算渗透系数:

$$k = \frac{v}{i} \tag{4.33}$$

其中,$i = \dfrac{\Delta h}{L}$ (Δh 和 L 分别是水头差和土柱的长度)。模拟结果与实验结果的对比如图 4.3.3 所示。可以发现,采用 Syamlal-O′Brien 模型预测砂样渗透系数的结果最准确,这也说明了 CFD-DEM 模型在模拟常水头渗透实验的有效性。

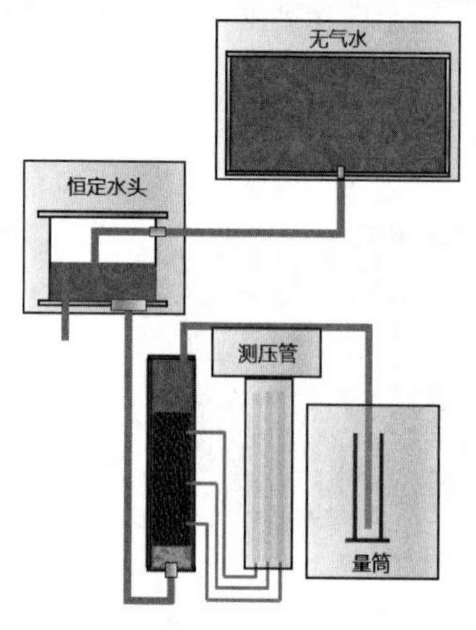

图 4.3.2　常水头渗透实验示意图[54]

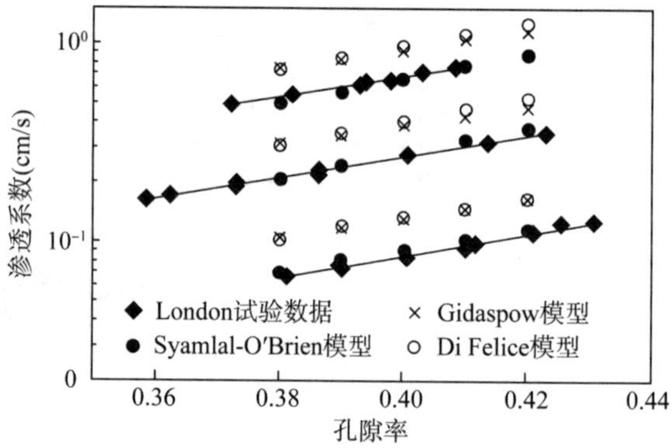

图 4.3.3　模拟结果与实验结果的对比

4.3.1.2　**孔隙率和级配对渗透系数的影响**

孔隙率与级配是决定渗透系数的关键因素。不同孔隙率表达式在渗透系数计算公式中的比较如图 4.3.4 所示。可以发现 Carman [55] 方程中孔隙率表达式的线性相关系数最高,因此本节可采用 $\dfrac{n^3}{(1-n)^2}$ 进行渗透系数计算。

观察已有经典公式不难发现,大多公式中特征粒径决定了渗透系数的大小,然而相同特征粒径的土体可能有不同的级配。为了探讨级配对渗透系数的影响,本案例通过 CFD-DEM 模型模拟了不同级配的土体,颗粒级配曲线如图 4.3.5 所示,3 个典型样品示意图如图 4.3.6 所示。结果表明,随着 C_u 和 C_c 的增加,试样中的粗颗粒(中颗粒和大颗粒)数量增加,并且有更多大的渗透通道,导致更高的渗透性(图 4.3.7)。相比之下,对于 C_u 和 C_c 值较低的土壤样品,样品中有更多的细颗粒,并且有更多非常小的渗流通道。较小的渗透通道会对流体流动产生较大的摩擦阻力。

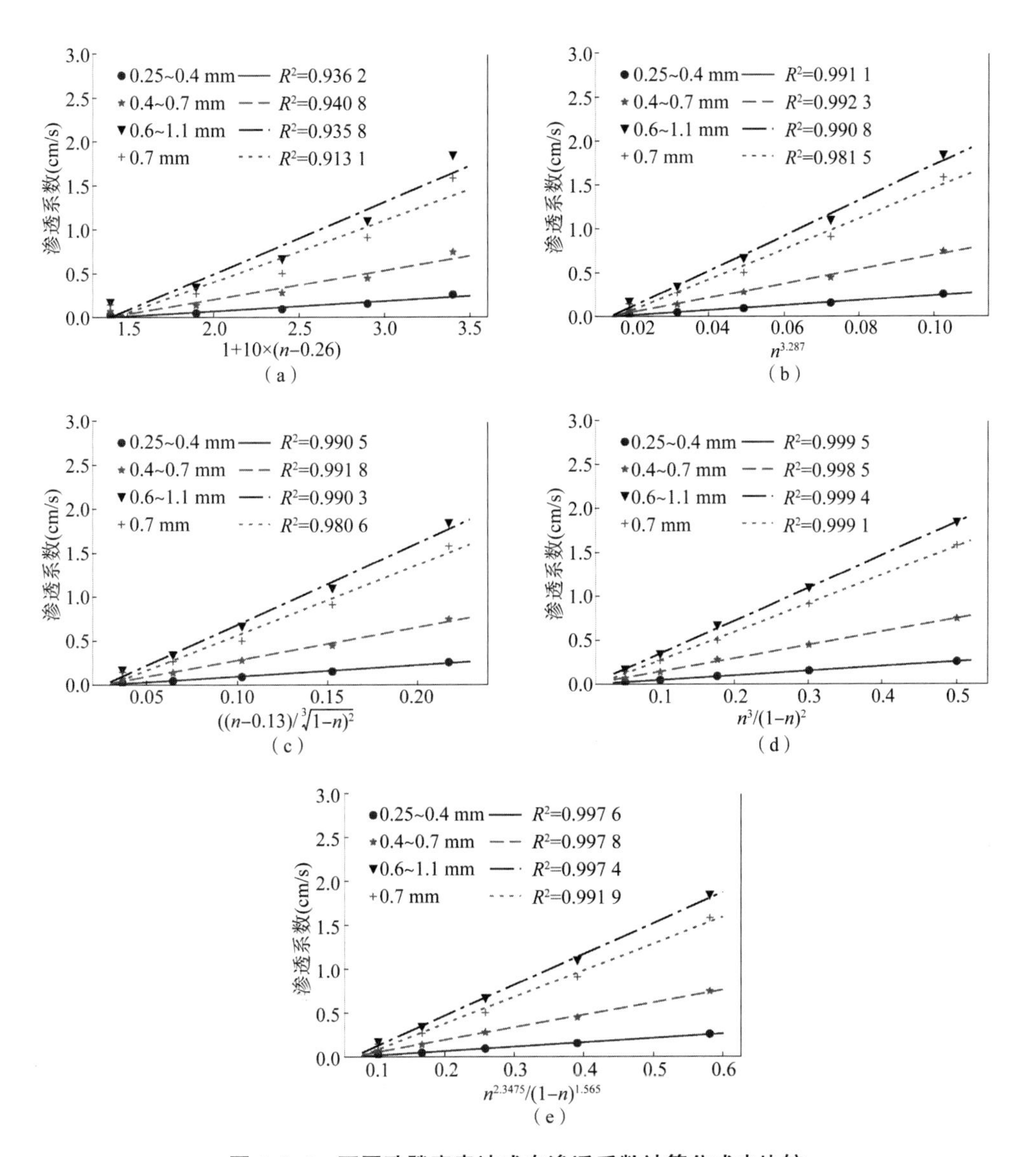

图 4.3.4　不同孔隙率表达式在渗透系数计算公式中比较

(a) Hazen(1892)；(b) Slichter(1899)；(c) Terzaghi(1925)；(d) Carman [55]；(e) Chapuis [58]

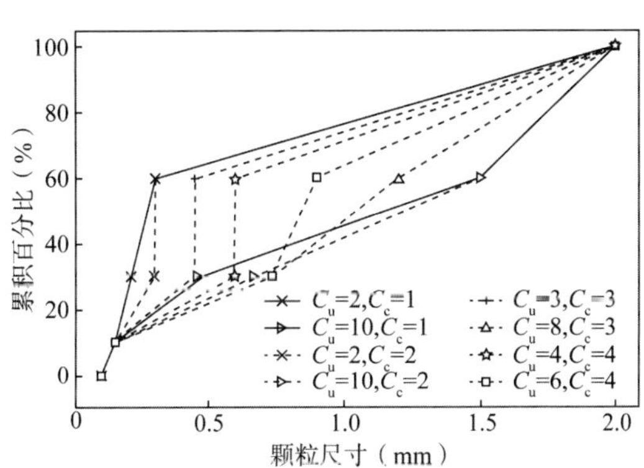

图 4.3.5　颗粒级配曲线

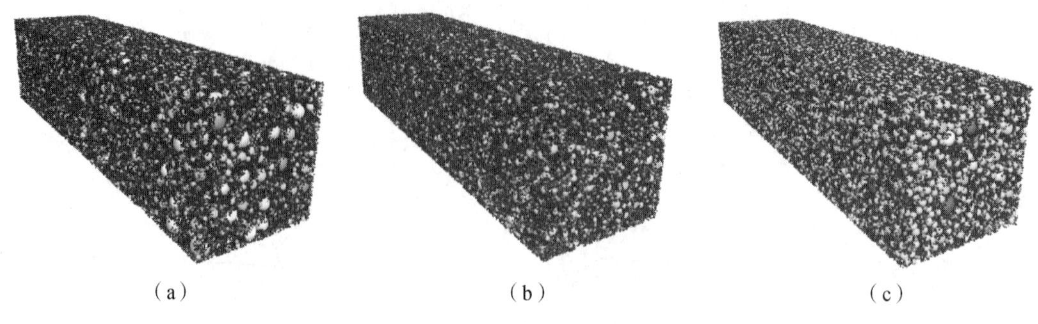

图 4.3.6　3 个典型样品示意图

(a) $C_u=10$，$C_c=1$；(b) $C_u=4$，$C_c=1$；(c) $C_u=4$，$C_c=4$

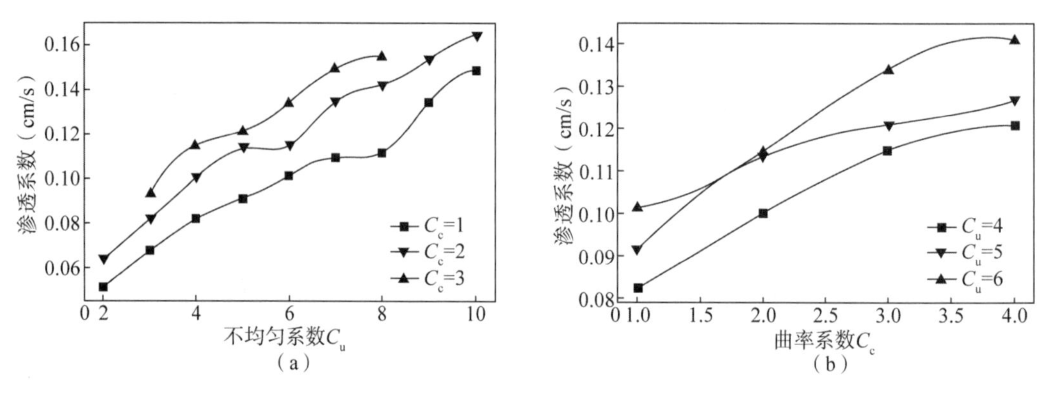

图 4.3.7　C_u 和 C_c 对渗透系数的影响

(a) C_u；(b) C_c

4.3.1.3　宽级配土体渗透系数计算公式

渗透系数与代表性平均粒径之间的关系如图 4.3.8 所示。可以看出，渗透系数 k 与 $\sum_i^n n_i d_{p,i}^3 / \sum_i^n n_i d_{p,i}^2$ 的线性回归相关系数 R^2 高达 0.9759。由于渗透系数 k 与 Sauter 平均粒径（$\sum_i^n n_i d_{p,i}^3 / \sum_i^n n_i d_{p,i}^2$）的平方呈强线性相关，结合孔隙率对 k 的影响可以得到下式：

$$k \propto \left(\sum_i^n n_i d_{p,i}^3 / \sum_i^n n_i d_{p,i}^2\right)^2 \frac{n^3}{(1-n)^2} \tag{4.34}$$

然而，在实际工程中，确定 Sauter 平均粒径很复杂，而获得试样的 C_u 和 C_c 较为简单。因此，下面进一步研究 Sauter 平均粒径的平方与 C_u 和 C_c 之间的关系。根据回归分析，Sauter 平均粒径的平方与 C_u 和 C_c 呈线性关系，如图 4.3.9 所示。通过二元变量的最小二乘回归分析，$\dfrac{\left(\sum_i^n n_i d_{p,i}^3 / \sum_i^n n_i d_{p,i}^2\right)^2}{d_{10}^2}$ 可用 $1.1C_u+1.5C_c$ 表示(图 4.3.10)：

$$\frac{\left(\sum_i^n n_i d_{p,i}^3 / \sum_i^n n_i d_{p,i}^2\right)^2}{d_{10}^2} \propto (1.1C_u + 1.5C_c) \tag{4.35}$$

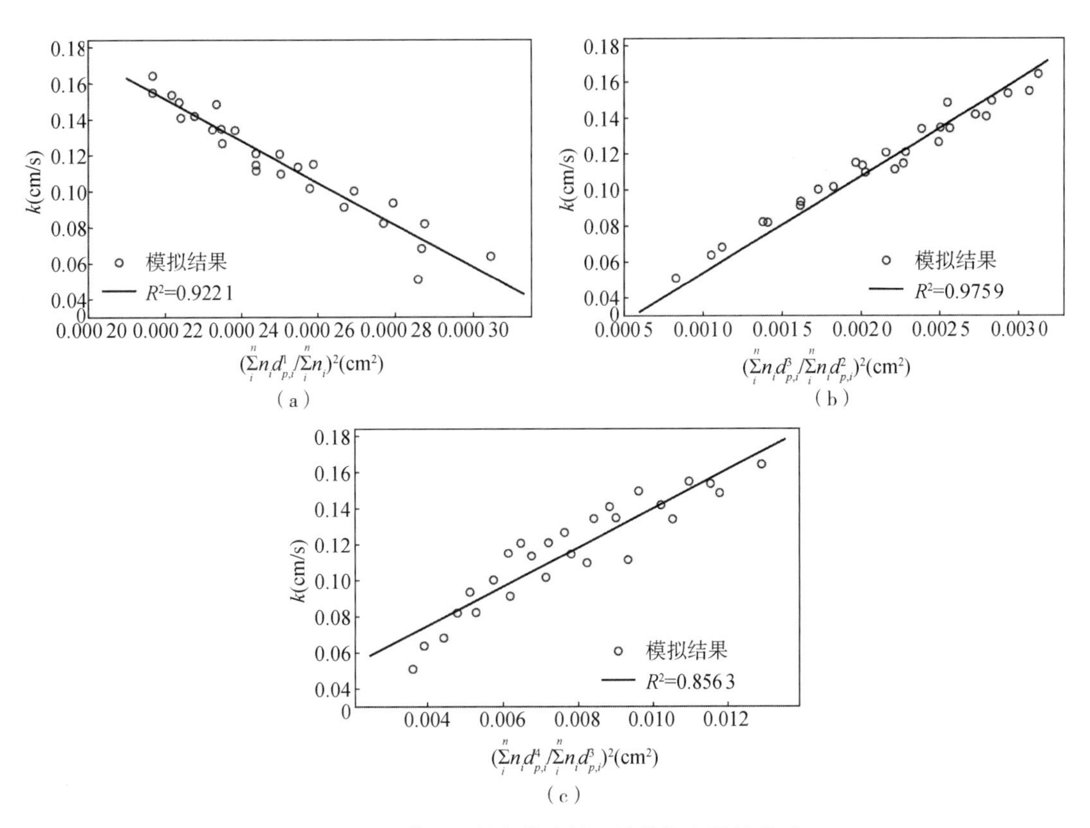

图 4.3.8　渗透系数与代表性平均粒径之间的关系

(a) $\left(\sum_{i}^{n} n_i d_{p,i}^1 / \sum_{i}^{n} n_i\right)^2$；(b) $\left(\sum_{i}^{n} n_i d_{p,i}^3 / \sum_{i}^{n} n_i d_{p,i}^2\right)^2$；(c) $\left(\sum_{i}^{n} n_i d_{p,i}^4 / \sum_{i}^{n} n_i d_{p,i}^3\right)^2$

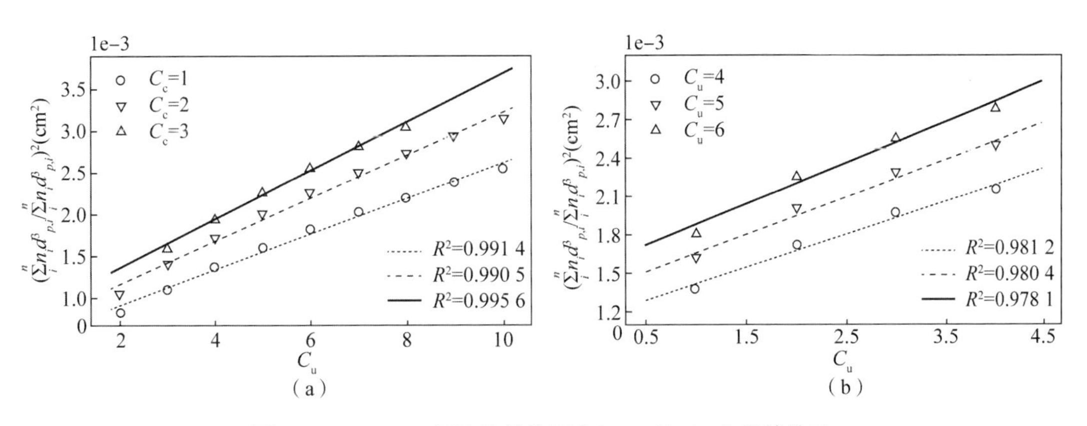

图 4.3.9　Sauter 平均粒径的平方与 C_u 和 C_c 之间的关系

(a) C_u；(b) C_c

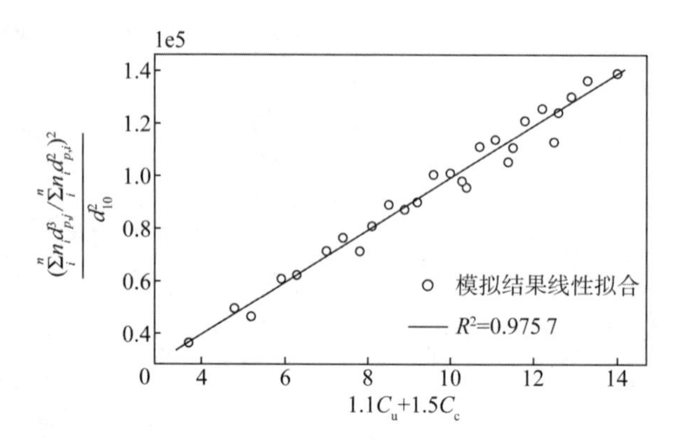

图 4.3.10　Sauter 平均粒径与 d_{10} 的平方比与 1.1C_u+1.5C_c 的关系

将式(4.34)和式(4.35)代入 Kozeny-Carmen 方程，可得修正的渗透系数公式：

$$k=\frac{g}{\nu}\frac{1}{C}\frac{n^3}{(1-n)^2}\frac{(1.1C_u+1.5C_c)}{2.6}d_{10}^2 \tag{4.36}$$

其中，ν 是流体运动黏度，C 是 KC 常数，对于砂土一般取为 150，2.6 是为了消除单粒径时($C_u=1$ 和 $C_c=1$)级配参数的影响。

通过将式(4.36)计算的 k 与既有土体渗透实验数据进行比较，验证了该渗透系数模型的准确性。图 4.3.11 中比较了使用式(4.36)计算的渗透系数与实验所得渗透系数。结果表明，计算结果与实验结果吻合良好。球形颗粒柱的 KC 常数为 160，这与已公布的球形砂范围(150~180)一致[55]，这些结果证明了所提出的方程在预测多分散砂粒的渗透系数方面的有效性。

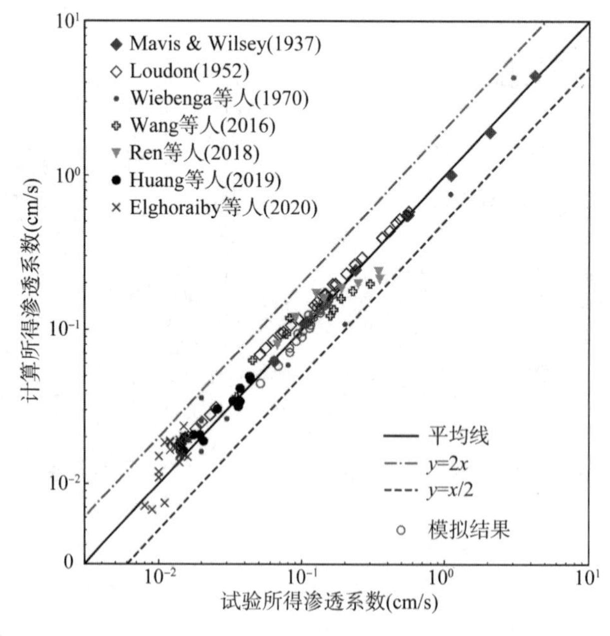

图 4.3.11　使用公式计算的渗透系数与实验所得渗透系数的比较

4.3.2　泥沙自重沉降

颗粒的沉积过程不仅广泛存在于自然界中，例如河流中的泥沙沉积；也大量出现在众多涉及固液分离的工业生产领域中，例如化工、采矿、食品和制药工程等[59-62]。不同物理性质的颗粒悬浮液在沉积过程中往往体现出较大的差异，对不同沉积模式的研究具有重要的现实意义。在流体中单个沉降的颗粒往往存在一个稳定的“最终沉速”，例如，一个直径为 5 mm 大小的雨滴在空气中大概保持 9 m/s 的速度匀速下落。这是因为颗粒(雨滴)在沉降初期会在重力作用下加速沉降，随着颗粒沉降速度的增大，颗粒受到的流体阻力也逐渐增大，当颗粒受到的流体阻力与颗粒重力平衡时，颗粒就将保持在某一速度匀速下落，这个速度被称为“最终沉速”。而对于许多颗粒一起沉降的情况，例如，砂土颗粒在河流中沉降，颗粒在下落过程中除了受到流体的阻力，还会受到附近颗粒的干扰、碰撞，以及一团颗粒下落导致的流体局部回流现象。这些作用均阻碍了颗粒下落，降低了颗粒群整体的下落速度。这种因其他颗粒的存在而降低最终沉速的过程被称为“阻碍沉降”，阻碍沉降的最终速度和悬浮液中局部颗粒浓度有关。砂土颗粒群在河流中的自由沉积，就先要经历“阻碍沉降“过程，然后遇底堆积，最终形成沉积床。

对颗粒沉降和堆积过程的研究已有几十年的历史。颗粒沉积理论最早由 Kynch 于 1952 年提出。他假设阻碍沉降速度仅由局部颗粒浓度决定，并提出了描述颗粒悬浮液浓度变化的质量连续性方程。在 Kynch 理论的基础上，Bustos 和 Concha 于 1988 年用特征线法详细描述了颗粒沉降和堆积过程中的浓度变化，并定义了不同的沉积模式，研究了不同沉积模式各自的特点。大部分关于沉积过程的实验研究集中在沉降速度和颗粒浓度关系上[62,65,66]，其中 Richardson 和 Zaki [62]提出的阻碍沉降速度经验公式被广泛接受，并在许多颗粒-流体系统中得到应用[59,61]。

认识泥沙沉降的运动规律可以帮助我们更好地理解和预测天然水体中泥沙沉降和输运过程。对于解决诸如河道整治与维护、港口航道回淤、滩涂演变以及水体生态环境保护等问题具有重要意义。近年来，随着数值模拟技术的发展，人们提出了一些数值方法来研究广泛的颗粒悬浮物沉积过程。例如，Kalthoff 等人[67]采用有限差分纳维-斯托克斯求解器模拟颗粒沉积过程；Zhang 等人[68]采用晶格玻尔兹曼法(LBM)研究絮凝物的差异沉降现象；Chauchat 等人[60]采用两流体模型(TFM)模拟某些特定混合物的沉积过程；Zhao 等人[69]则采用耦合 CFD-DEM 模型来模拟两种不同尺寸的颗粒共同沉积过程。在大量颗粒沉积问题的模拟上，耦合 CFD-DEM 模型与 LBM 相比，能够在保证计算精度的同时，较大地减小计算量，提高计算效率。与 TFM 相比，耦合 CFD-DEM 模型能够更好地模拟颗粒的碰撞运动行为，获得更多颗粒间的接触信息等。因此，本节将讨论 CFD-DEM 模型在模拟泥沙水中沉降问题上的应用。

4.3.2.1　阻碍沉降理论概述

当单个颗粒在静止的流体中自由沉降时，最终沉降速度由颗粒和流体的物理性质决定。随着颗粒数量的增加，颗粒之间的相互阻碍使得颗粒系统的沉降速度降低。因此，颗粒系统的沉降速度受局部颗粒浓度影响，Kynch 于 1952 年提出了单粒度分布颗粒系统的沉降速度公式：

$$V_s = V_{s,0} f(\varphi) \tag{4.37}$$

$$S(\varphi) = V_s \varphi = V_{s,0} \varphi f(\varphi) \tag{4.38}$$

其中，$V_{s,0}$ 为单个颗粒的最终沉降速度；V_s 为颗粒悬浮液中颗粒系统的有效沉降速度，即清液-颗粒悬浮液界面的沉降速度；φ 表示悬浮液的颗粒体积浓度；S 为颗粒通量，代表单位时间内通过单位水平面积的颗粒体积。悬浮液在竖直方向上的质量守恒方程如下[70]：

$$\frac{\partial \varphi}{\partial t} + \frac{\partial S(\varphi)}{\partial z} = 0 \tag{4.39}$$

将式(4.39)代入式(4.38)得到：

$$\frac{\partial \varphi}{\partial t} + F(\varphi)\frac{\partial \varphi}{\partial z} = 0 \tag{4.40}$$

其中

$$F(\varphi) = S'(\varphi) = V_{s,0}\frac{\mathrm{d}(\varphi f(\varphi))}{\mathrm{d}\varphi} \tag{4.41}$$

式(4.40)可根据特征线法求解，例如在(z, t)平面上的等颗粒浓度线的方程满足：

$$\begin{gathered}\frac{\mathrm{d}z}{\mathrm{d}t} = -F(\varphi),\\ z(t) = z_0(\varphi) - F(\varphi)t\end{gathered} \tag{4.42}$$

其中，z 为纵坐标，$z_0(\varphi)$ 表示初始时刻浓度为 φ 的高度。因为 $F(\varphi)$ 在这些浓度特征线上是常数，所以特征浓度线在 (z, t) 平面上为直线。颗粒沉积过程可以被描述为一种波的传播现象，根据颗粒浓度特征线是否相交，可以判断是否有冲击波(明显的浓度界面)或稀疏波(浓度渐变)产生。当特征线相交时，浓度会在相交处突然发生变化，冲击波即浓度界面产生。冲击波的传播速度由 Rankine Hugoniot 跳跃条件决定[64]：

$$U_{\text{shock}}(\varphi^+, \varphi^-) = \frac{S(\varphi^+) - S(\varphi^-)}{\varphi^+ - \varphi^-} \tag{4.43}$$

其中，φ^+、φ^- 分别代表冲击波上、下方的颗粒体积浓度。此外，Oleinik 提出跳跃熵条件[64]来判断冲击波能否稳定存在。

$$S'(\varphi^+) \geqslant U_{\text{shock}}(\varphi^+, \varphi^-) \geqslant S'(\varphi^-) \tag{4.44}$$

若式(4.44)满足，则冲击波稳定存在；若式(4.44)不满足，则冲击波不能稳定存在，会有浓度渐变区域(稀疏波)出现。

沉积理论采用颗粒体积浓度守恒方程来定性地描述沉积过程中的浓度变化。在 CFD-DEM 模拟中具体考虑了颗粒和流体的运动情况以及颗粒-流体相互作用力，定量描述了沉积过程的颗粒下落速度和颗粒悬浮液的浓度变化。下面将会把模拟结果和沉积理论进行对比，以验证模拟方法的正确性，并在此基础上提出预测沉积完成时间的理论方法。

4.3.2.2 模型设置与验证

本例设置了两组数值算例研究无黏性砂土颗粒在水中的沉降。算例 1 和算例 2 分别模拟的是单、多粒度分布的球形砂粒在静水中的沉降。颗粒初始位置在计算域中随机均匀地产生。CFD-DEM 沉积过程模拟示意图如图 4.3.12 所示。图中 x、y、z 坐标分别表示计算域的长度、宽度、高度方向。在 x、y 方向上，CFD 模型和 DEM 模型均采用周期边界条件。在 z 方向上，CFD 模型和 DEM 模型均采用“壁面边界”条件。在 DEM 模型中，z 方向的壁面边界为有摩擦的墙，限制颗粒在 z 方向上的运动。在 CFD 模型中，水流在底部壁面边界上的流速为 0，以模拟水流接触固体边界的边界层；在顶部壁面边界上为零梯度，以模拟自由面。DEM 的颗粒接触模型采用 Hookean 线弹性模型。颗粒在流体中受到的拖曳力采用 Syamlal-O'Brien 模型计算。模型计算参数如表 4.3.2 所示。

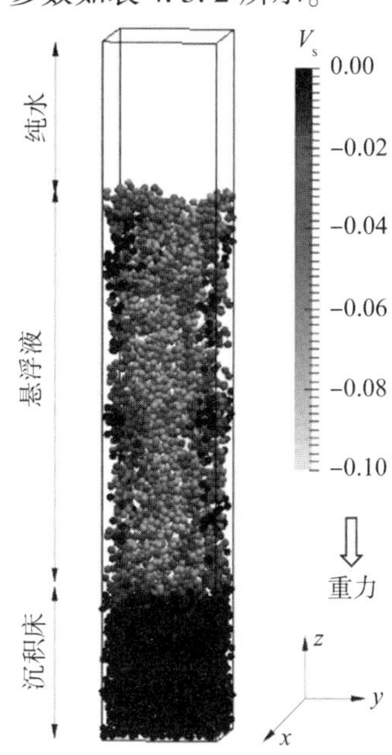

图 4.3.12 CFD-DEM 沉积过程模拟示意图

表 4.3.2 模型计算参数

物理量		算例 1（单粒度砂粒-水）	算例 2（多粒度砂粒-水）	算例 3（单粒度钢珠-硅油）
CFD 计算域尺寸和网格精度	长 l_x、宽 l_y、高度 l_z(mm)	22.5×22.5×135	22.5×22.5×135	15×15×60
	$l_x/d_p \times l_y/d_p \times l_z/d_p$	15×15×90	15×15×90	15×15×60
	网格精度	6×6×36	6×6×36	6×6×24
颗粒性质	颗粒直径 d_p(mm)	1.5	[0.06, 2.7][a]	1.0
	摩擦系数 μ	0.4 [0, 0.4][b]	0.4	0.02 [0, 0.4][c]
	密度 ρ_s($\times 10^3$ kg/m^3)	2.65		2.976
	刚度系数 k_n/k_t (N/m)	5000/1428		500/143
	阻尼系数 γ_n/γ_t (N/m)	54000/27000		28650/14325
	初始颗粒浓度 φ_0	0.05, 0.1, 0.2, 0.3, 0.4, 0.5, 0.6		
	法向恢复系数	0.1		
流体性质	运动黏度 ν($\times 10^{-6}$ m^2/s)	1.0		1.221
	密度 ρ_f($\times 10^3$ kg/m^3)	1.0		92.46

注：[a] 多粒度颗粒的直径范围从 0.06 mm 到 2.7 mm，$d_{50}=1.5$ mm，$d_{84}/d_{16}=1.22$，多粒度颗粒的生成方法在 4.2 节中已经详细介绍；

[b,c] 算例 1 和算例 3 的摩擦系数分别为 0.4、0.02，此外，这两个算例测试了其他摩擦系数(从 0 到 0.4)对沉积床的影响。

沉降速度与浓度关系的准确模拟是研究阻碍沉降过程的关键。因此，首先获得了不同初始颗粒体积浓度下的最终沉降速度，并和 Richardson 基于大量非黏性球形颗粒沉降实验提出的沉速-浓度经验公式(式 4.45)进行了对比：

$$\log V_s = n\log(1-\varphi) + \log V_{s,0} \tag{4.45}$$

其中，φ 代表悬浮液中固体颗粒的体积浓度，n 为在不同流态实验中确定的经验参数值：

$$\begin{cases} n = 4.65 + 19.5\dfrac{d_p}{D}, & Re_{p,0} < 0.2; \\ n = \left(4.35 + 17.5\dfrac{d_p}{D}\right)Re_{p,0}^{-0.03}, & 0.2 < Re_{p,0} < 1; \\ n = \left(4.45 + 18\dfrac{d_p}{D}\right)Re_{p,0}^{-0.1}, & 1 < Re_{p,0} < 200; \\ n = 4.45\,Re_{p,0}^{-0.1}, & 200 < Re_{p,0} < 5000; \end{cases} \tag{4.46}$$

其中，$Re_{p,0}$ 为颗粒雷诺数，定义为 $Re_{p,0} = V_{s,0}d_p/\nu$；$D$ 为容器的水力直径；d_p/D 为颗粒直径除以容器尺寸，代表了边界效应对沉降的影响。为了证实数值模型能够较好地模拟 $V_s-\varphi$ 关系，将模拟得到不同浓度下的沉降速度与 Richardson 公式计算的结果进行了比较，如图 4.3.13 所示。图中 Richardson 公式的计算结果根据数值算例的设置参数和式(4.45)、式(4.46)得到。在算例 1 中，$V_{s,0}$ 为 0.198 m/s，颗粒雷诺数为 $Re_{p,0} = 297.1$，$n = 2.518$。在算例 3 中，$V_{s,0}$ 为 0.008174 m/s，$Re_{p,0} = 0.0884$。由于模拟采用周期边界，可忽略边界效应，且 Di Felice[65] 提出公式 $n = 4.65 + 19.5\dfrac{d_p}{D}$ 中过多地考虑了边界效应，建议 $Re_{p,0} < 0.2$ 时，$n = 4.65$，因此算例 3 的 n 值为 4.65。从图 4.3.13 可以看出，模拟得到的最终沉降速度与经验公式的计算结果吻合较好。这些结果表明，采用的数值模型能够较好地模拟不同流态下的沉降速度-颗粒浓度关系。本节所采用的阻力模型和颗粒接触模型也适用于模拟颗粒阻碍沉降过程。此外，Kynch 曾在研究中提出当颗粒浓度增加到最大堆积值时，颗粒的沉降速度应降低到零。然而，当使用 Richardson 公式去计算最大堆积浓度时的沉降速度时，速度是一个很小的非零值。对于 Richardson 公式计算带来的偏差，将在下文中详细讨论如何处理。

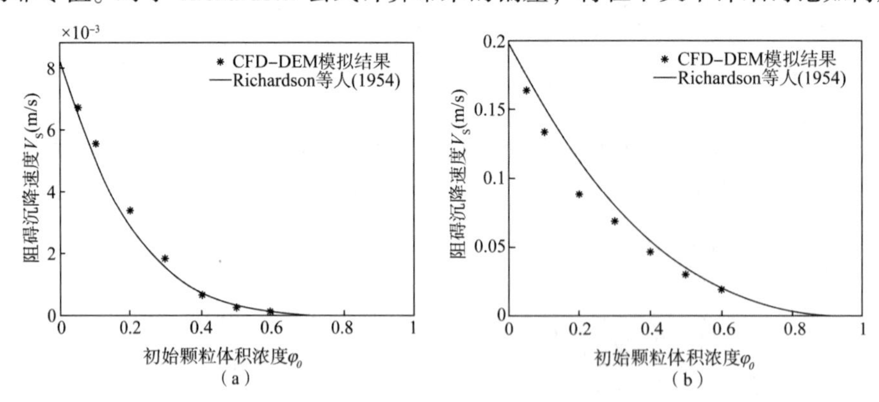

图 4.3.13　关于 $V_s-\varphi$ 关系的 CFD-DEM 模拟结果与 Richardson 公式计算结果的比较

(a)算例 1；(b)算例 3

根据颗粒在流体中自由下落的最终速度方程[71]，颗粒越大，颗粒的最终下落速度越大。因此，当多粒度分布的非黏性颗粒在流体中下落时，会出现不同大小的颗粒分层的现象。较大的颗粒会先于小颗粒沉降到底层，沉积床顶层的小颗粒含量较多。在 Been 等人[72]开展的泥沙沉降实验中，就观察到了这种分离现象(实验中泥水混合物容重为 10.7 kN/m^3，对应 $\varphi_0=0.03$)。在模拟中，算例 2 研究了多粒度分布颗粒的沉降过程。颗粒粒径服从对数正态分布，类似于河流中天然砂的粒径分布[72]，颗粒参数可参见表 4.3.2。图 4.3.14 为算例 1 沉降开始时悬浮液与沉降完成时沉积床的颗粒粒度分布图，图中顶层、中间层、底层为土样在高度方向三等分后的分层。

图 4.3.14(a)显示了 $\varphi_0=0.05$ 条件下，沉降过程中不同深度的沉积物颗粒粒径大小分布。可以看出，当颗粒沉积结束时，沉积床表层由较多的小颗粒组成，底层由较多的大颗粒组成，说明沉降过程中有颗粒分离现象。此外，由于多粒度分布体系中微小颗粒的存在，顶层颗粒的下降速度由小颗粒的下落速度决定。因此，多粒度颗粒系统中上界面的沉降速度小于单粒度分布颗粒系统(见图 4.3.15)。此外，这种颗粒分离现象会随着初始颗粒体积浓度的增大而变得不那么明显。图 4.3.14(c)显示了 $\varphi_0=0.4$ 条件下的沉积床颗粒粒径分布。可以看出，不同深度位置沉积床颗粒的粒径分布差异不大。这说明在高初始浓度下，颗粒分离现象不明显。这是因为当悬浮液浓度较大时，颗粒间的碰撞更加剧烈，小颗粒被大颗粒裹挟着一起下落，颗粒分离现象减弱。悬浮液中上界面的沉降速度也随着颗粒浓度的增加和单粒度系统的沉降速度趋于一致(见图 4.3.15)，这种颗粒分离现象的减弱在 Been 的实验[72]中 $\varphi_0=0.13$ 的条件下也被观察到了。实际上，不仅是颗粒的分离现象，由于颗粒分离而引起的悬浮液局部浓度的变化也会影响有效下落速度。目前，颗粒分离和局部浓度变化尚无理论模型量化，在未来的研究中有待于进一步讨论。

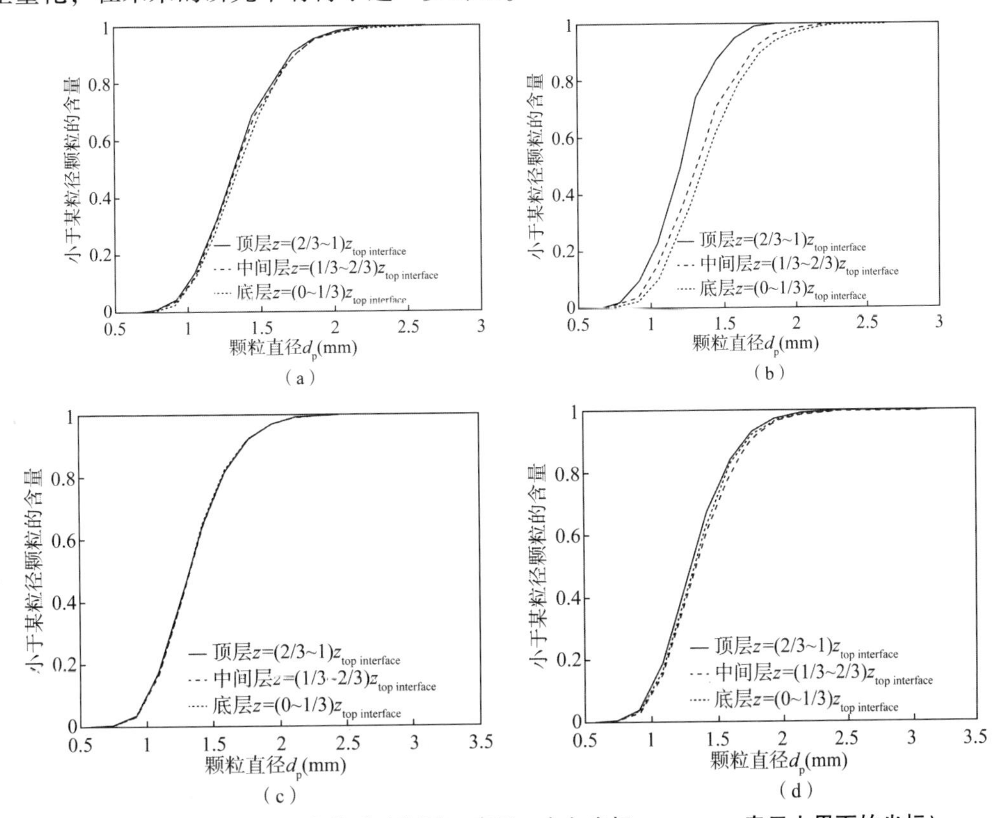

图 4.3.14　不同 φ_0 沉降前后对比图(z 表示 z 方向坐标，$z_{top\ interface}$ 表示上界面的坐标)

(a) $t=0\ s$，$\varphi_0=0.05$；(b)沉降完成，$\varphi_0=0.05$；(c) $t=0\ s$，$\varphi_0=0.4$；(d)沉降完成，$\varphi_0=0.4$

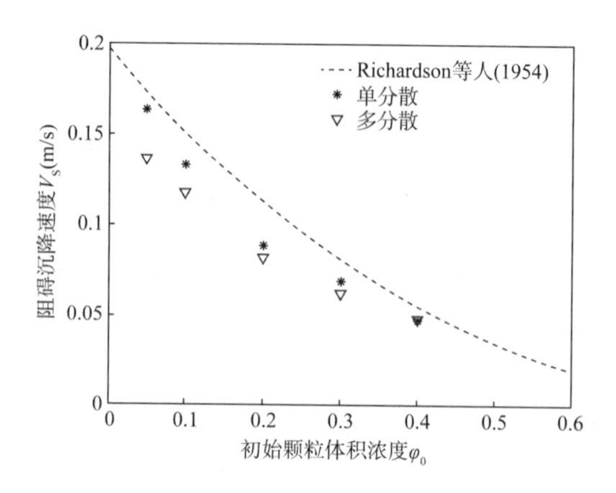

图 4.3.15 多粒径分布颗粒系统与单粒径分布颗粒系统阻碍沉降速度比较

4.3.2.3 颗粒沉积模式

Kynch 曾利用 $S-\varphi$ 曲线定义了多种不同类型的沉积模式，本节将根据下浓度界面是否稳定存在，来重点研究其中的两种。这两种不同的沉积模式可以由浓度的垂直浓度剖面和浓度特征线来说明。对于第一种模式的沉降，除了上浓度界面(纯水和颗粒悬浮液之间)在颗粒下落时候稳定存在外，下浓度界面(颗粒悬浮液和堆积颗粒之间)也稳定存在。这种模式的沉降发生在算例 1 的所有浓度条件以及在算例 2 浓度是 0.05、0.1、0.5 和 0.6 的条件下。沿着垂直方向的颗粒浓度剖面图如图 4.3.16(a)所示(算例 1，$\varphi_0=0.2$)，在沉降过程中(从 0.1 到 0.7 s)，有上下两段相对水平的直线以及两处浓度突变。两段水平直线意味着纯水-悬浮液界面和悬浮液-沉积床界面稳定存在。这两个界面将混合物沿垂直方向分为 3 部分，即 $\varphi=0$ 的纯水、$\varphi=\varphi_0$ 的悬浮液和 $\varphi=\varphi_{max}$ 的沉积床。等浓度线的模拟结果如图 4.3.16(b)所示，可以看出，等浓度线的纵坐标几乎随时间呈线性变化，这与 Kynch 等人所提出特征线的理论线性形式相同。这些 $\varphi<\varphi_0$ 的等浓度线描绘了颗粒下降而导致的上界面下降过程，那些 $\varphi>\varphi_0$(如 $\varphi=0.3$、0.4、0.5 和 0.6)的高等浓度线是重叠的。这意味着，沉积床界面附近的颗粒体积浓度是由初始的颗粒浓度突变到最大浓度的。颗粒一旦累积，沉积颗粒床浓度迅速达到最大值。图中高、低等浓度线之间的区域则表示了悬浮颗粒所在的区域。

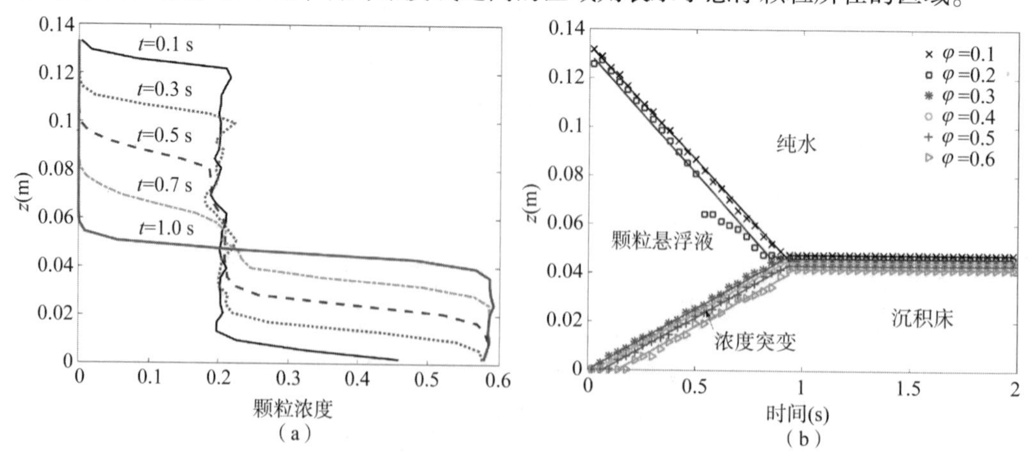

图 4.3.16 第一种沉积模式等浓度剖面图与等浓度线图

(a)沿着垂直方向的颗粒浓度剖面图；(b)等浓度线的模拟结果

第二种沉积模式为只有上界面(纯硅油-悬浮液界面)存在的沉降模式。根据式(4.44)可知，若 Oleinik 的跳跃熵条件不满足时，稳定的下界面不会生成。这种沉积模式出现在算例 3 中 φ_0=0.2、0.3 和 0.4 的情况下，如图 4.3.17 所示(算例 3，φ_0=0.2)。从浓度剖面图中可以观察到接近水平的上界面平台，然而，在颗粒沉降过程中并没有出现明显的水平下界面平台。这意味着在沉积床附近，颗粒浓度是渐变的，沉积床与悬浮颗粒混合液之间并没有明显的界面。此外，这种沉降模式的等浓度线的形状[见图 4.3.17(b)]与第一种沉积模式的等浓度线形状[见图 3.3(b)]也显示出一定差异。图 4.3.17(b)中的高等浓度线看起来像一个从原点辐射出来的扇形，被称为稀疏波[64]。这些辐射形状的线说明沉积层的颗粒浓度是逐渐增加到最大值的，在堆积浓度最大的堆积颗粒和浓度保持在初始浓度的悬浮颗粒之间存在一个浓度过渡区，如图 4.3.17(b)所示。

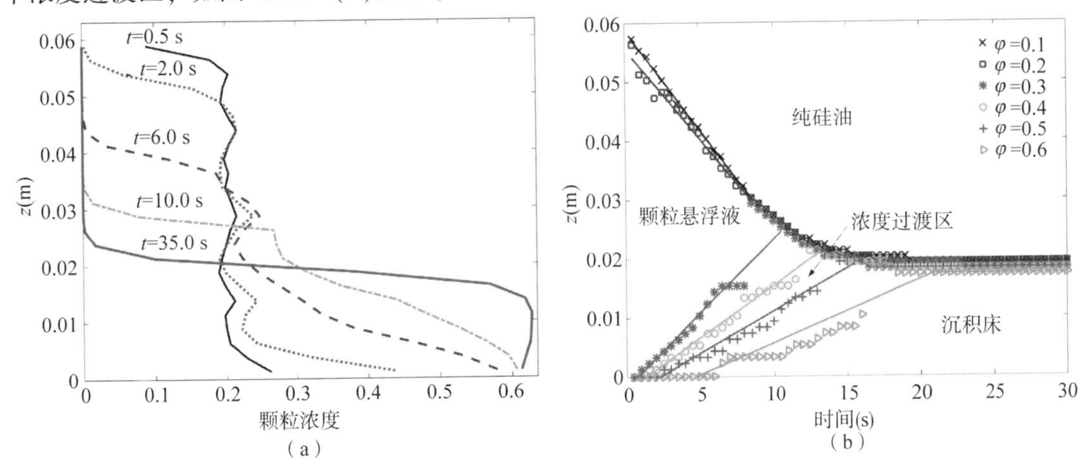

图 4.3.17　第二种沉积模式等浓度剖面图与等浓度线图

(a)沿着垂直方向的颗粒浓度剖面图；(b)等浓度线图

本节讨论的第一种沉积模式(图 4.3.16)与 Bustos 和 Concha[64]所描述的 MS-I 沉降相同。这种模式的一个典型特征就是出现了稳定的下界面，沉积层的颗粒浓度会突增到最大堆积浓度。对应地，颗粒的下落速度也会在接触到颗粒床的时候突降为 0。第二种没有稳定下界面的沉积模式与 Bustos 和 Concha[64]描述的 MS-IV 或 MS-V 沉积相似。该模式的一个典型特征就是沉积层的颗粒浓度逐渐增加到最大堆积浓度，因此下浓度界面(悬浮液-沉积床界面)不能被清楚地捕捉到。浓度的逐渐增加伴随着颗粒下降速度逐渐减小到 0。综上，采用 CFD-DEM 模型能够模拟两种典型的沉积模式，模拟得到的浓度剖面和特征线形式与沉积理论相似，不同的沉积模式取决于是否满足 Oleinik 的跳跃熵条件。这两种沉积模式下颗粒沉积完成的时间后续将具体讨论。

4.3.2.4　微观颗粒接触力与有效应力的对应关系

采用 CFD-DEM 模型可以得到沉积过程中的流体压力和颗粒接触力的变化过程。算例 1 中 φ_0=0.3 时，沉降过程中孔隙水压力图如图 4.3.18 所示底部边界处的流体超静孔隙水压力随时间均速减小，如图 4.3.18(a)所示。在初始时刻 t=0，所有颗粒都是悬浮状态，颗粒的全部重量都由流体支撑，因此超静孔隙水压力最大。对模拟数据点进行直线拟合，得到截距(超静孔隙水压力的最大值)为 645.30 Pa。Zhao 等人[69]认为颗粒的全部重量和超静孔隙

水压力最大值相等，提出最大超静孔隙水压力 $u_e|_{max}$ 的计算公式如下：

$$u_e|_{max} = \varphi_0\rho_p h_{box} g + (1 - \varphi_0)\rho_f g h_{box} = \varphi_0(\rho_p - \rho_f) g h_{box} \tag{4.47}$$

其中，h_{box} 表示初始悬浮液的高度。将算例的初始设置代入上式中，得到最大超静孔隙水压力为 654.88 Pa，这一结果与后处理模拟结果得到的 645.30 Pa 吻合良好。

超静孔隙水压力的垂向分布如图 4.3.18(b)所示。可以看出，在沉积过程中，竖直 z 方向上，超静孔隙水压力在不同高度上有不同的演化规律(例如 t=0.5 s)。位置最高的部分是纯水，超静孔隙水压力为零。中间位置部分为悬浮液，其超静孔隙水压力随深度线性增大，以支撑悬浮颗粒的淹没重量。最底部为沉积层，其超静孔隙水压力不随深度变化。这是因为一旦颗粒沉降并相互接触，这些沉积颗粒的淹没重量就会被接触力平衡。因此，在沉积颗粒中，超静孔隙水压力保持恒定，其值等于当前悬浮颗粒的淹没重量。值得一提的是，当砂粒在水中沉积时，颗粒接触应力的增大和超静孔隙水压力的消散是瞬时的，这一点与 Chauchat 等人[60]提到的黏性颗粒固结过程不同。

此外，这里讨论一下颗粒之间接触力与土体“有效应力”之间的关系。“有效应力”是 Terzaghi 于 1925 年提出的土力学中广泛应用的关键概念，“有效”一词是指土骨架承担的能够压缩土体的有效计算应力。根据有效应力原理，“有效”应力值 σ' 等于总应力 σ 减去孔隙水压力，孔隙水压力包括静水压力 p_s 和超静孔隙水压力 u_e：

$$\sigma' = \sigma - p_s - u_e \tag{4.48}$$

则某一高度 h 处的总应力 σ 可以通过以下公式进行计算：

$$\sigma = \sigma_{sedi} + \sigma_{sus} + \sigma_{water} = [\varphi_{max}\rho_p + (1 - \varphi_{max})\rho_f] g h_{sedi} + [\varphi_{sus}\rho_p + (1 - \varphi_{sus})\rho_f] g h_{sus} + \rho_f g h_{water} \tag{4.49}$$

其中，sedi、sus 和 water 下标分别代表沉积床、两界面间悬浮液和纯水 3 部分；φ_{max} 表示沉积颗粒堆积的最大颗粒体积浓度；h_{sedi} 代表某一高度 h 以上沉积颗粒层的厚度。

式(4.49)中 $p_s = \rho_f g h = \rho_f g(h_{sedi} + h_{sus} + h_{water})$； 超静孔隙水压力 u_e 为悬浮颗粒的淹没重量，即 $u_e = (\rho_p - \rho_f) g h_{sus}$，把 σ、p_s 和 u_e 代入式(4.48)，得到有效应力计算公式为：

$$\sigma' = \varphi_{max}(\rho_p - \rho_f) g h_{sedi} \tag{4.50}$$

至于颗粒之间的接触力，这里提出下式来计算颗粒“平均接触应力”：

$$\sigma^{con} = \frac{\sum f_{p,i}^{con}}{A_c} \tag{4.51}$$

其中，$\sum f_{p,i}^{con}$ 为同一高度上的颗粒所有接触力沿着 z 方向求和，A_c 为计算区域的横截面积。用式(4.51)后处理模拟结果，将得到的不同位置处的颗粒平均接触应力，在图 4.3.19 中用点显示。在该图中，还有用式(4.50)得到的有效应力计算结果(用直线表示)。从图 4.3.19 中可以发现，土中“有效应力”和微观颗粒“平均接触应力”之间有很大的一致性。这从颗粒接触角度验证了“有效应力原理”，并将微观尺度的颗粒接触力与宏观尺度的“有效应力”联系起来。采用式(4.51)可以将颗粒间接触力转化为有效应力，有助于将模拟结果转化为实际土木工程中需要的宏观物理量。

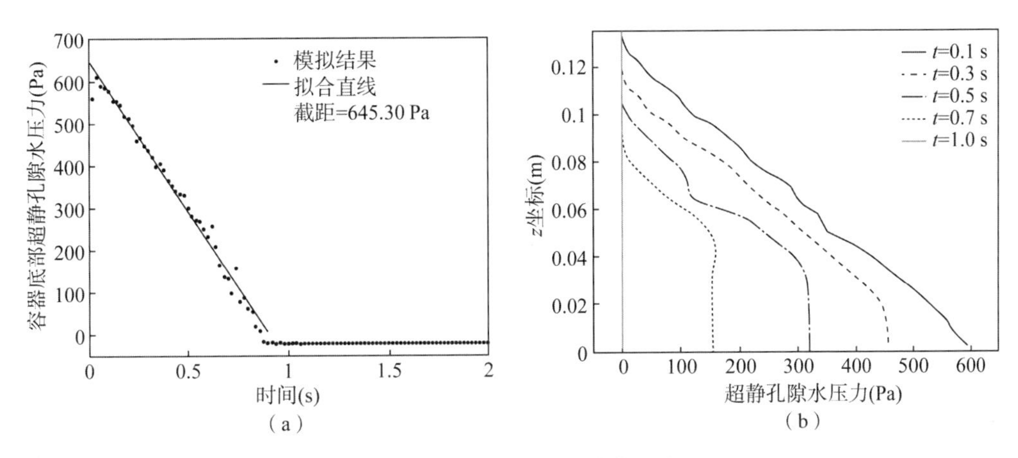

图 4.3.18　沉降过程中孔隙水压力图

(a)容器底部超静孔隙水压力随时间变化图；(b)超静孔隙水压力的垂向分布

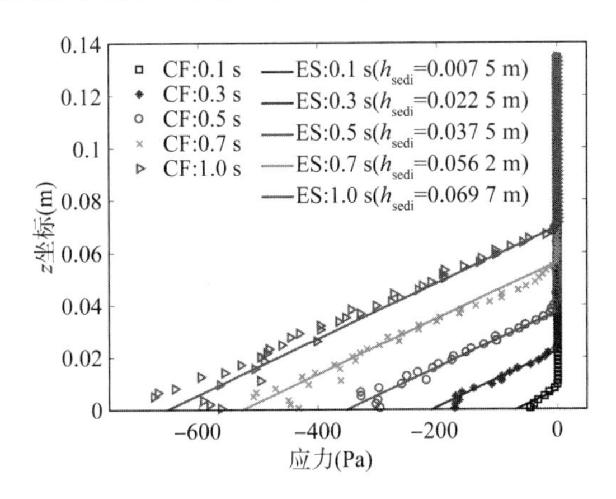

图 4.3.19　颗粒平均接触应力(CF)σ^{con} 和有效应力(ES)σ' 关系

4.3.2.5　泥沙沉降时间预测与讨论

任何一种沉积模式在沉积完成的时候，混合物都会变成两部分：颗粒沉积床($\varphi=\varphi_{max}$)和上层清液($\varphi=0$)。这个沉积完成的时间(本文用 T_c 表示)除了可以采用实验测量和数值模拟的方法得到，也可以采用理论分析方法得到。本节将讨论如何采用理论分析的方法计算不同沉积模式下的 T_c，并将理论计算结果与模拟结果进行比较。

将 Richardson 的下降速度经验公式代入函数 $S(\varphi)$，得到算例 1 和算例 3 的 $S(\varphi)-\varphi$ 曲线。值得注意的是，函数 $S(\varphi)$ 和 $S(\varphi)-\varphi$ 曲线应进行一定修正，如图 4.3.20 所示。根据 Richardson 原公式，$\varphi=1$ 时对应于 $S(\varphi)=0$，沉降速度 V_s 为零(见图 4.3.20 中的虚线)。但现实是，当颗粒浓度增加到最大堆积值 φ_{max}($\varphi_{max}<1$)时，沉降速度 V_s 已降至零[63]。因此，Fitch[73]提出 $S(\varphi)-\varphi$ 曲线应满足此条件，并在点(φ_{max}，0)处用垂线切开(见图 4.3.20 中的实线)。此外，Bustos 和 Concha [64]提出修正后的 $S(\varphi)-\varphi$ 曲线类似于具有两个拐点的 $S(\varphi)-\varphi$ 曲线。

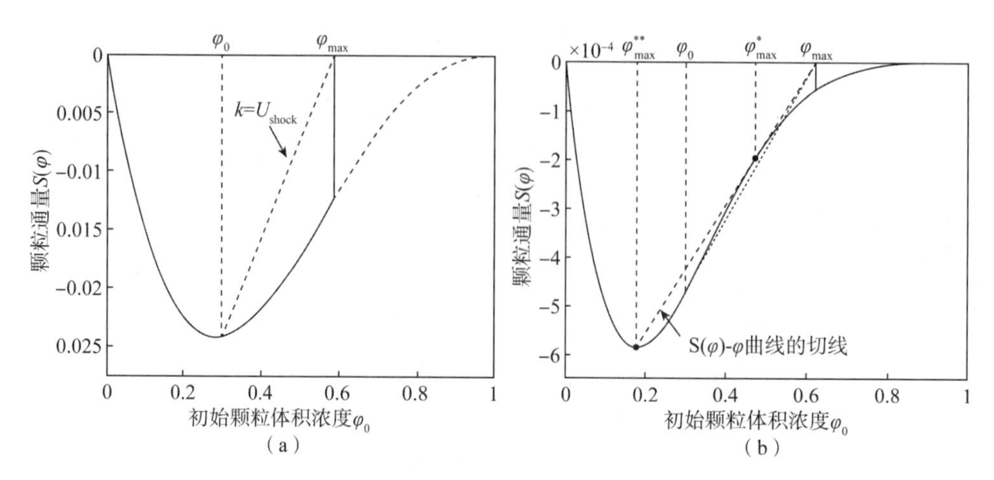

图 4.3.20　修正函数 $S(\varphi)$ 和 $S(\varphi)-\varphi$ 曲线

(a)算例 1；(b)算例 3

对于算例 1 的沉降，任何初始浓度 φ_0 都满足"跳跃熵条件"[式(4.44)]，发生了 MS-I 类型有两个浓度界面的沉降。当沉淀结束时，向上发展的悬浮液-沉积物底界面将与向下发展的液体-悬浮物上界面在沉降完成的时刻 T_c 相遇[见图 4.3.16(b)]。悬浮液-沉积物底界面的上升速度 U_{shock} 可用式(4.43)计算，其中位于底界面上、下方两点的浓度分别是 φ_0 和 φ_{max}。同样，在 $S(\varphi)-\varphi$ 曲线中，U_{shock} 的值对应于连接点(φ_{max}，0)和点[φ_0，$S(\varphi_0)$]的割线的斜率(见图 4.3.20 中的带点虚线)。沉积床的最终高度 H_{sedi} 可以通过 $H_0\varphi_0/\varphi_{max}$ 来获得，其中 H_0 表示悬浮液的初始高度。因此，可以通过以下公式计算 MS-I 沉降结束时的临界时间 T_c：

$$T_c = H_{sedi}/U_{shock} = \frac{\varphi_0 H_0}{\varphi_{max} U_{shock}} = \frac{\varphi_0 H_0(\varphi_0 - \varphi_{max})}{\varphi_{max}[S(\varphi_0) - S(\varphi_{max})]} \tag{4.52}$$

对于算例 3 的沉积，两种沉积模式在不同的 φ_0 条件下发生。根据 Bustos 和 Concha[59,64]，当初始浓度 φ_0 在[φ_{max}^{**}，φ_{max}^{*}]范围内(其中 φ_{max}^{**} 和，φ_{max}^{*} 表示 $S(\varphi)-\varphi$ 曲线通过(φ_{max}，0)的切线，与 $S(\varphi)-\varphi$ 曲线的两个交点，如图 4.3.20(b)所示时，点(φ_{max}，0)和点[φ_0，$S(\varphi_0)$]的连线将会与 $S(\varphi)-\varphi$ 曲线相交[图 4.3.20(b)中的带点虚线]，不再满足"跳跃熵条件"，悬浮液-沉积物界面(冲击波)不再稳定存在。φ_0 在上述的这个浓度范围，会发生 MS-IV 或 MS-V 类型沉降，向下移动的上界面将会与不同等浓度的沉积床有许多交点[见图 4.3.16(b)稀疏波]，因此不能通过式(4.52)计算沉降完成时间。根据 Bustos 的分析，可以通过以下公式计算这种沉积模式的临界时间：

$$T_c = H_{sedi}/S'(\varphi_{max}^{*}) = \frac{\varphi_0 H_0}{\varphi_{max} S'(\varphi_{max}^{*})} \tag{4.53}$$

其中，$S'(\varphi_{max}^{*})$ 是 $S(\varphi)-\varphi$ 曲线通过点(φ_{max}，0)的切线斜率[见图 4.3.20(b)]。当初始浓度 $\varphi_0 < \varphi_{max}^{**}$ 或 $\varphi_0 > \varphi_{max}^{*}$ 时，将发生 MS-I 类型沉降，沉降完成时间的计算方法同算例 1。对于算例 3 的沉降，当 φ_0=0.2、0.3 和 0.4 时，φ_{max} 分别为 0.622、0.624 和 0.627。从 $S(\varphi)-\varphi$ 曲线得到的交点 φ_{max}^{**} 的值在[0.169，0.179]的范围内，φ_{max}^{*} 在[0.473，0.483]的范围内。这 3 个 φ_0 在 φ_{max}^{*} 和 φ_{max}^{**} 之间，因此用式(4.53)计算沉积完成时间 T_c。当初始浓度为 0.1、0.5、0.6 时，会发生 MS-I 类型沉降，沉降完成时间由式(4.53)计算。

通过比较，算例 1 和算例 3 采用公式计算出的沉积完成时间 T_c 与模拟获得的沉降完成时间最大偏差为 0.163 和 0.189，这在一定程度上验证了采用公式以及模拟获得沉降完成时间的可行性。本节提供了一种简单的估计沉降结束时间的方法：一旦从模拟或实验中得知沉积床的最大浓度 φ_{max}，就可以使用式(4.52)和式(4.53)预测沉积完成时间。

4.3.3　泥沙启动、输送过程

细颗粒泥沙构成的海岸在我国有着广泛的分布，如整个渤海湾基本上为淤泥或粉沙质海岸。这些细颗粒泥沙在波浪、潮流等动力因素作用下很容易发生悬浮移动，常引起港口和航道的淤积及岸滩的冲淤变化。另外，由于污染物特别容易吸附在细颗粒泥沙上，细颗粒泥沙的运动又往往和污染物的运移密切相关。我国还是一个水灾频发的国家，由细颗粒泥沙在河口淤积造成的行洪不畅，常常威胁到河口地区的防洪安全。因此，了解泥沙输送的基本机制，具有关键的科学意义和工程意义。传统的颗粒运输模拟方法严重依赖经验模型，而这些模型无法捕捉到该过程中丰富的物理学特征和随环境变化的行为。CFD-DEM 模型可以对泥沙输送过程中沉积床的产生和迁移进行全面、定量的研究。因此，本节以泥沙的输送过程为例[39,74,75]，说明 CFD-DEM 模型在相关领域的应用。

4.3.3.1　模型设置与验证

本节所用的 CFD-DEM 求解器为 SediFoam，其中 CFD 通过 OpenFOAM 进行求解，DEM 通过 LAMMPS 进行求解。DEM 的颗粒接触模型采用 Hookean 线弹性模型，拖曳力模型采用 Syamlal-O′Brien 模型。泥沙输送的数值模拟示意图如图 4.3.21 所示，图中 x、y 和 z 方向数值分别代表了计算区域的长、宽、高，模型中具体参数信息如表 4.3.3 所示。垂直(y)方向的 CFD 网格向底部边界逐步细化。周期边界条件被应用于 x 和 z 方向，无滑动壁面条件被应用于 y 方向的底部，滑动壁面条件被应用于 y 方向的顶部。颗粒墙为运动颗粒提供底部边界条件。在坐标系中，固定颗粒床的顶部在 $y=0$ 处。具有初速度的流体从左边进入后，引起泥沙输送。

表 4.3.3　模型中具体参数信息

参数		模型参数值
河床尺寸	宽度 l_x(mm)	120
	高度 l_y(mm)	40
	横向厚度 l_z(mm)	60
	宽度 N_x	120
	高度 N_y	65
	横向厚度 N_z	60
颗粒性质	颗粒总数(个)	330000
	直径 d_p(mm)	0.5
	密度 ρ_s (kg/m^3)	2.65×10^3
	颗粒刚度系数(N/m)	200
	法向恢复系数	0.01
	摩擦系数	0.6

续表

参数		模型参数值
流体性质	密度 ρ_s (kg/m³)	1.0×10^3
	黏性(m^2/s)	1.0×10^{-6}
	平均速度(m/s)	0.8-1.2
无量纲数	雷诺数 Re_b	48000
	伽里略数 G_a	42.9

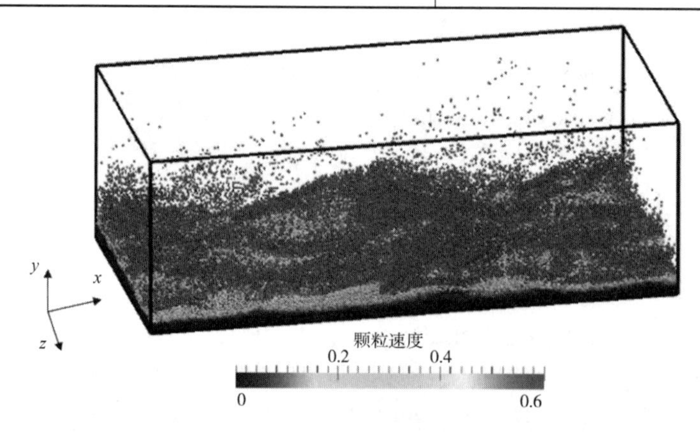

图 4.3.21　泥沙输送的数值模拟示意图

对 50 次模拟的结果进行平均，得到流体速度和雷诺应力的剖面图，CFD-DEM 模拟结果与 DNS 结果的对比如图 4.3.22 所示。从图中可以看出，在大部分情况下，使用 CFD-DEM 模型和直接数值模拟(DNS)[76]得到的结果吻合得较好。这说明 CFD-DEM 模型也可以捕捉边界层的流动特性。图 4.3.22(a)中捕捉到了近壁边界层和沉积床层内流体速度的下降，这是由于沉积物颗粒的阻力。对比图 4.3.22(b)~图 4.3.22(d)，与通道中没有颗粒的流动相比，使用 CFD-DEM 模型可以捕捉到由于颗粒运动和碰撞所引起的雷诺应力的增加。泥沙颗粒的概率密度函数和速度的对比结果如图 4.3.23 所示。

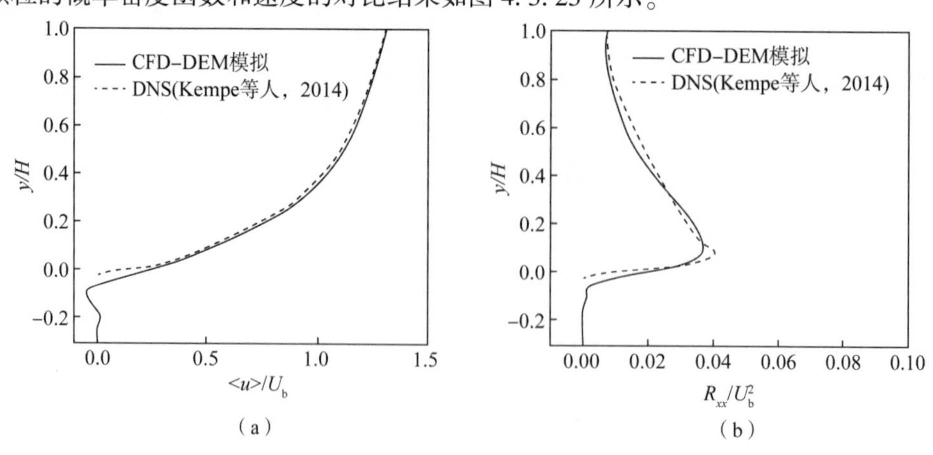

图 4.3.22　使用 CFD-DEM 计算获得的平均速度和雷诺应力沿壁法线方向(y-)与 DNS 结果的对比

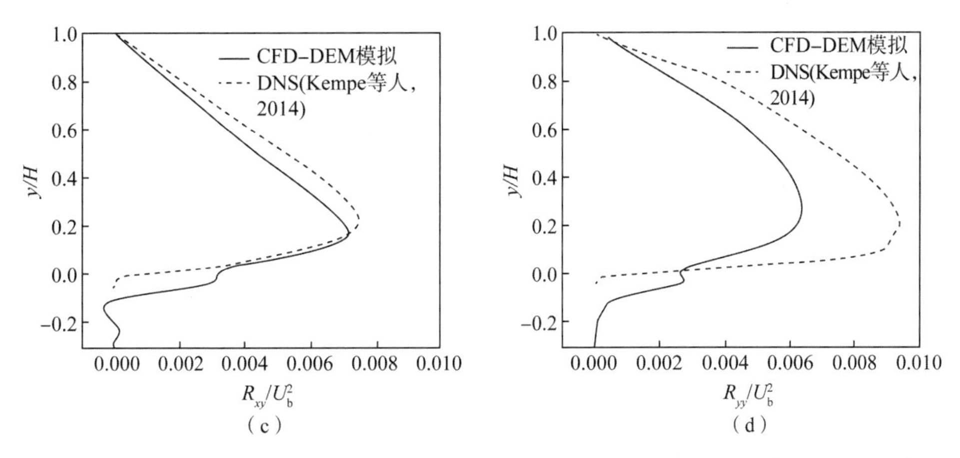

图 4.3.22　使用 CFD-DEM 计算获得的平均速度和雷诺应力沿壁法线方向(y-)与 DNS 结果的对比(续)

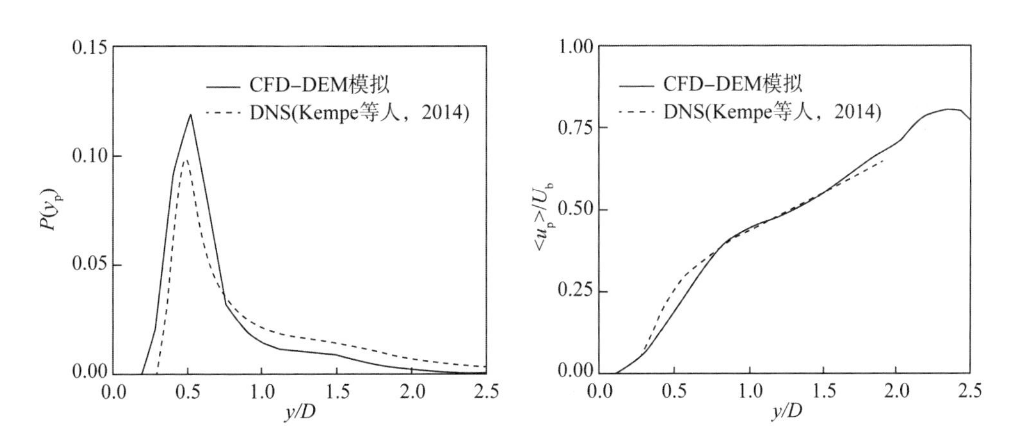

图 4.3.23　泥沙颗粒的概率密度函数和速度的对比结果

4.3.3.2　水流作用下沙丘的形成和演化

模拟与实验所得沙丘形状对比如图 4.3.24 所示，其中的曲线是 Ouriemi 等人[26]的实验结果。可以看出，通过 CFD-DEM 模型生成的沙丘和 Ouriemi 等人[26]获得的实验结果在几何上极其相似。沙丘演化中的涡的变化如图 4.3.25 所示。从图中可以看出，CFD-DEM 捕捉到了沙丘顶后涡的脱落，模拟的结果与 Zedler [78]的预测结果一致。另外，比较图 4.3.25(a)~图 4.3.25(c)，可以看出涡的数量随着沙丘高度的增大而增多，这与文献中关于涡受到沙丘影响的结论一致[78-80]。

CFD-DEM 模型不仅可以捕捉宏观沙丘演化，而且能捕捉每一个泥沙颗粒的移动。沙丘演化中颗粒迁移过程如图 4.3.26 所示，黑色颗粒展示了沙丘迁移过程。

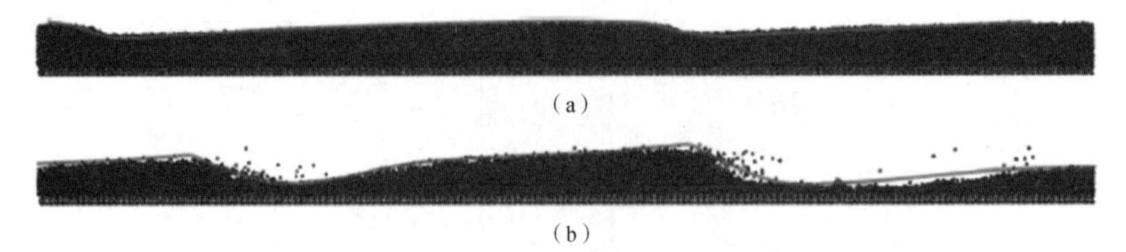

(a)

(b)

图 4.3.24　模拟与实验所得沙丘形状对比

(a)小沙丘；(b)涡流沙丘

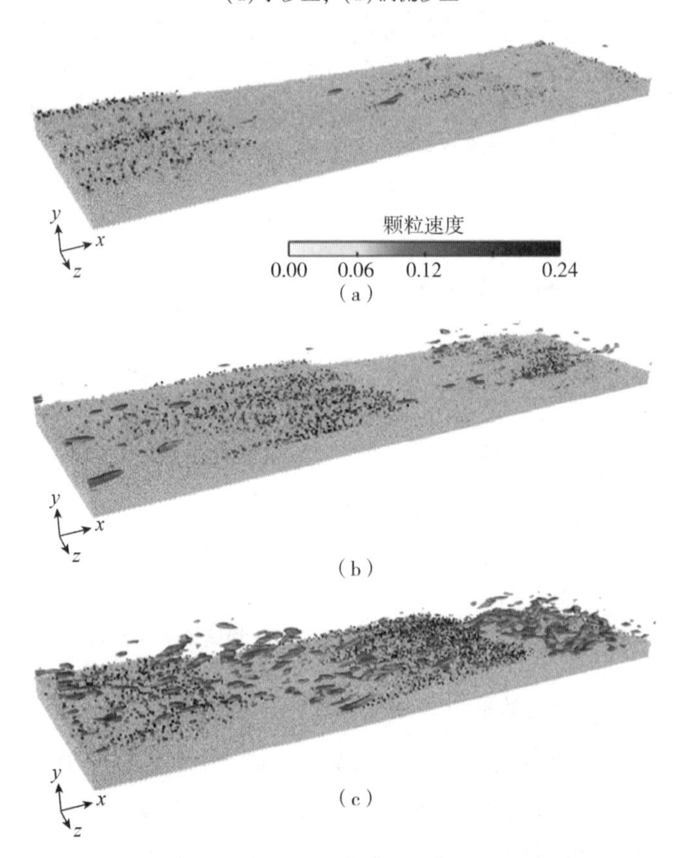

图 4.3.25　沙丘演化中的涡的变化

(a)$tU_b/H=560$；(b)$tU_b/H=720$；(c)$tU_b/H=880$

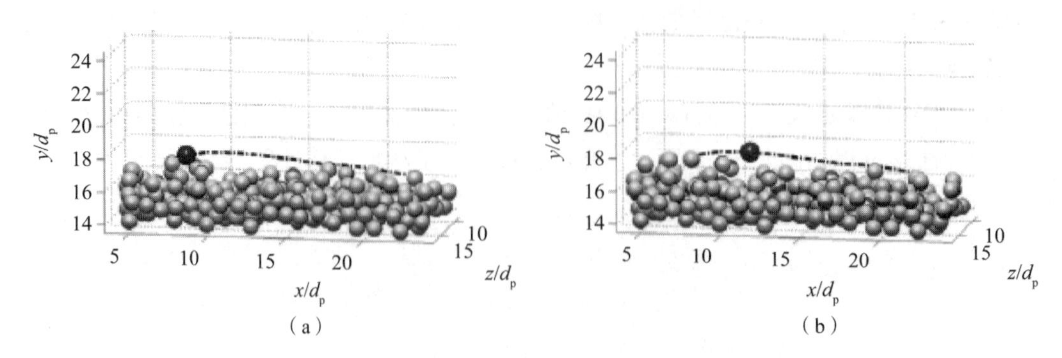

图 4.3.26　沙丘演化中颗粒迁移过程

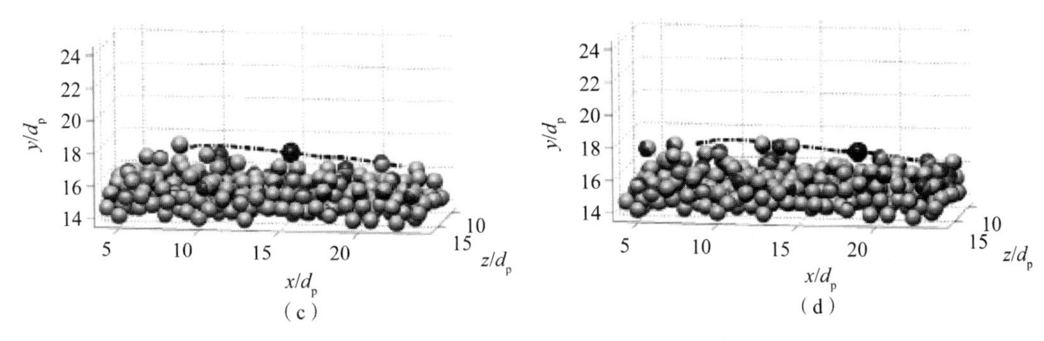

图 4.3.26　沙丘演化中颗粒迁移过程(续)

(a) t_0；(b) $t_0+\Delta t$；(c) $t_0+2\Delta t$；(d) $t_0+3\Delta t$

4.3.3.3　波浪作用下泥沙输送的微观动力学

波浪作用下的泥沙输送在海岸和岩土工程中极其重要，因为它可以携带大量的沙子，在泥沙输送中占主要地位[81,82]。同时，波浪会引起岸上的泥沙输送，因此它对于预测海岸轮廓的演化也非常重要。学者对波浪引起的泥沙输送也进行了大量的实验研究，但是泥沙颗粒的浓度和速度的测量仍然非常困难[83-85]。O′Donoghue 和 Wright [85]曾使用电导率探头和吸式采样器来测量泥沙的颗粒浓度，电导率探头测量高浓度区域的颗粒浓度，而吸式采样器测量悬浮层上低浓度区域的颗粒浓度。探头在沉积物床面以上约 1 cm 处进行采样，以避免采样器对沉积物的干扰。因此，在实验测量中，中等浓度的区域无法进行测量。CFD-DEM 模型可以较好地提取中等浓度区域的性质。

本节所使用的波浪如图 4.3.27 所示。波浪的表达式如下：

$$u(t) = u_1\sin(\omega t) - u_2\cos(2\omega t) \tag{4.54}$$

其中，$\omega = 2\pi/T$；u_1 和 u_2 分别决定波的大小和不对称性。波浪流向岸边时，流速为正；波浪远离岸边时，流速为负。这种二阶斯托克斯波是引发泥沙输送的重要因素[86]。

波浪作用下泥沙的颗粒浓度分布如图 4.3.28 所示，其中线条表示 CFD-DEM 模拟结果，黑点表示实验测量值，而灰色段表示实验中无法进行测量的位置。从图 4.3.28 中可以看出，CFD-DEM 模拟结果和已测量到的实验结果吻合较好。同时在实验无法进行测量的位置，CFD-DEM 获得了泥沙颗粒的浓度和速度，这便是 CFD-DEM 模型的优势。根据模拟中得到的沉积物通量，沉积床表面颗粒是随着流体移动的，但是底部的颗粒几乎是静止的。当模拟中泥沙颗粒总数增加时，只有底部不移动的颗粒数在增加，这表明当前的模拟中，作为沉积物的颗粒数是足够的。

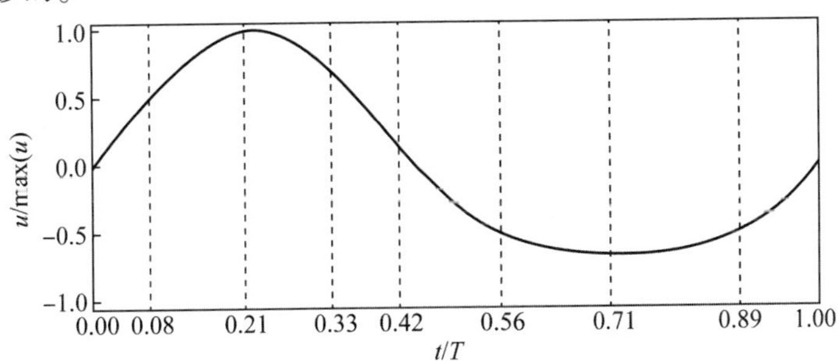

图 4.3.27　波的平均流速与时间的关系

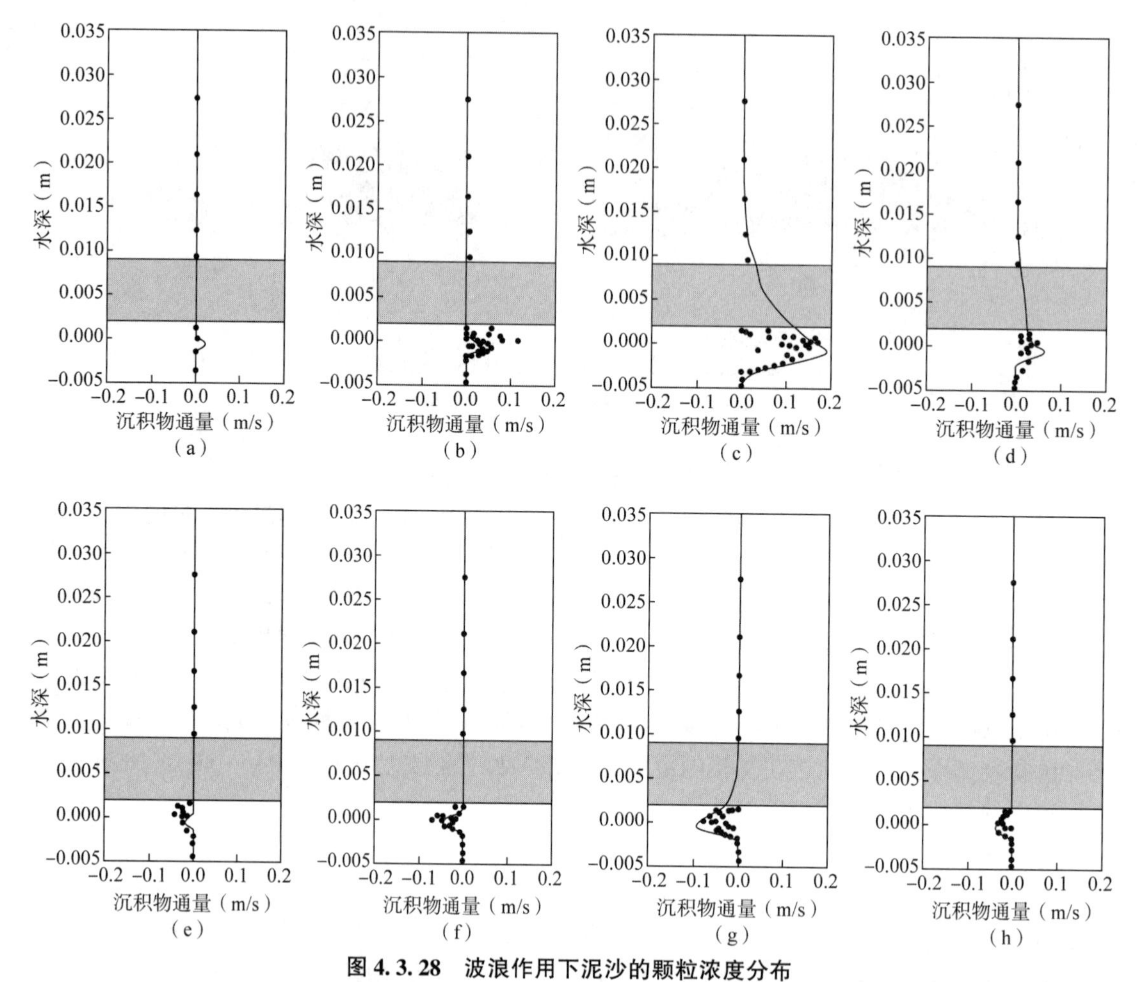

图 4.3.28　波浪作用下泥沙的颗粒浓度分布

(a) $t/T=0$；(b) $t/T=0.08$；(c) $t/T=0.21$；(d) $t/T=0.33$；
(e) $t/T=0.42$；(f) $t/T=0.56$；(g) $t/T=0.71$；(h) $t/T=0.89$

配位数(CN)是指泥沙颗粒邻近颗粒的数量。配位数通常用来评估沉积物颗粒的结构特性，如沉积物的堆积和沉积床的渗透性。图 4.3.29(a)和图 4.3.29(b)所示是中砂和粗砂的水平平均配位数曲线。可以看出，配位数随着高度的增高而减少。这是因为在远离沉积层面的地方，泥沙颗粒处于悬浮状态而导致配位数较少。此外，配位数的概率密度函数如图 4.3.29(c)和图 4.3.29(d)所示。从图中可以看出，配位数的峰值在 $t=0$ 时，CN=5。这与转鼓实验的离散无模拟得到的结果一致。随着时间增大，配位数为 0 和 1 的概率密度明显增大，这是泥沙颗粒的悬浮造成的[87]。粗砂概率密度增加的要比中砂的少，这是由于粗颗粒成为悬浮颗粒的概率小。从 CFD-DEM 中配位数的结果来看，双流体模型采用二元碰撞的假设，将配位数假定为常数(CN=1)，这远远低估了颗粒的接触情况。

另一个重要的微观力学变量是泥沙颗粒之间的法向接触力。法向接触力的概率密度函数如图 4.3.30 所示。横坐标将接触力与颗粒的重量进行归一化。密度函数的峰值大约在 $F_n/mg=10$，这同样与转鼓实验的离散元模拟是一致的[87]。当 $t/T=0.21$ 和 0.71 时，这些概率密度的峰值减小了，这是因为位于顶部的颗粒开始悬浮。由于中砂比粗砂更容易发生悬浮，所以峰值的下降幅度更大。通过图 4.3.30 还可以看出流体通量增加时，法向接触力增大。为了研究这种接触力的增大，将接触力可视化，画出沉积床中波浪作用下两个代表时间的力链，如图4.3.31所示。力链可以说明颗粒间接触力的传递情况。在图4.3.31中，力链的直径表示力的大小。从图中可以看出，由于重力的作用，底部沉积物的接触力更大。另外，颗粒发生悬浮后，一部分悬浮颗粒的力链也很大，这是由于悬浮颗粒具有较大的速度，颗粒之间的碰撞导致力链较大。从图4.3.31(a)和图4.3.31(b)中也可以看出，当流速为零时，粗砂颗粒之间的接触力比中砂的接触力大。这是因为流速为零时，大多数泥沙颗粒都静止在沉积床上，此时每个颗粒的接触力是重力和浮力的总和，而粗砂的浸没重量比中砂要大，所以粗砂上的颗粒间接触力比较大。

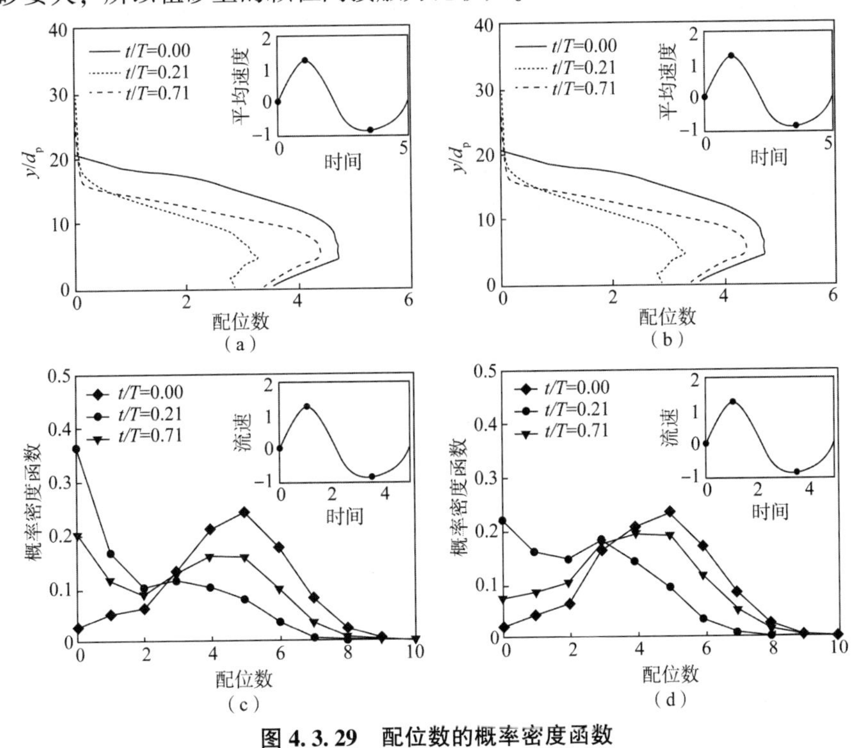

图4.3.29　配位数的概率密度函数

(a)中砂，垂直剖面；(b)粗砂，垂直剖面；(c)中砂，概率密度；(d)粗砂，概率密度

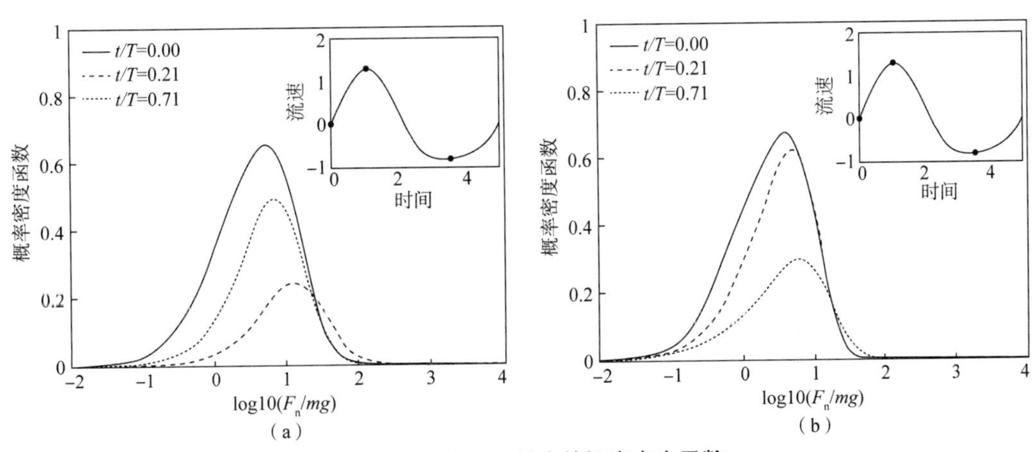

图4.3.30　法向接触力的概率密度函数

(a)中砂；(b)粗砂

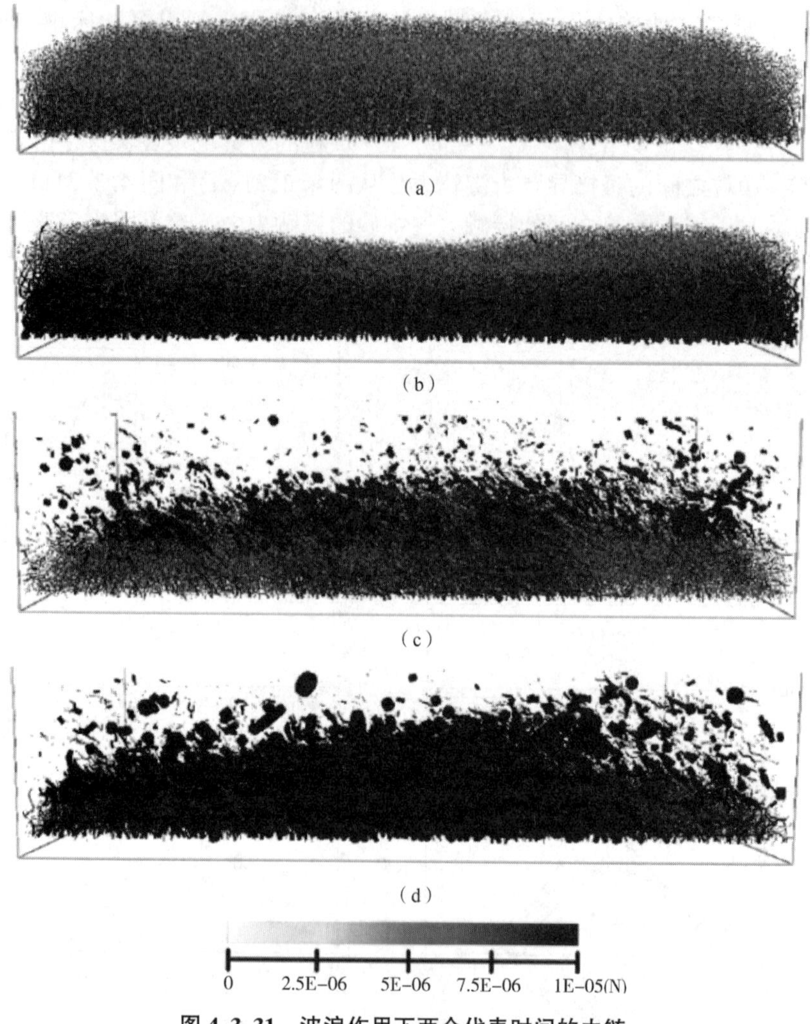

图 4.3.31 波浪作用下两个代表时间的力链

(a)中砂，$t/T=0$；(b)粗砂，$t/T=0$；(c)中砂，$t/T=0.21$；(d)粗砂，$t/T=0.21$

4.3.4 海堤堤前冲刷破坏

冲刷破坏对沿海结构的稳定性影响极大，但是现有的比例实验方法在满足水文和水动力相似性的方面存在局限性[88,89]，因此常用数值工具进行研究。大多数有关冲刷的数值研究都是基于欧拉-欧拉框架，但是在模拟的过程中，不能够准确地计算沉积物颗粒的运动，因为在两流体模型中无法有效地计算流体-颗粒和颗粒-墙的相互作用、颗粒之间的碰撞以及颗粒和流体之间的动量交换。Yeganeh-Bakhtiary 等人[90]采用 CFD-DEM 模型对垂直防波堤前的冲刷进行模拟，以探究颗粒的动力学对冲刷的影响，同时为进一步了解冲刷的微观机理提供了可能，本节将详细描述模型设置与部分结果。

4.3.4.1 模型设置与验证

海堤冲刷模型的数值模拟示意图如图 4.3.32 所示，该模型是基于 Xie [91]的实验建立的，模型的详细参数如表 4.3.4 所示，其他边界与泥沙输送问题中的一致，此处不再赘述。本节所模拟的沙粒相对较细，这样在数值模拟中可以观察具有悬浮模式的片状流动。同时，为了提高计算效率，本节将使用代表性颗粒，即每个颗粒都是由几个小颗粒组成的。这种方法常常用在片状流问题中，最终泥沙颗粒的直径被设定为 4.0 mm。

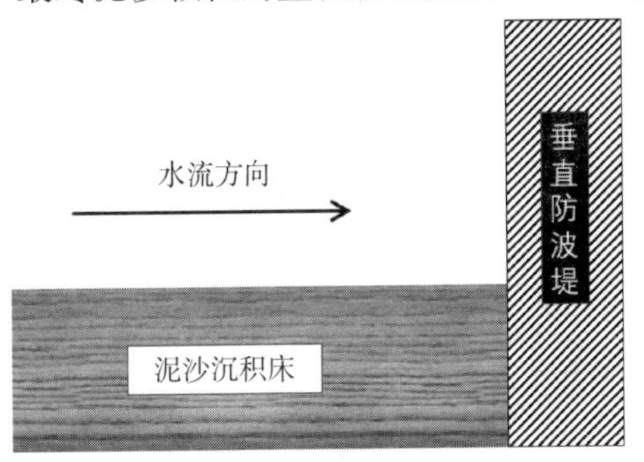

图 4.3.32　海堤冲刷模型的数值模拟示意图

表 4.3.4　模型的详细参数

算例	波的周期 T(s)	沉积床长度 L(m)	波浪高度 H(m)	水深 h(m)	h/L	H/L	D_{50} (mm)	ρ_s (kg/m^3)
1	1.17	1.714	0.050	0.30	0.175	0.0292	4.0	2650
2	1.32	2.00	0.075	0.30	0.150	0.0375	4.0	2650
3	1.53	2.40	0.055	0.30	0.125	0.0229	4.0	2650
4	1.86	3.00	0.055	0.30	0.100	0.0183	4.0	2650

$t=60T$ 时，CFD-DEM 模拟结果与实验的对比如图 4.3.33 所示[90]。结果表明，对于算例 1 和算例 2，数值模拟和实验的结果吻合较好。然而，随着 h/L 的减小，模拟和实验的误差越来越大。在算例 4 中，模拟结果和实验测量值存在着 25%的误差。这是由于 h/L 的减小，会导致达到冲刷平衡所需的时间增加，因此对于较小的 h/L，模型需要更多的模拟时间来达到最大冲刷深度。这也说明了通过 CFD-DEM 模型可以较好地模拟堤前的冲刷和淤积。

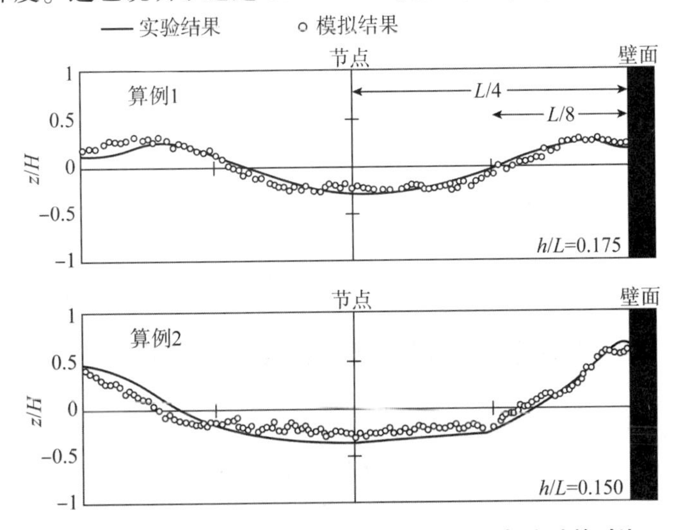

图 4.3.33　$t=60T$ 时，CFD-DEM 模拟结果与实验的对比

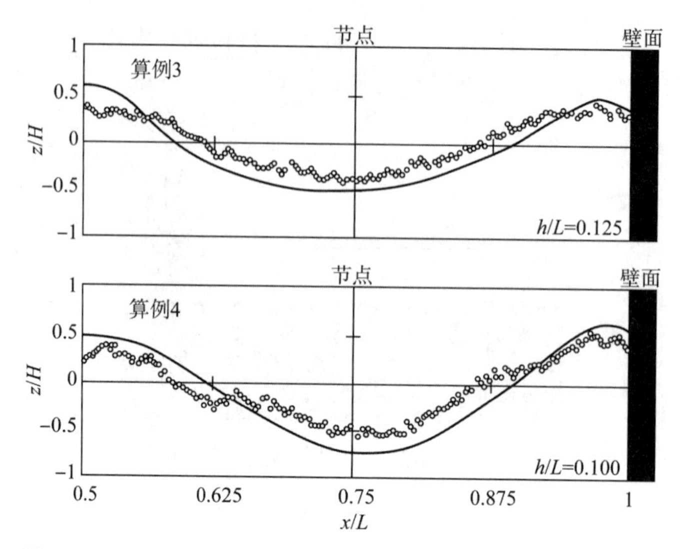

图 4.3.33　$t=60T$ 时，CFD-DEM 模拟结果与实验的对比(续)

4.3.4.2　冲刷演化过程

算例 1 的堤前冲刷演化过程[90]如图 4.3.34 所示，从图中可以看出，在 $t=8T$ 后，沙丘和冲刷坑开始形成。砂土颗粒在距离垂直防波堤的 $L/2$ 和 L 处沉积，在 $L/4$ 和 $3L/4$ 处之间形成了冲刷坑。从上至下，随着时间的增大，冲刷坑的深度和沙丘的高度逐渐增大。在 $t=48T$ 后，达到最大的冲刷深度。

图 4.3.35 所示是不同算例的 $3L/4$ 处冲刷坑的深度演化[90]，Z_s 表示模拟时间内的冲刷深度，t/T 表示无量纲的时间变化。结果表明，h/L 的减小导致冲刷坑的速度形成减小。当 $h/L=0.175$时，冲刷坑深度在 $t/T=50$ 时达到平衡条件。而对于其他算例，需要更久的模拟时间才能达到平衡。

算例 1 中的 $3L/4$ 处的泥沙输送[90]如图 4.3.36 所示。从图中可得，泥沙输送分为 4 层，从上到下分别为悬浮颗粒层、跳跃颗粒层、高浓度层和沉积层。颗粒在高浓度层中，主要是通过颗粒的碰撞来运动，因此颗粒的动能较低。在跳跃颗粒层中，跳跃的颗粒在高浓度层上跳跃。在悬浮颗粒层中，颗粒浓度最低，而颗粒的动能最高，偶尔会发生碰撞。

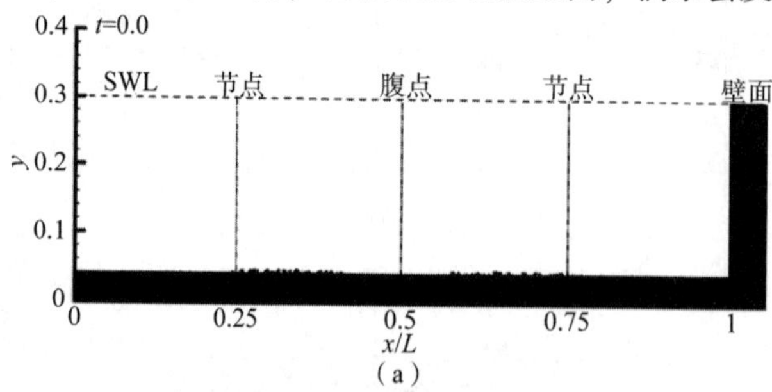

图 4.3.34　算例 1 的堤前冲刷演化过程

(a)$t=0.0$

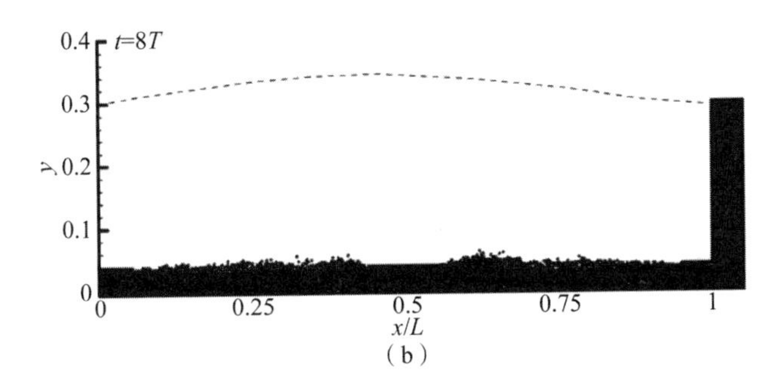

(b)

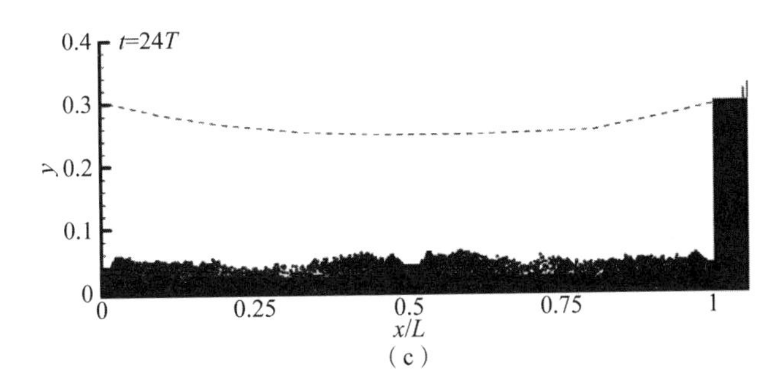

(c)

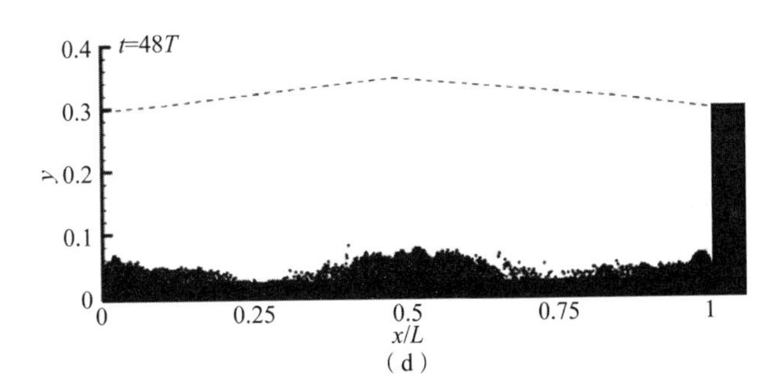

(d)

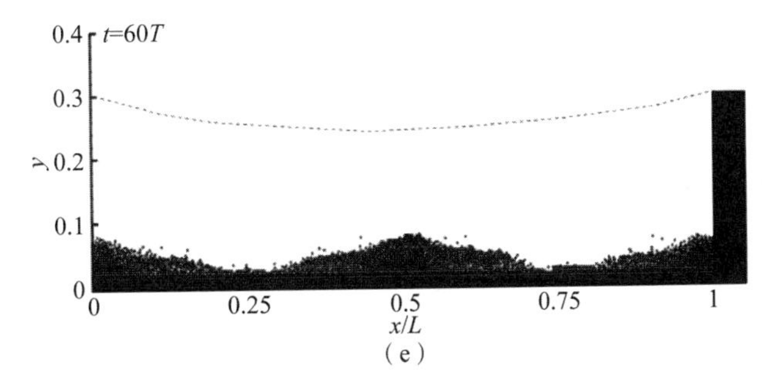

(e)

图 4.3.34　算例 1 的堤前冲刷演化过程(续)

(b) $t=8T$；(c) $t=24T$；(d) $t=48T$；(e) $t=60T$

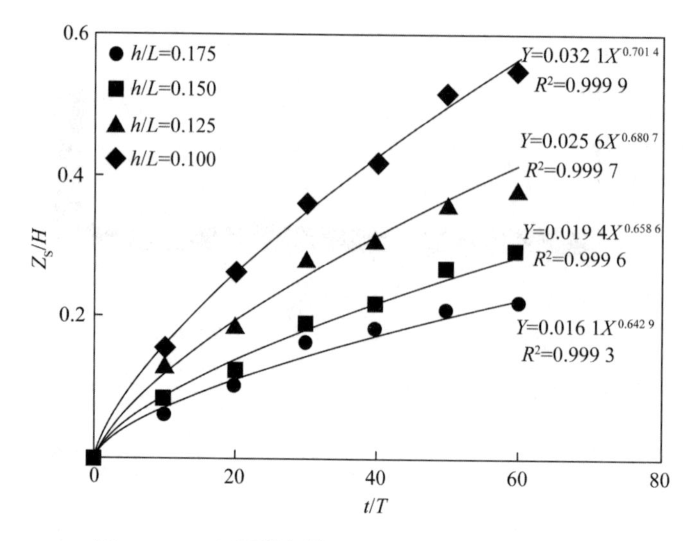

图 4.3.35　不同算例的 3L/4 处冲刷坑的深度演化

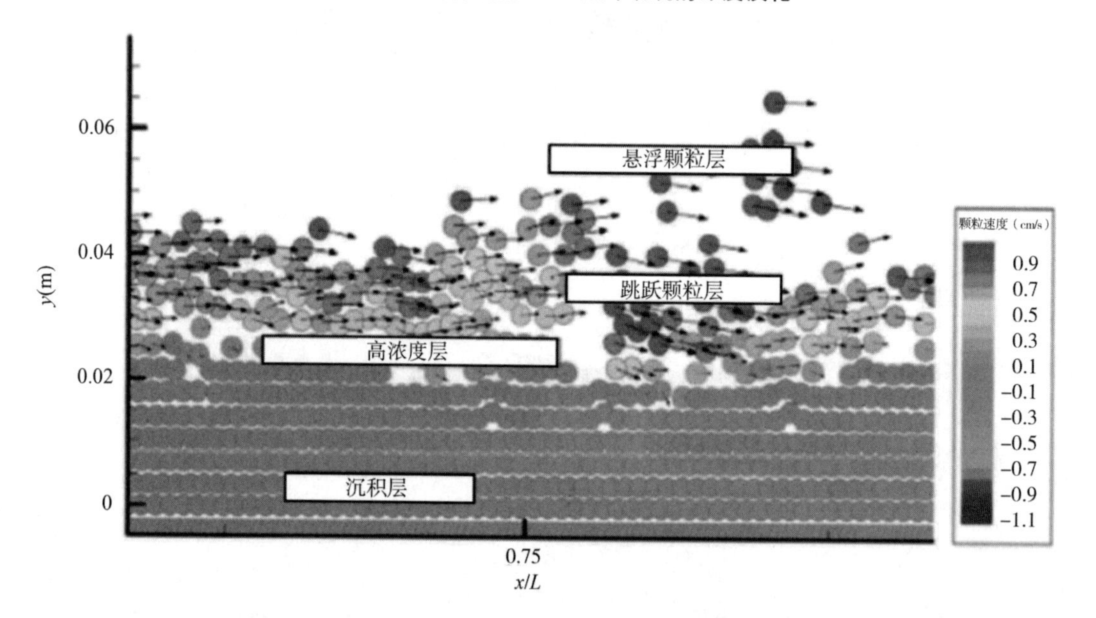

图 4.3.36　算例 1 中的 3L/4 处的泥沙输送

4.3.4.3　波浪周期内冲刷性质

沉积层内颗粒的运动[90]如图 4.3.37 所示，图中箭头表示颗粒的运动方向，而黑线表示颗粒的运动路径。该图展示了沉积层内颗粒经历的启动、输送、跳跃、沉积和再启动的过程。

一个波浪周期内，算例 1 中 3L/4 处流体和颗粒速度沿着深度的变化[90]如图 4.3.38 所示，其中纵坐标为 y/d_p，d_p 是沉积物颗粒直径。$7d_p$ 至 $11d_p$ 属于高浓度层；$11d_p$ 至 $13d_p$ 属于跳跃颗粒层，高于 $13d_p$ 的值描述了悬浮颗粒层。该结果进一步说明：从模拟开始的短时间内($t=T/6$)，沉积物颗粒加速运动，达到和流体相似的水平速度；在 $t=3T/6$ 时，沉积物颗粒的水平速度超过了流体。

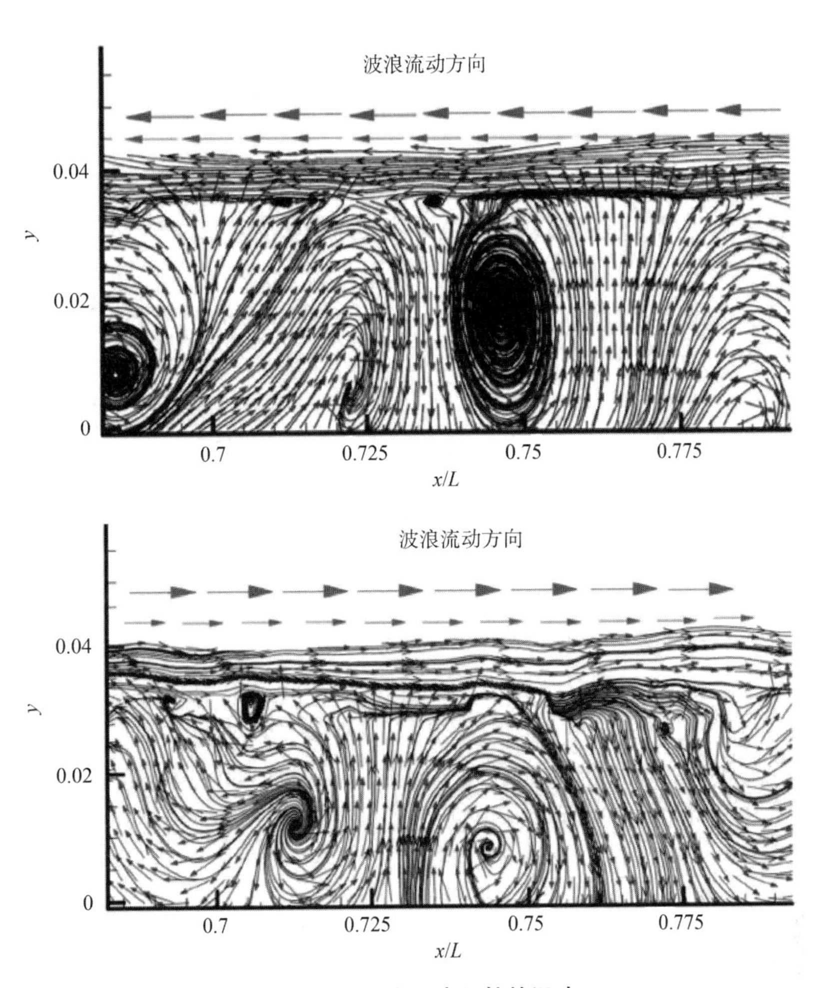

图 4.3.37　沉积层内颗粒的运动

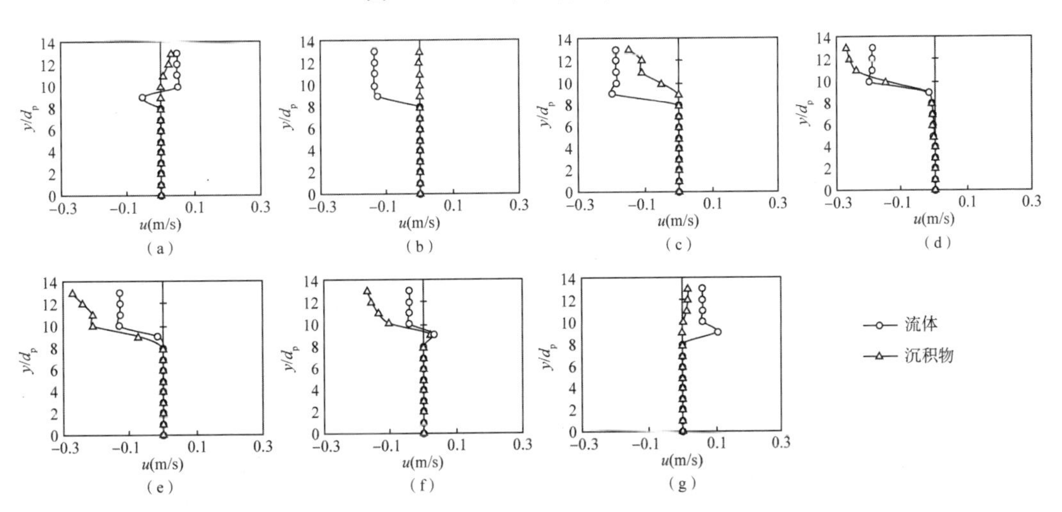

图 4.3.38　一个波浪周期内，算例 1 中 3L/4 处流体和颗粒速度沿着深度的变化

(a) t=0；(b) $t=T/6$；(c) $t=2T/6$；(d) $t=3T/6$；(e) $t=4T/6$；(f) $t=5T/6$；(g) $t=T$

4.4 本章参考文献

[1]HU Z, Li J Z, ZHANG Y D, et al. A CFD-DEMstudy on the suffusion and shear behaviors of gap-graded soils under stress anisotropy[J]. Acta Geotechnica, 2022: 1-20.

[2]HU Z, ZHANG Y, YANG Z. Suffusion-induced deformation and microstructural change of granular soils: a coupled CFD-DEMstudy[J]. Acta Geotechnica, 2019, 14(3).

[3]HU Z, ZHANG Y, YANG Z. Suffusion-induced evolution of mechanical and microstructural properties of gap- graded soils using CFD-DEM[J]. Journal of Geotechnical and Geoenvironmental Engineering, 2020, 146(5): 1-18.

[4] HU Z, YANG Z X, ZHANG Y D. CFD-DEMmodeling of suffusion effect on undrained behavior of internally unstable soils[J]. Computers and Geotechnics, 2020, 126: 103692.

[5]HU Z, YANG Z X, GUO N, et al. Multiscale modeling of seepage-induced suffusion and slope failure using a coupled FEM-DEM approach[J]. Computer Methods in Applied Mechanics and Engineering, 2022, 398: 115177.

[6]GONIVA C, KLOSS C, DEEN N G, et al. Influence of rolling friction on single spout fluidized bed simulation[J]. Particuology, 2012, 10(5): 582-591.

[7]KLOSS C, GONIVA C, HAGER A, et al. Models, algorithms and validation for opensource DEM and CFD-DEM[J]. Progress in Computational Fluid Dynamics An International Journal, 2012, 12(2/3): 140.

[8]TSUJI Y, KAWAGUCHI T, TANAKA T. Discrete particle simulation of two-dimensional fluidized bed[J]. Powder Technology, 1993, 77(1): 79-87.

[9]BENDAHMANE F, MAROT D, ALEXIS A. Experimental parametric study of suffusion and backward erosion[J]. Journal of Geotechnical and Geoenvironmental Engineering, 2008, 134(1): 57-67.

[10]RICHARDS K S, REDDY K R. Experimental investigation of initiation of backward erosion piping in soils[J]. Geotechnique, 2012, 62(10): 933-942.

[11]KE L, TAKAHASHI A. Triaxial erosion test for evaluation of mechanical consequences of internal erosion[J]. Geotechnical Testing Journal, 2014, 37(2): 347-364.

[12]TEJADA I G, SIBILLE L, CHAREYRE B. Role of blockages in particle transport through homogeneous granular assemblies[J]. Europhysics Letters, 2016, 115(5).

[13]CHANG C S, MEIDANI M. Dominant grains network and behavior of sand-silt mixtures: stress-strain modeling[J]. International Journal for Numerical and Analytical Methods in Geomechanics, 2013, 37(15): 2563-2589.

[14]THORNTON C, ANTONY S J. Quasi-static shear deformation of a soft particle system[J]. Powder Technology, 2000, 109: 179-191.

[15]JIANG M D, YANG Z X, BARRETO D, et al. The influence of particle-size distribution on critical state behavior of spherical and non-spherical particle assemblies[J]. Granular Matter, 2018, 20(4): 1-15.

[16]KEZDI A. Soil physics: selected topics[M]. Amsterdam: Elsevier, 1979.

[17]KENNEY T C, LAU D. Internal stability of granular filters[J]. Canadian Geotechnical Journal, 1985, 22(2): 215-225.

[18]HAERI A, SKONIECZNY K. Three-dimensionsal granular flow continuum modeling via material point method with hyperelastic nonlocal granular fluidity [J]. Computer Methods in Applied Mechanics and Engineering, Elsevier B. V., 2022, 394: 114904.

[19]ZHAO T, HOULSBY G T, UTILI S. Investigation of granular batch sedimentation via DEM-CFD coupling[J]. Granular Matter, 2014, 16(6): 921-932.

[20]BROWN P P, LAWLER D F. Sphere drag and settling velocity revisited[J]. Journal of Environmental Engineering, 2003, 129(3): 222-231.

[21]GLOWINSKI R, PAN T W, HESLA T I, et al. A fictitious domain approach to the direct numerical simulation of incompressible viscous flow past moving rigid bodies: application to particulate flow[J]. Journal of Computational Physics, 2001, 169(2): 363-426.

[22]SKEMPTON A W, BROGAN J M. Experiments on piping in sandy gravels[J]. Geotechnique, 1994, 44(3): 449-460.

[23]LI M, FANNIN R J. A theoretical envelope for internal instability of cohesionless soil[J]. Geotechnique, 2012(1): 77-80.

[24]TANAKA T, TOYOKUNI E. Seepage-failure experiments on multi-layered sand columns[J]. Soils and Foundations, 1991, 31(4): 13-36.

[25]LIANG Y, YEH T C J, CHEN Q, et al. Particle erosion in suffusion under isotropic and anisotropic stress states[J]. Soils and Foundations, 2019, 59(5): 1371-1384.

[26]OURIEMI M, AUSSILLOUS P, GUAZZELLI É. Sediment dynamics. Part 2. Dune formation in pipe flow[J]. Journal of Fluid Mechanics, 2009, 636: 321-336.

[27]LIU A J, NAGEL S R. Jamming is not just cool any more[J]. Nature, 1998, 396(6706): 21-22.

[28]HILTON J E, CLEARY P W. Granular flow during hopper discharge[J]. Physical Review E, 2011, 84(1): 011307.

[29]JANDA A, ZURIGUEL I, MAZA D. Flow rate of particles through apertures obtained from self-similar density and velocity profiles [J]. Physical Review Letters, 2012, 108(24): 248001.

[30]TO K, LAI P-Y, PAK H K. Jamming of granular flow in a two-dimensional hopper[J]. Physical Review Letters, 2001, 86(1): 71-74.

[31]ZURIGUEL I, GARCIMARTIN A, MAZA D, et al. Jamming during the discharge of granular matter from a silo[J]. Physical Review E, 2005, 71(5): 051303.

[32]LAFOND P G, GILMER M W, KOH C A, et al. Orifice jamming of fluid-driven granular flow[J]. Physical Review E, 2013, 87(4): 042204.

[33]MONDAL S, WU C-H, SHARMA M M. Coupled CFD-DEMsimulation of hydrodynamic bridging at constrictions[J]. International Journal of Multiphase Flow, 2016, 84: 245-263.

[34]DAI J, GRACE J R. Blockage of constrictions by particles in fluid-solid transport[J]. Interna-

tional Journal of Multiphase Flow, 2010, 36(1): 78-87.
[35] POURNIN L, RAMAIOLI M, FOLLY P, et al. About the influence of friction and polydispersityon the jamming behavior of bead assemblies[J]. The European Physical Journal E, 2007, 23(2): 229-235.
[36] HEINTZENBERG J. Properties of the log-normal particle size distribution[J]. Aerosol Science and Technology, 1994, 21(1): 46-48.
[37] GARCIA M. Sedimentation engineering [M]. Washington: American Society of Civil Engineers, 2008.
[38] RUI S, HENG X. Diffusion-based coarse graining in hybrid continuum--discrete solvers: theoretical formulation and a priori tests[EB/OL]. CERN Document Server. 2014-08-29/2020-08-25. https://cds.cern.ch/record/1753061.
[39] SUN R, XIAO H. SediFoam: A general-purpose, open-source CFD-DEMsolver for particle-laden flow with emphasis on sediment transport[J]. Computers & Geosciences, 2016, 89: 207-219.
[40] SUN R, XIAO H. Diffusion-based coarse graining in hybrid continuum-discrete solvers: Theoretical formulation and a priori tests[J]. International Journal of Multiphase Flow, 2015, 77: 142-157.
[41] KESTIN J, KHALIFA H E, CORREIA R J. Tables of the dynamic and kinematic viscosity of aqueous NaCl solutions in the temperature range 20-150 °C and the pressure range 0.1-35 MPa[J]. Journal of Physical and Chemical Reference Data, 1981, 10(1): 71-88.
[42] RIJN L C V. Sediment transport, Part III: bed forms and alluvial roughness[J]. Journal of Hydraulic Engineering, American Society of Civil Engineers, 1984, 110(12): 1733-1754.
[43] GUARIGUATA A, PASCALL M A, GILMER M W, et al. Jamming of particles in a two-dimensional fluid-driven flow[J]. Physical Review E, 2012, 86(6): 061311.
[44] CHEVOIR F, GAULARD F, ROUSSEL N. Flow and jamming of granular mixtures through obstacles[J]. Europhysics Letters, 2007, 79(1): 14001.
[45] AHMADI A, SEYEDI HOSSEININIA E. An experimental investigation on stable arch formation in cohesionless granular materials using developed trapdoor test[J]. Powder Technology, 2018, 330: 137-146.
[46] CRUZ HIDALGO R, HERRMANN H J, PARTELI E J R et al. Force chains in granular packings[J]. The Physics of Complex Systems (New Advances and Perspectives), IOS Press, 2004: 153-171.
[47] SUN H. Investigating the jamming of particles in a three-dimensional fluid-driven flow via coupled CFD-DEMsimulations[J]. International Journal of Multiphase Flow, 2019: 14.
[48] LOZANO C, LUMAY G, ZURIGUEL I, et al. Breaking arches with vibrations: the role of defects[J]. Physical Review Letters, 2012, 109(6): 068001.
[49] XU S, SUN H, CAI Y, et al. Studying the orifice jamming of a polydispersed particle system via coupled CFD-DEMsimulations[J]. Powder Technology, 2020, 368: 308-322.
[50] HIDALGO R C, LOZANO C, ZURIGUEL I et al. Force analysis of clogging arches in a silo

[J]. Granular Matter, 2013, 15(6): 841-848.
[51] DENG Y, LIU L, CUI Y-J, et al. Colloid effect on clogging mechanism of hydraulic reclamation mud improved by vacuum preloading[J]. Canadian Geotechnical Journal, 2019, 56(5): 611-620.
[52] ERGUN S. Fluid flow through packed columns[J]. chemical Engineering Progress, 1952, 48: 89-94.
[53] XU S, ZHU Y, CAI Y, et al. Predicting the permeability coefficient of polydispersed sand via coupled CFD-DEMsimulations[J]. Computers and Geotechnics, 2022, 144: 104634.
[54] LOUDON A G. The computation of permeability from simple soil tests[J]. Geotechnique, ICE Publishing, 1952, 3(4): 165-183.
[55] CARMAN P C. Permeability of saturated sands, soils and clays[J]. The Journal of Agricultural Science, 1939, 29(2): 262-273.
[56] SLICHTER C S. Theoretical investigation of the motion of ground waters[J]. US Geol Surv Ann Rept, 2021: 295-384.
[57] TERZAGHI K. Principles of soil mechanics[J]. Engineering News Record, 2021, 95: 832-836.
[58] CHAPUIS R P. Predicting the saturated hydraulic conductivity of sand and gravel using effective diameter and void ratio[J]. Canadian Geotechnical Journal, 2004, 41(5): 787-795.
[59] BASSON D K, BERRES S, BÜRGER R. On models of polydisperse sedimentation with particle-size-specific hindered-settling factors[J]. Applied Mathematical Modelling, 2009, 33(4): 1815-1835.
[60] CHAUCHAT J, GUILLOU S, PHAM VAN BANG D, et al. Modelling sedimentation-consolidation in the framework of a one-dimensional two-phase flow model[J]. Journal of Hydraulic Research, 2013, 51(3): 293-305.
[61] KIRPALANI D M, MATSUOKA A. CFD approach for simulation of bitumen froth settling process - Part I: Hindered settling of aggregates[J]. Fuel, 2008, 87(3): 380-387.
[62] RICHARDSON J F, ZAKI W N. Sedimentation and fluidisation: Part I[J]. Chemical Engineering Research and Design, 1997, 75: S82-S100.
[63] KYNCH G J. A theory of sedimentation[J]. Transactions of the Faraday Society, 1952, 48: 166.
[64] BUSTOS M C, CONCHA F. On the construction of global weak solutions in the Kynch theory of sedimentation[J]. Mathematical Methods in the Applied Sciences, 1988, 10(3): 245-264.
[65] DI FELICE R. The voidage function for fluid-particle interaction systems[J]. International Journal of Multiphase Flow, 1994, 20(1): 153-159.
[66] GARSIDE J, Al-DIBOUNI M R. Velocity-voidage relationships for fluidization and sedimentation in solid-liquid systems[J]. Industrial & Engineering Chemistry Process Design and Development, 1977, 16(2): 206-214.

[67]KALTHOFF W, SCHWARZER S, HERRMANN H J. Algorithm for the simulation of particle suspensions with inertia effects[J]. Physical Review E, 1997, 56(2): 2234-2242.

[68]ZHANG J F, ZHANG Q H. Lattice Boltzmann simulation of the flocculation process of cohesive sediment due to differential settling[J]. Continental Shelf Research, 2011, 31(10, Supplement): S94-S105.

[69]ZHAO T, HOULSBY G T, UTILI S. Investigation of granular batch sedimentation via DEM-CFD coupling[J]. Granular Matter, 2014, 16(6): 921-932.

[70]KRANENBURG C. Hindered settling and consolidation of mud - analytical results[M]. Delft University of Technology, De partment of Civil Engineering, Hydrom echanics Section, 1992.

[71]BROWN P P, LAWLER D F. Sphere drag and settling velocity revisited[J]. Journal of Environmental Engineering, 2003, 129(3): 222-231.

[72]BEEN K, SILLS G C. Self-weight consolidation of soft soils: an experimental and theoretical study[J]. Geotechnique, 1981, 31(4): 519-535.

[73] FITCH B. Kynch theory and compression zones [J]. AIChE Journal, 1983, 29 (6): 940-947.

[74]SUN R, XIAO H. CFD-DEMsimulations of current-induced dune formation and morphological evolution[J]. Advances in Water Resources, 2016, 92: 228-239.

[75]SUN R, XIAO H. Sediment micromechanics in sheet flows induced by asymmetric waves: A CFD-DEMstudy[J]. Computers & Geosciences, 2016, 96: 35-46.

[76]KEMPE T, VOWINCKEL B, FRÖHLICH J. On the relevance of collision modeling for interface-resolving simulations of sediment transport in open channel flow[J]. International Journal of Multiphase Flow, 2014, 58: 214-235.

[77]OURIEMI M, AUSSILLOUS P, GUAZZELLI E. Sediment dynamics. Part 2. dune formation in pipe flow[J]. Journal of Fluid Mechanics, 2009, 636: 321-336.

[78]ZEDLER E. Large-eddy simulation of sediment transport: currents over ripples[J]. Journal of Hydraulic Engineering-asce - J HYDRAUL ENG-ASCE, 2001, 127.

[79]AROLLA S K, DESJARDINS O. Transport modeling of sedimenting particles in a turbulent pipe flow using Euler-Lagrange large eddy simulation[J]. International Journal of Multiphase Flow, 2015, 75: 1-11.

[80]NABI M, DE VRIEND H J, MOSSELMAN E, et al. Detailed simulation of morphodynamics: 3. Ripples and dunes[J]. Water Resources Research, 2013, 49(9): 5930-5943.

[81]MALARKEY J, PAN S, LI M, et al. Modelling and observation of oscillatory sheet-flow sediment transport[J]. Ocean Engineering, 2009, 36(11): 873-890.

[82] RIBBERINK J S. Bed-load transport for steady flows and unsteady oscillatory flows [J]. Coastal engineering, Elsevier, 1998, 1998(34): 59-82.

[83]FLORES N Z, SLEATH J F A. Mobile layer in oscillatory sheet flow[J]. Journal of Geophysical Research: Oceans, 1998, 103(C6): 12783-12793.

[84]O'DONOGHUE T, WRIGHT S. Concentrations in oscillatory sheet flow for well sorted and graded sands[J]. Coastal Engineering, 2004, 50(3): 117-138.

[85] O'DONOGHUE T, WRIGHT S. Flow tunnel measurements of velocities and sand flux in oscillatory sheet flow for well-sorted and graded sands[J]. Coastal Engineering, 2004, 51(11): 1163-1184.

[86] DRAKE T G, CALANTONI J. Discrete particle model for sheet flow sediment transport in the nearshore[J]. Journal of Geophysical Research: Oceans, 2001, 106(C9): 19859-19868.

[87] YANG R Y, ZOU R P, YU A B. Microdynamic analysis of particle flow in a horizontal rotating drum[J]. Powder Technology, 2003, 130(1): 138-146.

[88] CHENG Z, HSU T-J. A turbulence-resolving eulerian two-phase model for sediment transport [J]. Coastal Engineering Proceedings, 2014, 1: 74.

[89] DE BEST A, BIJKER E W. Scouring of a sand bed in front of a vertical breakwater[J]. Communications on hydraulics, Delft University of Technology, 1971.

[90] YEGANEH-BAKHTIARY A, HOUSHANGI H, ABOLFATHI S. Lagrangian two-phase flow modeling of scour in front of vertical breakwater[J]. Coastal Engineering Journal, 2020, 62 (2): 252-266.

[91] XIE S. Scouring patterns in front of vertical breakwaters and their influences on the stability of the foundation of the breakwaters[A]. 1981.